高等职业教育系列教材

机电一体化技术与系统

主　编　周德卿
副主编　南丽霞　樊明龙
主　审　游文明

机 械 工 业 出 版 社

本书以反映近期机电一体化新技术、与机械制造自动化特别是数控机床和机器人等方面的应用相结合为要旨，系统地介绍了机电一体化技术与系统。内容主要包括：机电一体化概论、机械传动技术、传感器检测技术、伺服驱动技术、工业控制计算机与接口技术、机电一体化系统与设计、机电一体化控制系统的工程应用设计案例以及工业机器人。

本书注重理论知识与实践相结合，注重实际工程应用，可作为高职高专院校机电一体化、机械制造及其自动化等相关专业的教材，也可供技术培训等成人教育相关专业使用，还可供从事机电一体化设计与制造的工程技术人员参考。

本书配套授课电子课件和课程标准，需要的教师可登录机械工业出版社教材服务网 www. cmpedu. com 免费注册后下载，或联系编辑索取（QQ：1239258369，电话：010-88379739）。

图书在版编目（CIP）数据

机电一体化技术与系统/周德卿主编．—北京：机械工业出版社，2014.8（2024.7 重印）

高等职业教育系列教材

ISBN 978-7-111-47167-7

Ⅰ.①机…　Ⅱ.①周…　Ⅲ.①机电一体化—高等职业教育—教材　Ⅳ.①TH-39

中国版本图书馆 CIP 数据核字（2014）第 160196 号

机械工业出版社（北京市百万庄大街 22 号　邮政编码 100037）

责任编辑：曹帅鹏　版式设计：赵颖喆

责任校对：刘怡丹　责任印制：单爱军

北京虎彩文化传播有限公司印刷

2024 年 7 月第 1 版第 11 次印刷

184mm×260mm · 14 印张 · 337 千字

标准书号：ISBN 978-7-111-47167-7

定价：39.00 元

电话服务	网络服务
客服电话：010-88361066	机 工 官 网：www. cmpbook. com
010-88379833	机 工 官 博：weibo. com/cmp1952
010-68326294	金 书 网：www. golden-book. com
封底无防伪标均为盗版	机工教育服务网：www. cmpedu. com

高等职业教育系列教材机电类专业
编委会成员名单

出 版 说 明

《国务院关于加快发展现代职业教育的决定》指出：到2020年，形成适应发展需求、产教深度融合、中职高职衔接、职业教育与普通教育相互沟通，体现终身教育理念，具有中国特色、世界水平的现代职业教育体系，推进人才培养模式创新，坚持校企合作、工学结合，强化教学、学习、实训相融合的教育教学活动，推行项目教学、案例教学、工作过程导向教学等教学模式，引导社会力量参与教学过程，共同开发课程和教材等教育资源。机械工业出版社组织国内80余所职业院校（其中大部分是示范性院校和骨干院校）的骨干教师共同规划、编写并出版的“高等职业教育系列教材”，已历经十余年的积淀和发展，今后将更加紧密结合国家职业教育文件精神，致力于建设符合现代职业教育教学需求的教材体系，打造充分适应现代职业教育教学模式的、体现工学结合特点的新型精品化教材。

在本系列教材策划和编写的过程中，主编院校通过编委会平台充分调研相关院校的专业课程体系，认真讨论课程教学大纲，积极听取相关专家意见，并融合教学中的实践经验，吸收职业教育改革成果，寻求企业合作，针对不同的课程性质采取差异化的编写策略。其中，核心基础课程的教材在保持扎实的理论基础的同时，增加实训和习题以及相关的多媒体配套资源；实践性课程的教材则强调理论与实训紧密结合，采用理实一体的编写模式；实用技术型课程的教材则在其中引入了最新的知识、技术、工艺和方法，同时重视企业参与，吸纳来自企业的真实案例。此外，根据实际教学的需要对部分内容进行了整合和优化。

归纳起来，本系列教材具有以下特点：

1）围绕培养学生的职业技能这条主线来设计教材的结构、内容和形式。

2）合理安排基础知识和实践知识的比例。基础知识以“必需、够用”为度，强调专业技术应用能力的训练，适当增加实训环节。

3）符合高职学生的学习特点和认知规律。对基本理论和方法的论述容易理解、清晰简洁，多用图表来表达信息；增加相关技术在生产中的应用实例，引导学生主动学习。

4）教材内容紧随技术和经济的发展而更新，及时将新知识、新技术、新工艺和新案例等引入教材。同时注重吸收最新的教学理念，并积极支持新专业的教材建设。

5）注重立体化教材建设。通过主教材、电子教案、配套素材光盘、实训指导和习题及解答等教学资源的有机结合，提高教学服务水平，为高素质技能型人才的培养创造良好的条件。

由于我国高等职业教育改革和发展的速度很快，加之我们的水平和经验有限，因此在教材的编写和出版过程中难免出现疏漏。我们恳请使用这套教材的师生及时向我们反馈质量信息，以利于我们今后不断提高教材的出版质量，为广大师生提供更多、更适用的教材。

机械工业出版社

前 言

机电一体化是机械工程技术与电子工程技术相结合而发展起来的一门新兴技术学科。应用这些技术发展起来的如智能家用电器、智能楼宇、数控机床、机器人、光机电结合的新型医疗器械、坦克自动瞄准火控系统等各种机电一体化装置，不但大大促进了社会生产力的发展，而且也正在深入地改变着人们衣、食、住、行的面貌。

本书源于主编所在学校的自编教材，随着机电一体化技术的发展，不断补充修改成书。遵照教育部对高职高专教材的“宽、新、浅、实用”及“必须、够用”等指示精神，参考国内已出版的机电一体化方面教材之精髓，结合编者多年从事工业自动化和机电一体化产品设计与开发的实践，旨在编出一本适合高职高专学生现状的实用教材。

本书从系统、整体的角度出发，先讲述机电一体化系统各组成单元，如传动机械、传感器检测、伺服驱动、工业控制计算机与接口等技术及其在机电一体化系统中所处的位置与应用；再讲述机电一体化系统的特性分析、试验、综合、评价以及系统设计方法的基本知识；最后通过4个工程应用设计案例和课程实验等训练，将专业课理论教学与实践教学结合起来，使学生了解并掌握机电一体化系统基本概念、原理和工程应用设计的基础。

本书力求知识系统化、概念简明化、应用工程化，避免烦琐的公式推导，多反映机电一体化新技术，多与机械制造自动化特别是数控机床和机器人等方面的应用相结合。所举的4个机电一体化系统应用设计案例都给出了切合工程实际的设计思路、步骤与方法，工程应用实际价值高。若再经过实验和实训的实践，读者能够迅速做到识图、懂图，较快地掌握机电一体化相关设备的原理与接线，迅速投入安装与调试、操作与运行、维护与检修等相关工作，而且也能参与机电一体化设备的技术改造及新产品的开发工作。

本书由周德卿教授主编，南丽霞、樊明龙为副主编，王荣参加编写。周德卿负责编写第1章、第4章、第6章、第7章，南丽霞负责编写第5章、第8章，樊明龙负责编写第2章、第3章，王荣参与了第4章和部分习题的编写工作。全书由周德卿统稿、定稿。

本书由扬州市职业大学游文明教授担任主审，审阅中提出了不少宝贵意见，在此表示衷心感谢！在本书编写工作中还得到了姚海滨、张友宏、刘峻等老师的支持与帮助，在此一并感谢！此外，本书在编写过程中还参考了书后所列参考文献等资料，谨向作者表示感谢。书中存在的不妥之处，欢迎读者批评指正。

编 者

目　　录

第 1 章　机电一体化概论

1.1　机电一体化的定义

机电一体化“Mechatronics”是由日本人在 1971 年首创的一个新词，它截取了“Mechanics（机械学）”的前五个字母和“Electronics（电子学）”的后七个字母组合而成。其涵义是机械与电子的集成技术，在我国通常称为“机电一体化”。顾名思义，机电一体化是机与电的结合，但并不是传统意义上的“机”与“电”简单的叠加，而是利用电子计算机信息处理技术对机械进行控制的综合技术。

目前，国内外对“机电一体化”尚没有统一定义，日本机械振兴协会经济研究所于 1983 年的解释被人们所公认，即“机电一体化是在机械主功能、动力功能、信息功能和控制功能上引进微电子技术，并将机械装置与电子装置用相关软件有机结合而构成的系统的总称”。

确切地说，“机电一体化”是现代机械工程技术包括现代光学机械技术，与现代电子工程技术如微电子技术、计算机技术、传感器技术、电力电子技术、现代控制技术和通信网络技术等，进行相互渗透、相互交叉并互相融合为一体，而发展起来的一门新兴边缘技术学科，以及应用这些技术的机械电子装置如电动汽车、数控机床、机器人和各种智能型家电产品等。显然，“机电一体化”具有“技术”与“产品”两方面的内容。

机电一体化技术突出的特点在于：在机械产品中揉入了计算机技术、微电子信息技术并且是一体化设计，产生了具有个性化和智能化的机电一体化产品。可见，机电一体化产品既不同于传统的机械产品，也不同于普通的电子产品，它是机械与微电子器件，特别是与微处理器或微型计算机相结合而开发出来的新一代的产品。

表 1-1　机电一体化实例

由简单机械与继电控制的装置变为与微电子技术相结合实现动作的装置		
发条式钟表	→	石英电子表
手动照相机	→	傻瓜照相机、数码照相机、带数码照相功能的手机
机械式或电动式缝纫机	→	计算机控制的缝纫机如电脑绣花机
手工机械印刷机	→	全自动照排印刷机（排版、套色、印刷、分拣）
原来由人判断的操作装置变为由数控计算机自动判断的无人操作装置		
自动售货机、银行自动出纳机（ATM）、自动售票机、邮件自动分拣机、无人仓库、飞机自动导航仪、汽车自动驾驶仪、汽车防抱死及防碰撞安全气囊装置等		
按照编制的程序实现灵活动作、自动控制的装置		
数控机床、工业机器人；航空、航天、兵器系统（如人造卫星、火箭、导弹、火炮与坦克火力控制系统）；高速铁路、公路信息及管理系统；办公自动化产品（打印机、扫描仪、复印机、传真机等）；精密医疗设备（CT 机、光导纤维内窥镜）；家用电器（变频空调、模糊控制的全自动洗衣机、带拍照与上网功能的手机）、智能楼宇控制系统等		

如今，机电一体化产品已经渗透到工业、农业、国防及人们日常生活等各个领域，可以说是无处不在。例如人们日常生活中使用的全自动洗衣机、变频空调机、数码照相机、智能手机等；在机械制造领域中的各种数控机床、工业机器人、三坐标测量仪、全自动仓储等，都是典型的机电一体化装置。而汽车更是机电一体化技术成功应用的典范，例如发动机自动点火系统、自动驾驶和自动导航系统、安全气囊和防抱死系统等，使汽车的安全性、舒适性和环保性等均得到了极大的提高。表 1-1 和图 1-1 展示了部分机电一体化产品及实例。随着科学技术的发展，机电一体化的概念并非只局限于某一产品的狭窄范围，如数控机床、机器人等，而已扩大到柔性加工单元（FMC）、柔性制造系统（FMS）及计算机集成制造系统（CIMS）等。

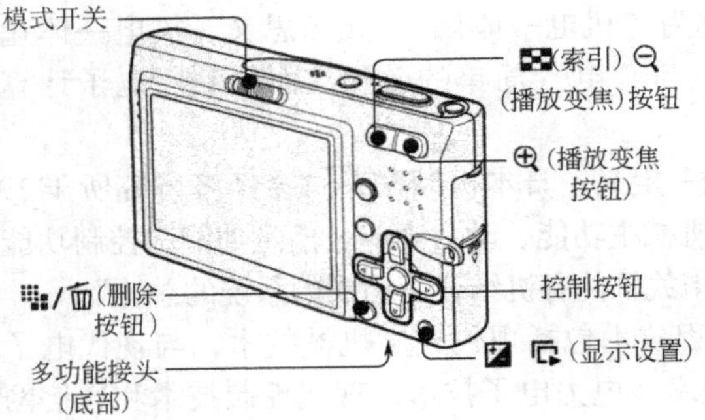

带计算机控制的数码相机

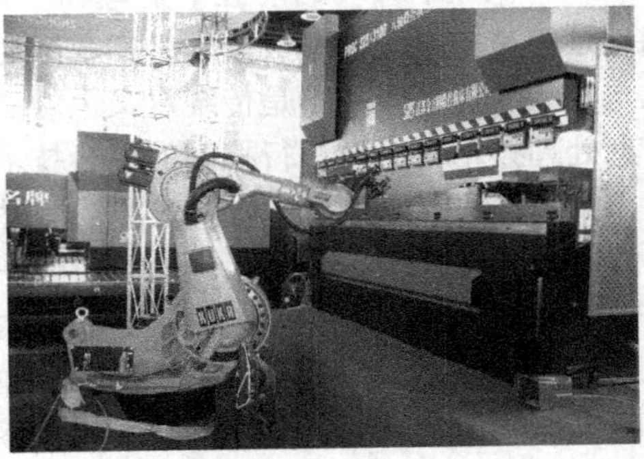

带机器人的八轴数控折弯机

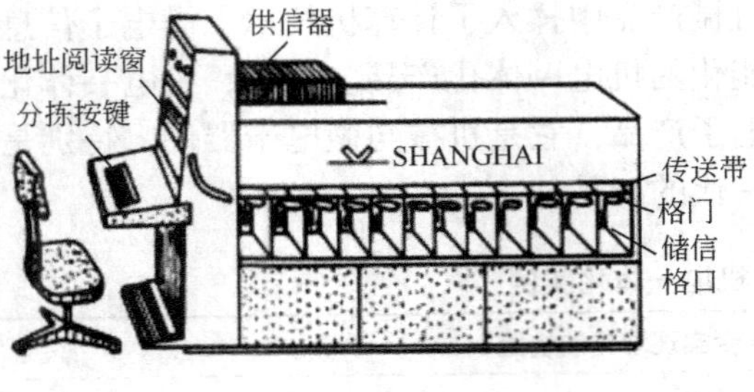

带光电阅读器和计算机控制的邮件分捡机

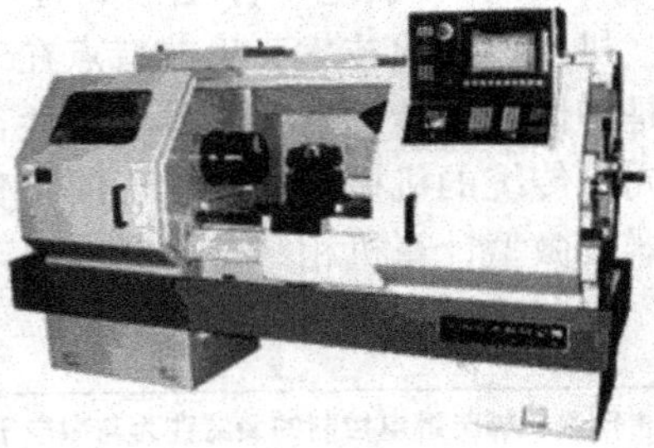

机床数控系统控制的数控车床

图 1-1　机电一体化装置及应用

1.2　机电一体化技术发展

机电一体化技术与装置出现在 20 世纪 70 年代，在 20 世纪 80 至 90 年代得到较大发展，这是与人类生产活动与科学技术发展密不可分的。

在 20 世纪 60 年代以前，传统机械工程技术产品以继电控制产品、单回路的简单控制与调节系统等产品为主，如手动操作的机床、风机、泵类等。到 20 世纪 70 年代以后，出现了半导体晶体管的程序控制机床等。后来，由于大规模集成电路的迅速发展，随之兴起的电子计算机技术、传感器检测技术、伺服驱动技术、自动控制技术等得到了日新月异的发展。传统机械工程技术产品，变成了能结合以上技术，特别是以计算机信息技术为核心的装置，即机电一体化技术与产品。进入到20世纪90年代以后，光、机、电一体化产品已渗透到人们的衣、食、住、行中，新型智能家电、智能楼宇、机器人、数控机床、计算机集成制造系统和各种工业制造自动化生产线不断涌现，极大地提高了劳动生产率也深刻影响着社会发展。

当今，机电一体化技术已经向更高阶段即智能化、网络化方向发展。其主要标志是将模糊逻辑、人工神经网络、光纤通信等领域的最新研究成果，迅速应用到机电一体化技术中。

采用模糊逻辑控制的自动变速箱控制器。它将发动机的噪声、道路的坡度、速度和加速度等作为输入量，控制器可以根据这些输入数据进行模糊识别、推理和决策，自动选择并实施汽车行驶的最佳方案。

人工神经网络（Artificial Neural Network，ANN）的信息处理系统。该系统研究了人脑神经网络的学习与思维特点，并进行部分抽象、简化和模拟，将其模式识别、人工智能、优化控制等技术用于各种工业控制与系统管理，例如工业过程的控制、诊断、监控、生产管理与质量管理等。

光纤通信。它的特点是通信容量大、传输速度快、保密性好、抗干扰性强、安装容易、节约电缆等，在邮电、电视和工业控制系统的连接与信号传输中得到了广泛应用。

采用现场总线技术、局域网技术（如 Profibus、Lonworks CC-Link 等，见第 5 章）和以太网技术（Ethernet）等总线，使工业生产过程控制进入了一个新的阶段。使用这些总线和光纤网络通信技术，把工业过程控制中的现场控制站、操作员站、工程师站、服务器站和其他功能站有机地连接起来，实现现场数据采集与控制决策、控制优化与执行、过程监视与报警、生产调度与管理等数据通信和控制，将工厂自动化提升到更高的水平。

采用网络技术使家用电器网络化，将改变人们的生活方式。家庭网络可将各种家用电器连接起来，建立以计算机为中心的集成家电系统，使人们在家里分享着各种高技术带来的便利与快乐。

1.3 机电一体化装置特点

如前所述，机电一体化装置是现代机械工程技术与现代电子工程技术相结合并融为一体化的设计产品，它具有以下的特点。

1. 轻型化、小型化

随着大规模、超大规模半导体集成电路和液晶显示等技术的发展，产品体积和重量缩小到原来的几分之一甚至几十分之一。例如无线电话从“大哥大”发展到“手机”，传统手动照相机发展到可自动对焦、能存数百张照片的数码相机等。现代生活产品正向轻、薄、细、小、巧方向发展；工业产品如传统加工机床正向高速、高精度、智能化数控机床的方向发展。

2. 高速度、高精度

随着半导体和超大规模集成电路技术不断提高，新型大功率器件与数字传感器等不断涌现，数字计算机与伺服系统等技术得到了飞快的发展，处理速度和响应速度也迅速提高，推动了超精密加工技术的进步。例如数控机床刀具进给速度已由原来手动进给的几米/分提高到自动进给的几十米/分～几百米/分，精度由微米级提高到纳米级，这显然是人工所不能及的。

3. 高可靠性、高效率

由于新型传感器、伺服驱动技术、计算机数字控制等技术的发展，产品的可靠性也得到了大大提高，如数控机床无故障工作时间已由几百小时提高到十多万小时，加工效率也有了几倍到几十倍的提高。

4. 高柔性高智能化

数控机床及机器人通过改变计算机控制程序，就可实现按零件任意轮廓加工的运动。这样在不改变硬件的情况下，就可以增加新的动作，拓展新的功能。从而使机械制造生产线具有很强的灵活性，以适应产品的多品种、小批量、个性化、更新快的要求。现代家用电器已向智能化俗称“傻瓜型”方向发展，实际上“傻瓜型”产品并不傻，却是高技术、高智能化的产品。

5. 网络化

现代机电一体化装置或产品都广泛采用了网络通信技术，带有无线或有线网络通信接口，以解决现场设备之间、现场设备与控制设备之间的双向、互连、串行和多节点的数字通信。例如用手机互联网接口实现遥控空调、热水器等家电工作。西门子和FANUC公司在本世纪初设计的SINUMERIC 808D、828D、84OD系列以及在FANUC 0i-C/D系列数控系统设计中，采用了RS-232C、Ethernet接口等组成局域网或广域网，解决CIMS计算机集成制造中的数据传输与集中控制问题；采用Profibus、FSSB等工业现场串行通信总线，解决CNC数控系统与伺服系统、测量反馈系统、输入/输出接口单元等数字通信与系统连接的问题，从而使机械制造业驶入“e时代”即数字制造时代。

1.4 机电一体化相关技术

机电一体化是涉及多学科、多领域的新兴学科，如图1-2所示。多学科综合交叉，互为融合、集成和优化，形成高新技术的系统工程。它可归纳为以下6个方面相关技术。

1. 机械传动技术

机械传动技术是机电一体化的基础。新型传动机构与传统机械相比更轻巧、结构更简单、精度更高、刚度更强、动态性能更好，例如滚珠丝杠、同步带、谐波齿轮、机械手的灵巧执行机构等。

2. 传感器检测技术

传感器是机电一体化的感受器官。被控对象的状态、特征、位置等信息，通过各种传感器转

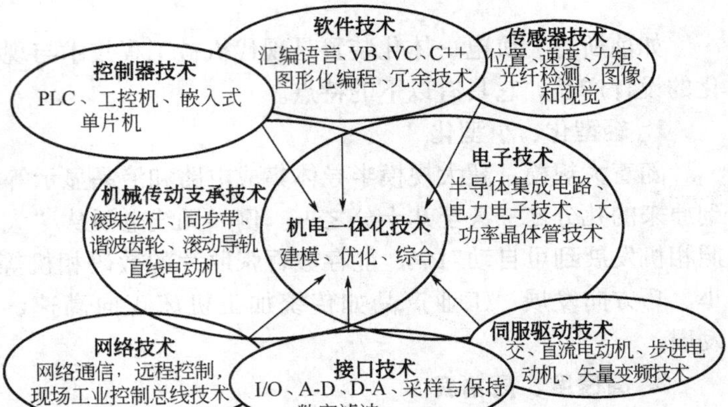

图1-2 机电一体化的相关技术

化为电信息再传输到控制系统，例如被控对象的位置、速度、力矩、压力、温度、图像等。

3. 信息处理技术

信息处理技术包括信息的采集与处理、传输与交换、存取、运算和处理、判断与决策。主要工具是微型计算机，例如工业控制计算机、单片机和可编程序控制器等，其中计算机技术包括软件、硬件、网络通信和数据传输及处理等技术。

4. 自动控制技术

自动控制技术的目的是机电一体化系统对控制目标实现最佳控制。它包括：位置控制、速度控制、自学习与自适应控制、模糊控制和神经网络单元控制等。

5. 伺服驱动技术

伺服驱动技术是在控制器指令的指挥下驱动伺服执行装置，使机械运动部件按指令要求动作的技术。伺服执行装置包括电动、气动和液动执行机构，根据控制要求选用。通常选用电动执行机构作为伺服执行装置，因为它易于通过接口与计算机相连接，能够按控制器指令作回转、直线或其他复杂运动。

6. 系统总成技术

系统总成技术是以整体概念合成各种相关技术，并达到最佳效果的技术。设计时通常将总系统分成若干子系统，如宇宙飞船就是一个大系统，它由飞行控制、通信联络、生活保障、环境循环等几十个子系统构成。各子系统先根据总系统的要求选择技术方案，然后再进行整合使整个系统的性能达到最佳化，即各子系统整合后的可靠性、可维护性、可生产性，使性能价格比等各项技术指标达到最优化。

1.5 机电一体化系统构成

复杂的机电一体化产品除了计算机控制器，往往需要配置很多其他的机电一体化装置，例如伺服驱动单元、I/O 接口单元、传感器装置单元等，各单元在控制器协调下各自独立完成系统分配的任务。借助于通信接口或网络，以点对点或现场总线方式将各单元部件连接起来，按一定通信规则（例如优先、分时、串行管理规则）进行数据通信，设定好各单元的运行参数并进行优化匹配，实现最佳控制目标。这个构成的有机整体就称为机电一体化系统。

图 1-3 所示的就是一台装有数控系统的数控车床构成图。该数控车床包括机床本体和数控系统两大部分。机床本体有：车床床身、主轴机构、旋转刀架及 X 轴、Z 轴滚珠丝杠传动机构等。数控系统则有：CNC 数控计算机（图中用的是广州数控公司产的 GSK 980TDb 车床数控系统）、程序输入/输出装置（CF 存储卡、U 盘、RS-232C 串行通信接口等）、X 轴与 Z 轴伺服进给驱动放大器和伺服电动机、主轴变频器和主轴电动机等。CNC 数控计算机通过 RS-232C 串行通信接口或 CF 存储卡等输入装置接收机械零件轮廓加工程序，然后按要求的精度和速度对零件轮廓曲线轨迹进行插补计算并发出指令，该指令送伺服驱动放大器进行功率放大，驱动 X、Z 坐标轴的伺服电动机运转，再经滚珠丝杠传动机械使旋转刀架上的刀具进行零件切削加工。刀架的 X、Z 轴方向移动位置和速度，由装于伺服电动机内部（尾端同轴安装）的光电编码器测量并反馈至驱动器与 CNC 数控计算机。旋转刀架的自动换刀和润滑、切削液控制则由 CNC 内置的 PLC 控制。显然，该数控车床是一台复杂的机电一体化装

置，它是由 CNC、PLC 合一的计算机控制器、伺服驱动执行单元、测量反馈传感器以及依附于机床床身的主轴与进给传动机构等，构成一个完整的典型的机电一体化系统。

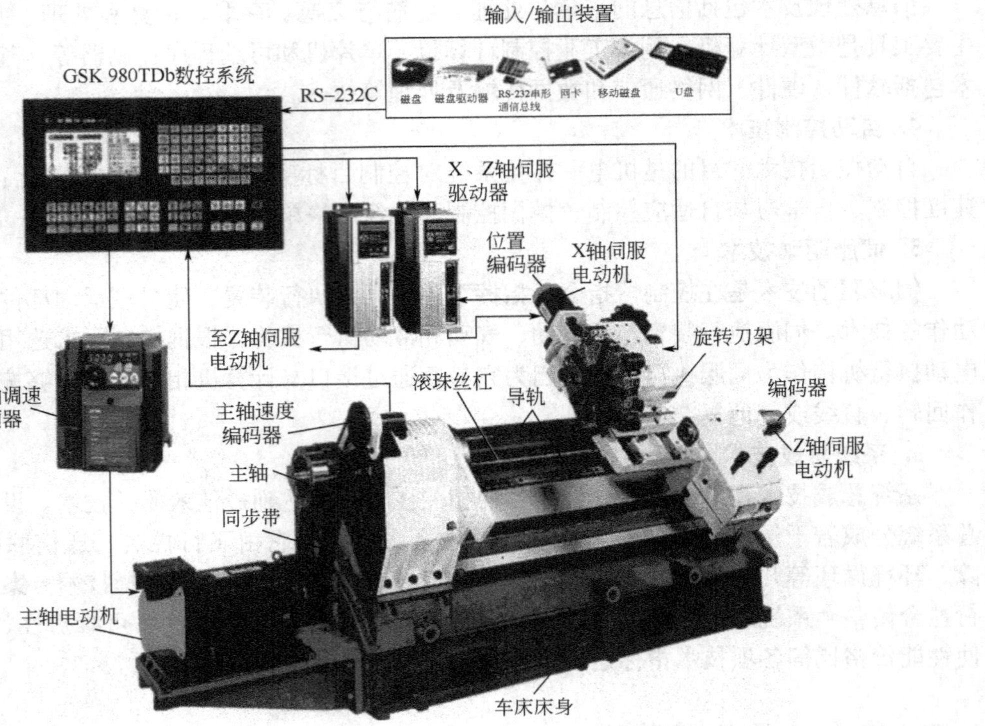

图 1-3　装有 GSK 980TDb 数控系统的数控车床构成图

由上述可知，一个完整的机电一体化系统由 6 大基本功能要素即 6 大单元系统构成：机械本体（主要是机械传动与支承）、计算机控制单元、动力单元、传感器检测单元、伺服执行单元、通信接口与网络单元。各单元之间通过通信接口联系，如图 1-4 所示。

机电一体化系统的 6 大单元系统之间是一个有机的整体，各单元各司其能、互相协调，共同完成预定的功能。在机械本体支持下，由传感器检测机械本体运行状态参数，如位移、速度、加速度和力矩等，反馈至计算机控制单元，与给定的预定目标值相比较，其差值经运算、调节（如 P、I、D 调节）、功率放大等处理，然后传输至伺服执行单元（如电动机、气动与液动等执行机构），使机械按预定的轮廓、轨迹等运动，执行单元的能源则由动力单元提供。在结构上通过各种通信接口传输信号，将各单元匹配并有机地连成一体，成为一个完整的机电一体化控制系统。

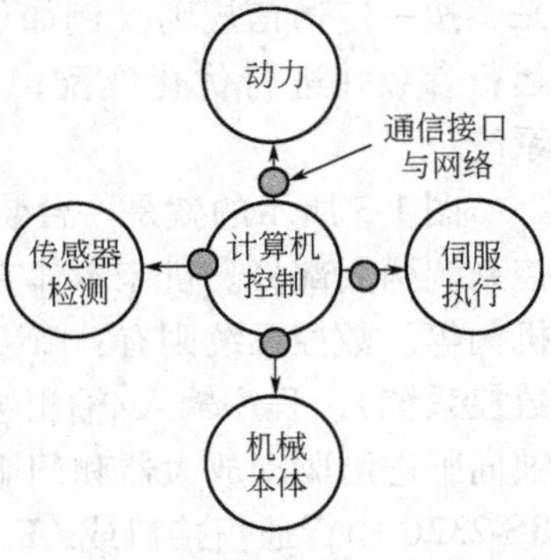

图 1-4　机电一体化系统组成图

各单元在控制系统中的位置、功能及信号传递，可参见机电一体化系统组成结构原理框图，如图 1-5 所示，例如反导弹控制系统就是这样工作的。首先，由电子侦察系统及时捕捉到正向我方飞来的敌方导弹信息，将导弹的飞行速度、距离、空中姿态等参数信息准确测量，送入计算机指挥系统。然后，计算机指挥系统立即计算敌方导弹飞行轨迹并做出判断和决定，迅速将命令传送到我方反导弹系统伺服执行单元——发射器的瞄准器和点火器，立即发射拦截导弹，击毁敌方导弹。

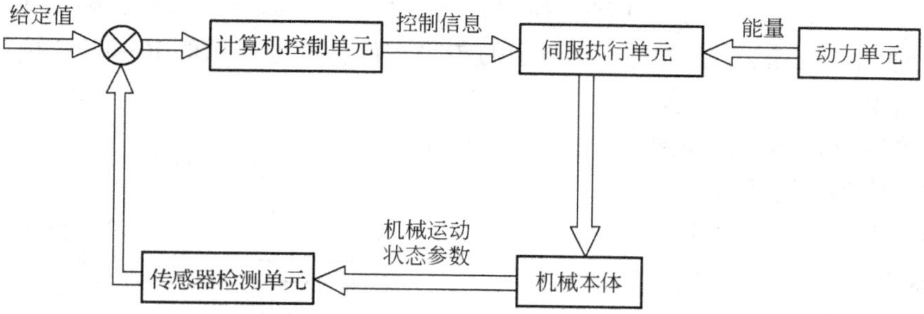

图 1-5　机电一体化系统组成结构原理框图

1. 机械本体

机械本体包括机架、机械连接和机械传动装置等，是在伺服驱动装置如电动机的驱动下，可靠、稳定和高精度地完成机械运动的机构，如指针式电子表的表壳、机芯；机器人的底座、旋转臂和手指等。如图 1-3 所示的数控车床床身、X 与 Z 轴滚珠丝杠、主轴等。显然，机械本体是用于支承和连接其他机械的要素。限于篇幅与课程分工，本书主要讲述机械传动系统。

2. 动力单元

动力单元为系统提供能量与动力，如电源、油泵、气泵站等。

3. 传感器检测单元

传感器检测单元检测被控对象的状态、物理特征参数如位置、速度、加速度等，并将其转换成电信号传输到控制计算机，经过分析、处理，产生控制信息。如图 1-3 中在伺服电动机尾部同轴安装的编码器，它将刀架移动的位置与速度检测出来并反馈至数控系统。

4. 计算机控制单元

计算机控制单元是机电一体化装置的核心单元。它将传感器送来的信息和外部输入的命令进行集中存储、分析与加工，然后发出控制命令，通过计算机接口送往执行机构，以控制系统按预定目标运行。如图 1-3 中的 GSK 980TDb 车床数控系统，因为它是以数控计算机为核心的系统，所以可称为计算机数控（Computer Numerical Control，CNC）。

5. 伺服执行单元

伺服执行单元根据计算机输出的控制指令，通过伺服驱动装置（如电动机等）和传动、执行机构，最终完成机械控制动作，例如数控机床直线或回转定位运动，机械手的抓取、夹持等。伺服驱动装置一般采用机械、电-磁、电-液、电-气等方式，将各种形式的能量转换为机械能。

伺服驱动装置包括伺服驱动放大器和伺服执行装置。伺服驱动放大器将弱电的控制指令信号，放大到足够大的功率驱动伺服执行装置动作，如电动机、电磁阀、液动或气动马达等的运转，通过各种形式的传动机构如齿轮、滚珠丝杠、同步带等，再驱动执行机构如数控机床的工件平台或刀架完成零件切削运动。伺服驱动装置显然有两个作用：能量形式转换和驱动功率放大。如图 1-3 中的 X、Z 坐标轴伺服进给系统与主轴变频器调速系统。

6. 通信接口与网络单元

通信接口与网络单元将各单元或子系统连接成一个有机整体，它的作用主要有3个：信号变换（如A-D、D-A、F-V、V-I等变换器）、信号放大（运算、程控、隔离等放大器）和信号传递（通信、网络）。例如图1-3所示的传输零件轮廓程序用的RS-232C接口。

机电一体化系统的6大单元或要素可与人体构成相类比，如图1-6所示。其中人体各单元功能如下：

计算机控制单元——大脑；

传感器单元——眼、耳、鼻、口、皮肤等感觉器官；

机械装置（机械本体）——骨骼；

伺服执行单元——肌肉与手、足等；

动力单元——内脏；

通信接口与网络单元——神经系统。

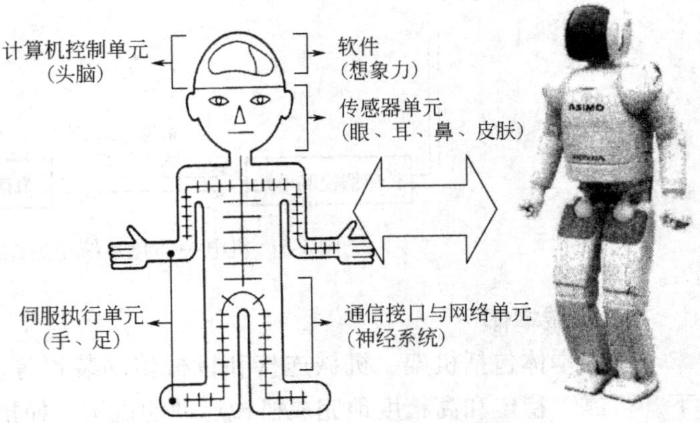

图1-6　人体构成的6大要素与功能

可见，人体就是一个由神经网络连接的超级机电一体化系统。如图1-7所示，一台机器人由与人相似的6大要素构成：机器人机座、机身及手臂等机械装置相当于人的骨骼；计算机控制器相当于人的大脑；伺服执行机构相当于人的手、足；光电编码器、测速发电机等传感器相当于人的眼、耳、鼻、皮肤等，通信接口与网络单元相当于人的神经系统，电源、液压源、气压源则是机器人的动力单元，从而组成一个完整的机器人控制系统。在计算机控制器这个相当于人的大脑的指挥下，机器人按指令运动，如行走或抓放工件等。可见，要想掌握机电一体化技术，必须要掌握机械传动与支承、计算机控制器、传感器检测、伺服驱动执行、动力等单元技术以及将它们连接起来的通信接口与网络技术，本书将以此为主线展开讲述。

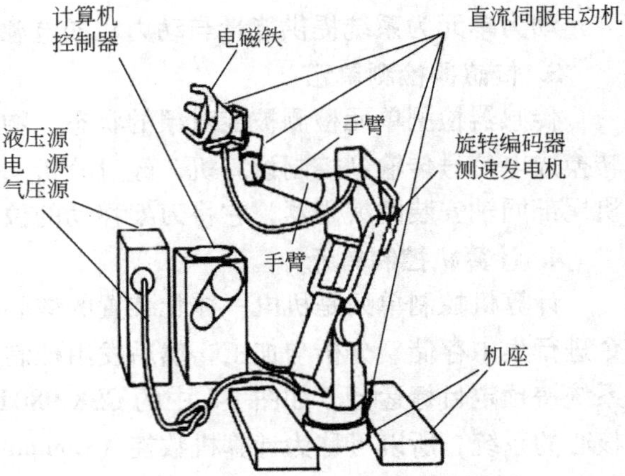

图1-7　机器人机电一体化系统的组成

1.6　典型机电一体化系统实例

1. 全自动洗衣机

全自动洗衣机控制系统采用光电传感器测量衣物透光率，确定衣物的脏污程度，采用布量、布质传感器测量投放的衣物数量及衣物质地品种，然后根据洗涤数学模型计算，并进行模糊推理。例如：把衣物分为很脏、脏、一般，然后算出加多少水、加多少洗涤剂、洗多少时间等，从而自动设置洗涤参数，通过计算机进行全过程控制，然后用电磁阀控制加水、放水，用电动机驱动并控制波轮旋转速度与时间，还有运行故障报警控制等。

全自动洗衣机系统组成如图 1-8 所示，其中控制器为单片机微处理器；传感器为光电传感器，布量、布质传感器，水位、水温传感器；伺服执行装置为洗涤电动机和有关传动机构，用电磁离合器切换大波轮旋转洗涤与内桶旋转甩干，还有进水、排水和脱水电磁阀；执行机构为大波轮和电磁阀等。

2. 高速公路自动收费系统

高速公路自动收费系统，如图 1-9 所示。该系统由带车距、车高、载重（电子磅秤）等传感器检测的车型识别器，带刷卡器的自动收费计算机，集中处理装置，带摄像头的监控装置以及出口放行栏杆电动机等组成。该系统首先由车型识别器中的车距、车高和载重等传感器信号判别来车的车型（小汽车、面包车、大客车、载重卡车），根据车型、载重等信号，计算机自动识别并选定收费标准，然后由车主到自动收费机条形卡识别系统刷卡，由集中收费处理装置办理收费手续，完毕后发信号，开启出口放行栏杆。

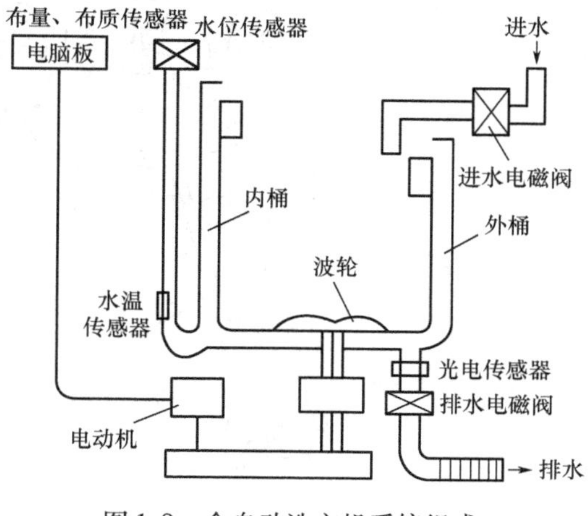

图 1-8　全自动洗衣机系统组成

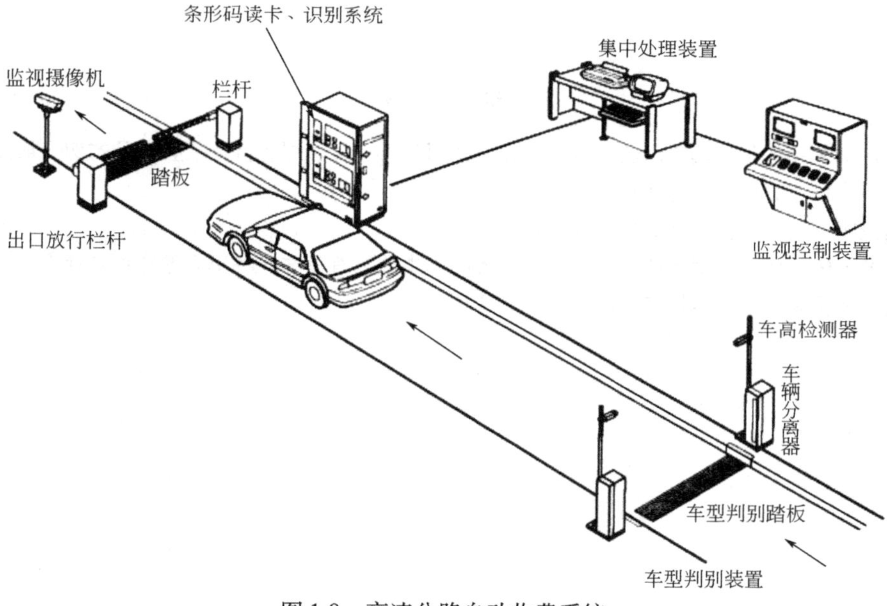

图 1-9　高速公路自动收费系统

3. 自动加工过程的顺序控制系统

如图 1-10 所示的是某自动化生产线的一个制造单元。它由供料和卸料传送带、装料和卸料机器人、加工机床、自动装配机以及编码转台等组成，这些设备之间是按顺序控制工作的。顺序控制装置根据传送带上光电检测装置、机器人手臂转动的转速与转角检测装置、转盘上的绝对式光电编码器等装置采集的各输入信号状态，按事先编制的顺序程序进行逻辑运算、判断和决策并发出控制指令，决定供料和卸料传送带、装料和卸料机器人手臂以及自动装配机与编码转台各伺服电动机的自动启停，配合加工机床自动完成机械零件的加工、装配、检验甚至包装，实现机械制造过程的自动化。顺序控制器一般用 PLC 实现，它是工业控制计算机的一种。

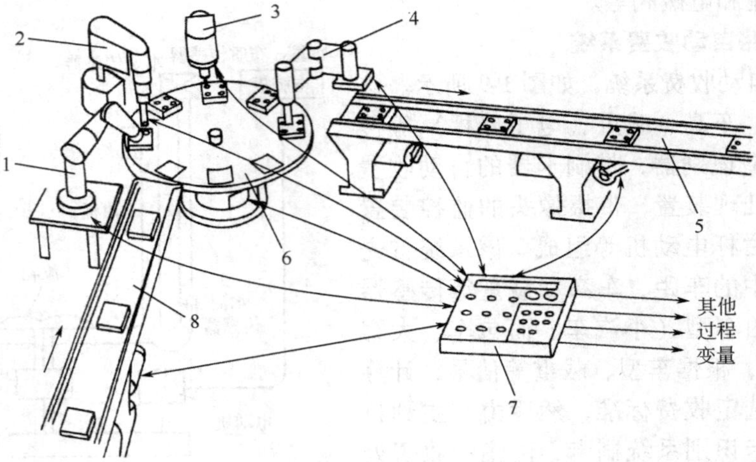

图 1-10　自动加工过程的顺序控制系统

1—装料机器人　2—加工机床　3—自动装配机　4—卸料机器人　5—卸料传送带
6—编码转台　7—PLC　8—供料传送带

习　题

1. 什么是机电一体化？其突出的特点是什么？请列举衣、食、住、行及工业产品的例子加以说明。
2. 机电一体化相关技术有哪些？
3. 举例说明机电一体化产品的特点有哪些？
4. 以数控车床为例，说明构成机电一体化系统的基本要素有哪些？各单元的作用是什么？
5. 机电一体化系统中通信接口与网络有什么作用？

第 2 章　机械传动技术

2.1　机械传动系统概述

机械传动系统是机电一体化机械系统中的最基本要素，包括传动机构、执行机构和导向支承机构等。在伺服驱动系统的控制下完成运动传递、负载转矩和转速的匹配、环境温度和振动的隔离以及支承与防护等功能。在机电一体化系统中，机械传动系统通常是计算机伺服驱动系统的有机组成部分，不仅要求有良好的机械性能、较高的定位精度，还要求有最佳的动态响应特性。因此机械传动系统的设计，除考虑一般机械设计所要求的强度和刚度外，必须考虑传动机械结构与整个伺服系统的性能参数、电气参数等相匹配，还要研究它们的精度、间隙、摩擦、惯量、振动、稳定性和可靠性等，以获得良好的伺服性能。图 2-1 展示了数控车床的主轴与进给传动机构，显然机电一体化产品中机械传动系统应该包括传动机构、导向支承机构和执行机构这三大机构。

（1） 传动机构

传动机构是伺服系统的重要组成部分，它将伺服电动机的旋转运动传递到运动机械上，完成转矩、转速和方向的变换，如图 2-1 所示的数控车床主轴同步带和刀架进给的滚珠丝杠就是传动机构。传动机构不仅要有高的传动精度，还要求有轻巧、高速、低噪声和可靠等特点。

（2） 导向支承机构

导向支承机构的作用是起支承和限制运动的部件，使机床运动部件按给定的运动要求和规定的方向运动，如图 2-1 所示数控车床中刀架 X、Z 轴方向的滚珠导轨和主轴的轴承等均是导向支承机构。导向支承机构能保证机械运动安全与准确。

图 2-1　数控车床主轴与进给传动机构简图

（3）执行机构

执行机构根据控制器的操作命令，完成预定的操作任务，如机械手的伸缩、夹持、定位、回转和吸附等。显然，执行机构要有较高的灵敏度、精确度，良好的可重复性与可靠性等。

2.2 机械传动机构

机械传动机构一般是由各种运动副组成，受伺服驱动装置如各种电动机、气缸或液压缸等驱动，依次传递或变换运动。而运动副则由许多机械构件组成，各机械构件互相接触并做相对运动。运动副可分为做直线运动的移动副，做相对转动的转动副和做相对螺旋运动的螺旋副。

2.2.1 机械传动系统的类型与作用

机电一体化系统所用的机械传动机构主要类型有齿轮传动机构、滚珠丝杠传动机构、同步带传动机构、蜗轮蜗杆传动机构等。机械传动系统的主要作用如下。

① 传递电动机等执行装置的能量并转换，改变运动范围、速度、方向和转矩。例如数控车床中的 X、Z 轴的伺服电动机，通过滚珠丝杠驱动刀架按零件轮廓曲线轨迹程序的指令，完成切削运动。

② 与伺服控制器、驱动放大器、伺服电动机和传感器检测装置等连接构成伺服控制系统。按控制器命令最终完成机电一体化系统控制目标，并实现快（动态响应快）、准（高精度）、稳（运行平稳、可靠）的高性能控制。

2.2.2 对传动机构性能的影响因素和设计措施

1. 对传动机构性能的影响因素

机电一体化系统的传动机构可能由若干个子系统组成，这就要求机械设计总体布局、机械选型和结构造型更加合理和多样。机械传动系统的性能取决于传动类型、传动方式、传动精度、动态特性及可靠性等。影响机械传动链动力学性能的因素主要有：

① 负载变化复杂程度。包括工作负载、摩擦负载等，要合理选择驱动电动机和传动链，使之与负载变化相匹配；

② 传动链的惯性。惯性既影响传动链的起停特性，又影响控制系统的快速性、定位精度和速度偏差的大小；

③ 传动链固有频率。固有频率影响到系统谐振和传动精度；

④ 间隙、摩擦、润滑和温度的影响。它们均会影响传动精度和运动平稳性。

2. 设计措施

① 在满足系统刚度的条件下，传动机构的质量和转动惯量应尽可能小。小惯量机械系统会使机械负载变小，响应速度加快，灵敏度变高，固有频率上升，不易产生谐振。

② 在不影响机械总体要求的前提下，应尽量提高机械的刚度。刚度是使弹性件产生单位变形量所需的作用力，包括机械产生各种基本变形时的刚度和接触刚度。机械刚度越大，伺服系统动力损失越小；机械固有频率越高，越不易产生共振，闭环控制系统的稳定性就越高。

③ 合适的阻尼。当机械系统产生共振时，系统中阻尼越大，最大振幅就越小，且衰减越快。但过大的阻尼会使伺服执行装置动力损失，反转误差和稳定误差等增大，降低了精度，因此阻尼要合适。

④ 静摩擦力应尽可能小，动摩擦力曲线的正斜率应尽可能小。负的斜率易产生爬行，导致精度降低，寿命减少。根据设计经验，克服摩擦力所需的电动机转矩 T_F 与电动机额定转矩 T_K 的关系式为：

$$0.2T_K < T_F < 0.3T_K \tag{2-1}$$

式（2-1）表明，在选电动机额定转矩时，要将计算出的理想数值增大 20% ~30%，以克服摩擦的影响。

2.2.3 机械传动系统的特性

研究机电一体化系统中传动机构的特性，如转动惯量、摩擦、阻尼、刚度、谐振频率与间隙等，对实现机械传动响应的快速性、运行的稳定性以及准确性极为重要，也是设计、选型伺服执行装置和确定最佳传动比的重要依据。

1. 机械转动惯量与转矩

（1）转动惯量与转矩的概念

转动惯量与转矩是表征具有转动功能的机械部件的属性。一个给定机械部件的转动惯量取决于该部件相对于转动轴的几何位置和部件的密度，如图 2-2 所示。一个具有均匀密度（ρ）刚性旋转物体的转动惯量（J），等于该旋转物体上每一个质点质量（m_i）与其转动距离（R_i）平方的乘积之和。该旋转物体的转动惯量（J）可表示为：

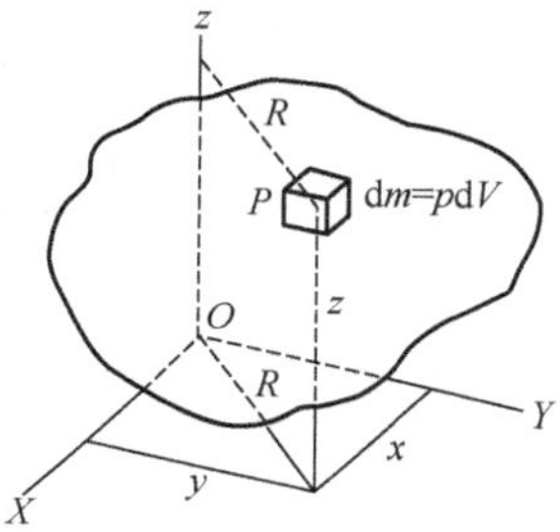

图 2-2　旋转物体转动惯量示意图

$$J = \sum_i m_i R_i^{\ 2} = \int R^2 \mathrm{d}m = \rho \int R^2 \mathrm{d}v \tag{2-2}$$

由牛顿第二定律知，一个作直线运动物体的惯性力为：

$$F = ma = m\frac{\mathrm{d}v}{\mathrm{d}t} = \frac{\mathrm{d}^2 x}{\mathrm{d}^2 t} \tag{2-3}$$

式中　v——物体作直线运动的速度；

　　x——直线位移。

一个作旋转运动物体的惯性转矩等于其转动惯量（J）乘以角加速度（$\mathrm{d}\omega/\mathrm{d}t$），若 θ 是旋转角度，则有：

$$T = J\frac{\mathrm{d}\omega}{\mathrm{d}t} = J\frac{\mathrm{d}^2\theta}{\mathrm{d}t^2} \tag{2-4}$$

（2）机械转动惯量的计算

1）典型形状机械物体等效转动惯量的计算。

因为齿轮、联轴器、丝杠、轴等传动机构部件均可视为典型的几何形状物体如圆柱体，所以它们的转动惯量就等效为圆柱体的转动惯量。圆柱体的转动惯量为：

$$J = \frac{1}{2}mR^2 = \frac{1}{8}md^2 = \frac{\pi\rho d^4 L}{32} \times 10^{-3} \tag{2-5}$$

式中　J——圆柱体转动惯量（kg · cm²）；

　　m——圆柱体质量（kg）；

R——圆柱体半径（cm）；

d——圆柱体直径（cm）；

ρ——材料密度（$kg \cdot cm^{-3}$）；

L——圆柱体高度（cm）。

2）直线运动机械物体的转动惯量计算。

如图 2-3a 所示，当电动机通过导程为 L_0(m) 的滚珠丝杠作旋转运动时，其上工作台（质量为 m_r）就带动工件（质量为 m_ω）作直线运动。因而求其等效转动惯量，就是将质量为 $m(m = m_r + m_\omega$，单位为 kg)、直线运动速度为 v（m/min）的工作台负载，折算到丝杠上的转动惯量。如图 2-3b 所示是通过齿轮齿条传动副驱动工作台带动工件作直线运动。

为得到大的转矩，有时电动机要带动一对或两对齿轮再连接到丝杠上。但齿轮减速级数不宜太多，否则因间隙、摩擦等损耗会降低丝杠的传动精度。在传动机构中，直线运动物体等效转动惯量计算形式如下。

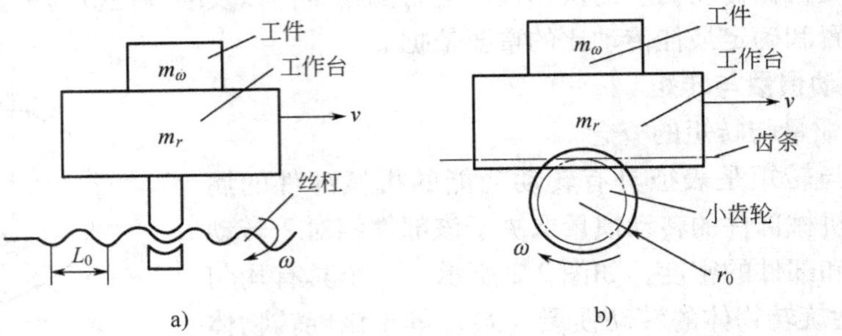

图 2-3　直线运动物体的转动惯量

a）丝杠传动　b）齿轮齿条传动

① 丝杠驱动工作台和工件作直线往复运动，可看作传动比为 $i = 2\pi/L_0$，其折算到丝杠上的转动惯量 $J_{T\omega}$（如图 2-3a 所示）为：

$$J_{T\omega} = (m_r + m_\omega)\left(\frac{L_0}{2\pi}\right)^2 \tag{2-6}$$

式中　L_0——丝杠的导程；

m_r——工作台质量；

m_ω——工件质量。

② 齿轮齿条驱动的工作台和工件折算到小齿轮上的转动惯量 $J_{T\omega}$（如图 2-3b 所示）为：

$$J_{T\omega} = (m_r + m_\omega) r_0^2 \tag{2-7}$$

式中　r_0——小齿轮节圆半径；

m_r——工作台质量；

m_ω——工件质量。

3）作旋转运动机械物体的等效转动惯量。

在机械传动中，作旋转运动的部件有电动机、丝杠、齿轮等，电动机转动惯量是选定的，丝杠、齿轮等则要折算到电动机轴上，常有以下几种形式。

① 电动机带动一对齿轮传动丝杠的等效转动惯量。

如图 2-4 所示，小齿轮装在电动机轴上，其转动惯量不用折算为 J_1。大齿轮的转动惯量

J_2折算到电动机轴上的转动惯量 J_{2c}为：

$$J_{2c} = \frac{J_2}{i_{12}{}^2} = J_2\left(\frac{Z_1}{Z_2}\right)^2 \tag{2-8}$$

式中，Z_1为小齿轮齿数，Z_2为大齿轮齿数，i_{12}为它们的传动比。

② 电动机带动两对齿轮传动丝杠的等效转动惯量。

如图 2-5 所示，两对齿轮总传动比 $i = i_1 i_2$，两级传动比分别为 $i_1 = Z_2/Z_1$和 $i_2 = Z_4/Z_3$。小齿轮装在电动机轴上，其转动惯量不用折算为 J_1。齿轮 2 和齿轮 3 装在中间轴上，其转动惯量 J_2、J_3折算到电动机轴上的转动惯量分别为 J_{2c}、J_{3c}，齿轮 4 的转动惯量 J_4要进行两次折算到电动机轴上的转动惯量为 J_{4c}，则有：

$$J_{2c} = J_2/i_1^2 \qquad J_{3c} = J_3/i_1^2$$

$$J_{4c} = J_4/i^2 = J_4\left(\frac{Z_1}{Z_2}\right)^2\left(\frac{Z_3}{Z_4}\right)^2 \tag{2-9}$$

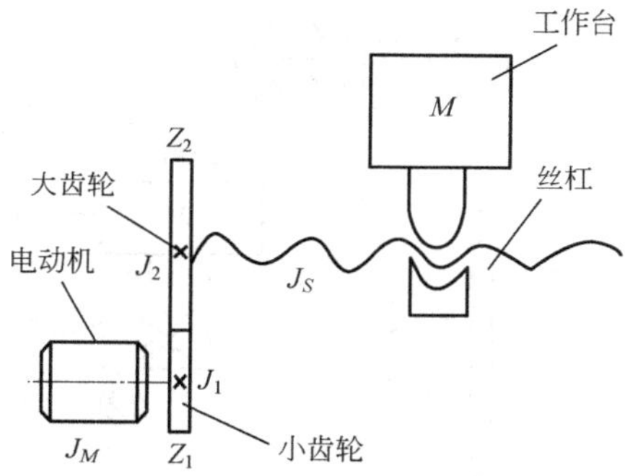

图 2-4　电动机带动的一对齿轮减速图

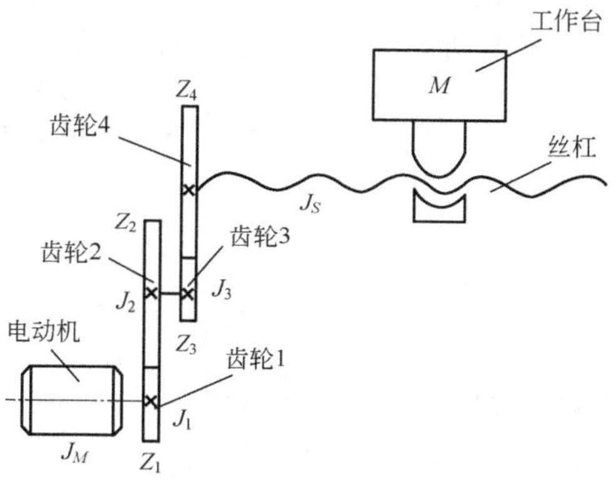

图 2-5　电动机带动的两对齿轮减速图

（3）机械传动系统的总等效转动惯量计算

要将电动机的能量最有效地传送到传动机构及其平台负载上，并获得最大加速度的运动，也就是要能快、准、稳的实现控制目标动作，必须要将传动机构连同工作台的总负载转动惯量（包含丝杠、齿轮、工作台、工件、刀具等转动惯量）折算到电动机轴上，并与电动机的转动惯量相匹配，即总负载的转动惯量与电动机转子的转动惯量相匹配。由前所述，知道了总的转动惯量，就可计算出整个传动系统所需要的起动转矩。有了起动最大静转矩及转动惯量等参数，就可以选择电动机的规格型号了。

由于传动系统的各传动部件并不一定与电动机轴同轴，这就存在着各传动部件转动惯量向电动机轴折算的问题。整个传动系统总等效转动惯量为：

$$J_\Sigma = J_M + J_L \tag{2-10}$$

式中　J_Σ——传动系统总等效转动惯量；

J_M——电动机转子的转动惯量；

J_L——负载转动惯量 = 旋转部分转动惯量 + 直线运动部分转动惯量。

旋转部分转动惯量为：丝杠、联轴器等折算到电动机轴上的转动惯量。

直线运动部分转动惯量为，工作台与工作台上的工件、刀具、夹具等以总质量为 M

(kg)、速度为 v(m/min) 作直线运动的物体，折算到电动机轴上的转动惯量。以齿轮丝杠传动为例，应用前面结果可求得以下几种情况的总等效转动惯量。

① 电动机带一对齿轮丝杠传动平台系统折算到电动机轴上的总等效转动惯量（图 2-6）。

$$J_\Sigma = J_M + J_1 + \left[J_2 + J_S + \left(\frac{L_0}{2\pi}\right)^2 M \right]\left(\frac{Z_1}{Z_2}\right)^2 \tag{2-11}$$

式中　J_Σ——传动系统总等效转动惯量；

J_M——电动机转子的转动惯量；

J_S——丝杠的转动惯量。

在式（2-11）中，$J_M + J_1 + (J_2 + J_S)\left(\frac{Z_1}{Z_2}\right)^2$ 是旋转运动部分折算到电动机轴上的转动惯量，而 $\left[\left(\frac{L_0}{2\pi}\right)^2 M\right]\left(\frac{Z_1}{Z_2}\right)^2$ 是直线运动部分折算到电动机轴上的转动惯量。

② 电动机带两对齿轮的丝杠传动平台系统折算到电动机轴上的总等效转动惯量（图 2-7），读者可自行分析式（2-12）各部分的含义。

$$J_\Sigma = J_M + J_1 + (J_2 + J_3)\left(\frac{Z_1}{Z_2}\right)^2 + \left[J_4 + J_S + \left(\frac{L_0}{2\pi}\right)^2 M \right]\left(\frac{Z_1 Z_3}{Z_2 Z_4}\right)^2 \tag{2-12}$$

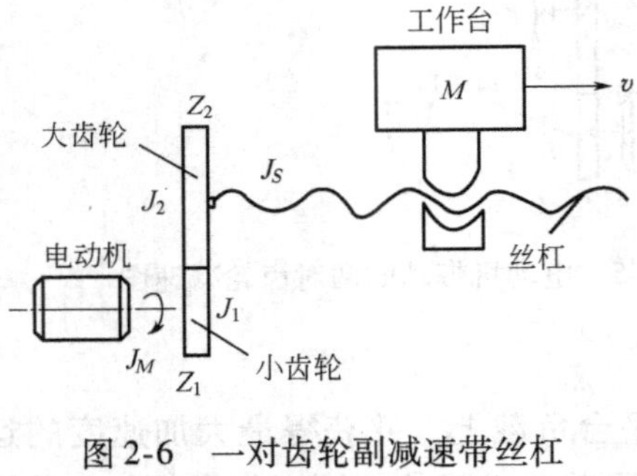

图 2-6　一对齿轮副减速带丝杠传动副驱动平台系统

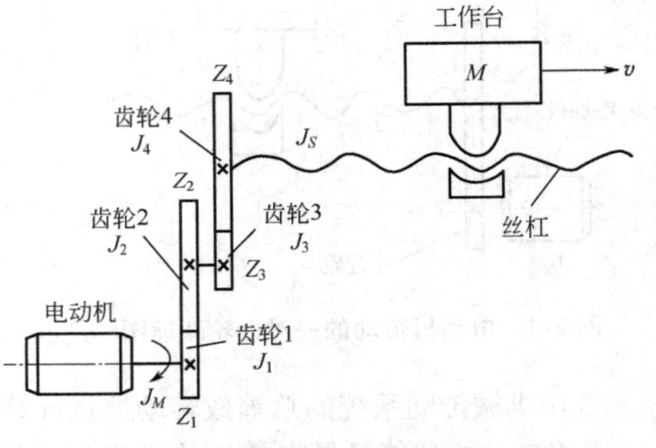

图 2-7　两对齿轮副减速带丝杠传动副驱动平台系统

[例 2-1]　数控机床进给工作台某坐标轴传动系统示意图如图 2-8 所示，其中四个齿轮传动比 $Z_2/Z_1 = Z_4/Z_3 = 2$，丝杠导程 L_0 为 5mm，工作台总质量（含工件等质量）m_A 为 400kg，齿轮 Z_1、Z_2、Z_3、Z_4 和滚珠丝杠的转动惯量 J_1、J_2、J_3、J_4、J_S 分别为 0.01kg·m²、0.15kg·m²、0.02kg·m²、0.33kg·m²、0.012kg·m²，电动机的转动惯量 J_M 为 0.22kg·m²，如忽略转动轴Ⅰ、Ⅱ轴的转动惯量，求该系统折算到电动机轴 0 上的总等效转动惯量。

解：

① 传动系统回转部分对电动机轴 0 的等效转动惯量 $[J_1]_0$：

$$\begin{aligned}[J_1]_0 &= J_M + J_1 + (J_2 + J_3)(Z_1/Z_2)^2 + (J_4 + J_S)[(Z_1 \cdot Z_3)/(Z_2 \cdot Z_4)]^2 \\ &= 0.22 + 0.01 + (0.15 + 0.02) \times (1/2)^2 + (0.33 + 0.012) \times (1/2 \times 1/2)^2 \\ &= 0.2939(\text{kg} \cdot \text{m}^2)\end{aligned}$$

② 传动系统的平台直线运动部分对电动机轴 0 的等效转动惯量 $[J_2]_0$：

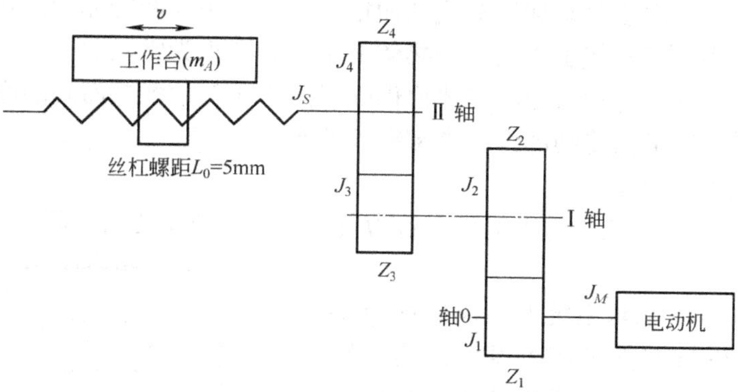

图 2-8　进给工作台某坐标轴传动系统示意图

$[J_2]_0 = m_A(L_0/2\pi)^2[(Z_1 \cdot Z_3)/(Z_2 \cdot Z_4)]^2 = 400 \times [(0.005/(2 \times 3.14)]^2 \times (1/2 \times 1/2)^2 = 0.00002(\text{kg} \cdot \text{m}^2)$

折算到电动机轴 0 上的总等效转动惯量为：$[J]_0 = [J_1]_0 + [J_2]_0 = 0.2939 + 0.00002 = 0.294(\text{kg} \cdot \text{m}^2)$

2. 摩擦

两物体接触面间的摩擦力在应用上可简化为黏性摩擦力，库仑摩擦力与静摩擦力三类，方向均与运动方向相反。图 2-9a 和图 2-9b 反映了三种摩擦力与物体运动速度之间的关系。

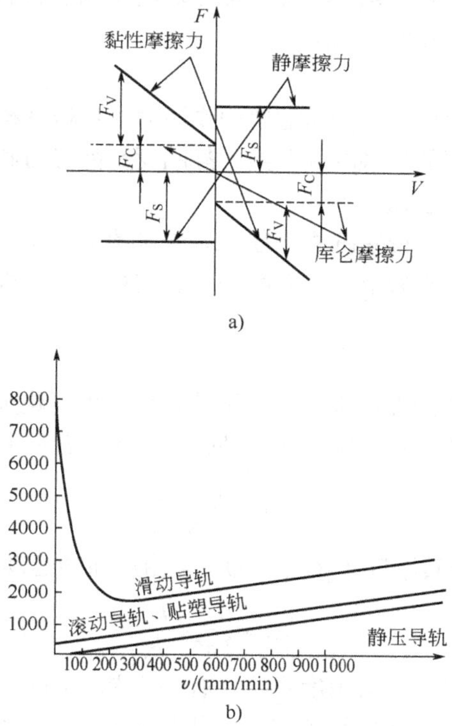

图 2-9　三种摩擦力与运动速度之间的关系

a）理想摩擦力与速度特性关系图　b）不同导轨的摩擦特性关系图

F_V：黏性摩擦力，随着运动速度的增加而增大，其大小与两物体相对运动速度成正比。

F_C：库仑摩擦力，它是接触面对运动物体的阻力，大小为常数。

F_S：静摩擦力，它是有相对运动趋势但仍处于静止状态的摩擦面间的摩擦力。

机电一体化系统对机械传动部件的摩擦特性的要求为：

① 静摩擦力尽可能小；

② 动摩擦力应为尽可能小的正斜率，若为负斜率则易产生爬行，降低精度，减少寿命。

3. 阻尼

由振动理论可知（二阶系统振动模型如图 2-10 所示），运动中的机械部件易产生振动，其振幅决定于系统的阻尼和固有频率。系统的阻尼越大，最大振幅越小，衰减就越快。

在实际应用中一般将摩擦阻尼简化为黏性摩擦的线性阻尼。机械传动部件一般可简化为二阶系统，其阻尼比为：

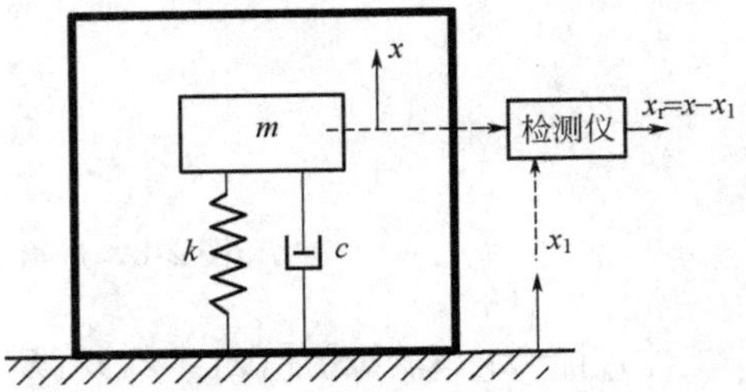

图 2-10　二阶系统振荡模型图

$$\xi = c/\left(2\sqrt{mk}\right) \tag{2-13}$$

式中　c——黏性阻尼系数；

m——系统的质量；

k——系统的刚度。

在实际应用中，一般取 $0.4 \leqslant \xi \leqslant 0.8$，为欠阻尼状态。这样既能保证不振荡、不过调、过渡过程时间短，又具有较高的灵敏度。

4. 刚度

刚度为使弹性体产生单位形变量所需要的作用力。机械系统的刚度包括构件产生各种基本变形时的刚度和两接触面的接触刚度两类。静刚度是静态力和变形之比；动刚度是动态力（变形力、冲击力）和变形之比。

对于伺服系统的失动量来说系统刚度越大，失动量越小。对于伺服系统的稳定性来说，刚度对开环系统的稳定性没有影响，而对闭环系统的稳定性有很大影响，提高刚度可以增加闭环系统的稳定性。

5. 谐振频率

包括机械传动部件在内的弹性系统，若不计阻尼，可简化为质量、弹簧系统。对于质量为 m、拉压刚度系数为 k 的单自由度直线运动弹性系统，其固有频率为：

$$\omega = \frac{1}{2\pi}\sqrt{\frac{k}{m}} \tag{2-14}$$

对于转动惯量为 J、扭转刚度系数为 k 的单自由度扭转运动弹性系统，其固有频率为：

$$\omega = \frac{1}{2\pi}\sqrt{\frac{k}{J}} \tag{2-15}$$

机械传动部件实际上是个多自由度系统，有一个基本固有频率和若干个高阶固有频率，分别称为机械传动部件的一阶谐振频率和 n 阶谐振频率。为减少机械传动部件的转矩反馈对电动机动态性能的影响，一般机械部件谐振频率必须大于电气驱动部件的谐振频率。以机床进给伺服系统为例，一般要大 2 ~ 3 倍以上，而控制系统的速度环比位置环谐振频率也要大

2~3 倍以上，这样的系统不易产生振荡。

6. 间隙

机械系统中存在着许多间隙，这些间隙虽然无法完全消除，但若间隙过大则会对系统的精度和稳定性造成很大的影响，因此要尽可能采取一定的消隙措施，以减小间隙。

2.2.4 齿轮传动机构

1. 齿轮传动机构总传动比选择

（1）齿轮传动特点

齿轮传动机构是转矩、转速和转向的机械变换器，由于伺服系统的齿轮传动机构一般是减速系统，其输入是高转速、小转矩，输出是低转速、大转矩，因此要求齿轮系统有足够的强度和尽可能小的转动惯量，各类齿轮传动方式如图 2-11 所示。其次，齿轮副的啮合间隙会造成不明显的传动死区，在闭环系统中，传动死区能使系统以 1~5 倍的间隙角产生低频振荡，为此要调小齿侧间隙或采用消隙装置。此外，为提高伺服系统的响应速度，通常采用负载角加速度最大的原则，选择齿轮传动机构的总传动比。也就是说根据这个原则，适当选择齿轮减速比，使负载惯性转矩折算成与执行装置如电动机的惯性转矩相匹配，这样就能使执行装置达到最大的驱动能力，这就是机械系统“阻抗匹配”的概念。

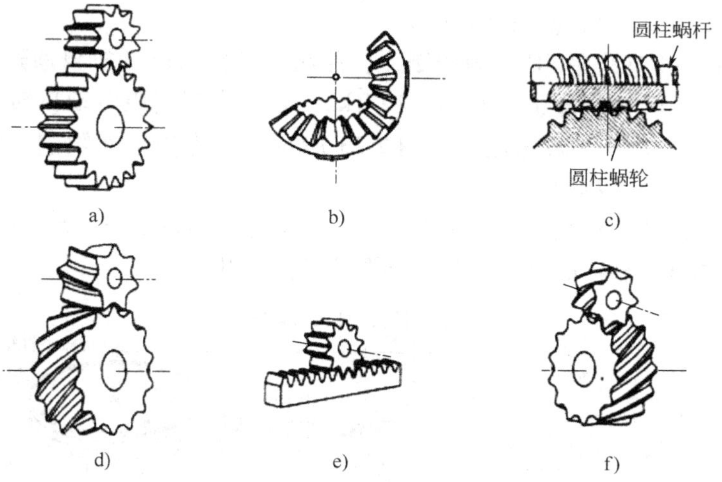

图 2-11 各种齿轮传动图

a）直齿轮 b）锥齿轮 c）蜗轮蜗杆 d）斜齿轮 e）齿轮齿条 f）交错轴斜齿轮

（2）齿轮传动的转动惯量与最佳减速比计算

齿轮传动机构模型如图 2-12 所示。设转动惯量为 J_M 的伺服电动机，通过传动比为 i 的齿轮系克服摩擦阻力转矩 T_{LF}，驱动惯性矩为 J_L 的负载，其传动比 i 为：

$$i = \theta_M/\theta_L = \dot{\theta}_M/\dot{\theta}_L = \ddot{\theta}_M/\ddot{\theta}_L > 1$$

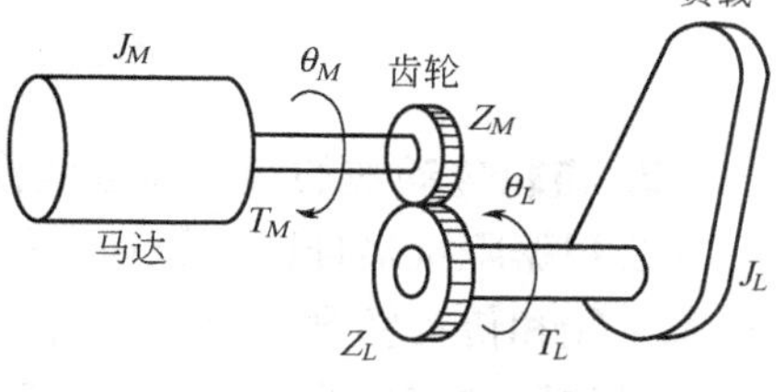

图 2-12 齿轮传动减速机构图

式中 θ_M，$\dot{\theta}_M$，$\ddot{\theta}_M$——电动机的角位移、角速度、角加速度；

θ_L，$\dot{\theta}_L$，$\ddot{\theta}_L$——负载的角位移、角速度、角加速度。

若忽略摩擦阻抗转矩 T_{LF} 的影响，则得下式：

$$T_M = (J_M + J_L/i^2)\,d^2\theta_M/dt^2 \tag{2-16}$$

式中 T_M——电动机转矩；

J_M——电动机系统转动惯量（含电动机齿轮、轴的转动惯量）；

J_L——负载转动惯量；

i——减速比（等于齿数比 $i = Z_L/Z_M$）；

θ_M——电动机旋转角度；

J_L/i^2——负载转动惯量向电动机轴转化。

从上式看出，电动机通过齿轮传动链带动负载时，若欲将负载转动惯量向电动机轴上转化，只须除以 i^2 即可，再与电动机本身的转动惯量相加，便得到电动机带齿轮传动的总转动惯量，进而可以由式（2-16）算得所需的电动机转矩，以此来选择电动机。显然，采用 $i>1$ 的齿轮传动，负载转动惯量将减小为原来的 $1/i^2$，这对选择电动机是非常用利的。此外，根据负载角加速度最大的原则，即当 $d^2\theta_M/dt^2 \to \infty$，则 $J_M + J_L/i^2 \to 0$，可得最佳减速比：

$$i = \sqrt{\frac{J_L}{J_M}} \tag{2-17}$$

（3）齿轮传动副最佳减速比计算举例

［**例 2-2**］图 2-13 是采用 PC 作为控制器，控制直流伺服电动机再通过同步带驱动一个转盘的例子。该转盘转动惯量 $J_L = 4.36\times10^{-3}\text{kg}\cdot\text{m}^2$，直流伺服电动机转子转动惯量 $J_M = 3.72\times10^{-5}\text{kg}\cdot\text{m}^2$，求最佳减速比。如图 2-13 所示，因为受空间限制，只能取减速比为 2.5，问该系统能稳定运转吗？

应用式（2-17）计算出最佳减速比为 $i=10.8$。显然，若取 $i=2.5$，机械系统运转会不稳定，只有通过调整控制器的 P、I、D 自动调节参数来补偿。

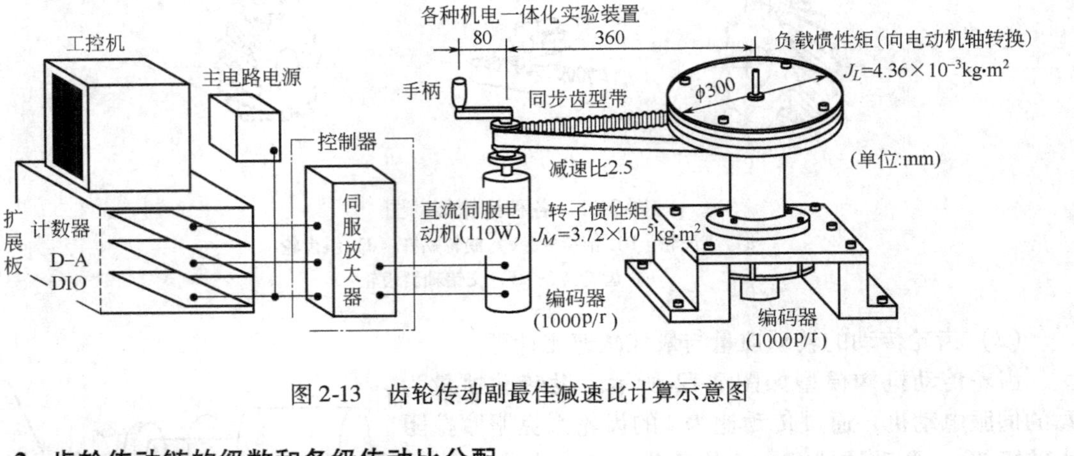

图 2-13 齿轮传动副最佳减速比计算示意图

2. 齿轮传动链的级数和各级传动比分配

当根据阻抗最佳匹配原理求得总传动比之后，为了使齿轮传动减速系统结构紧凑，满足动态性能和传动精度的要求，需要对多级圆柱齿轮副级数和各级传动比进行合理分配。常按最小等效转动惯量原则、质量最轻原则和输出轴的转角误差最小原则进行。

（1）最小等效转动惯量原则

对于伺服传动系统，要求起动、正反转和停止快。当转矩一定时，转动惯量越小，角加速度越大，运转就越灵活。这样可使得过渡过程时间短、响应快、起动功率小。利用最小等效转动惯量原则设计齿轮传动系统，换算到电动机轴上的等效转动惯量为最小。

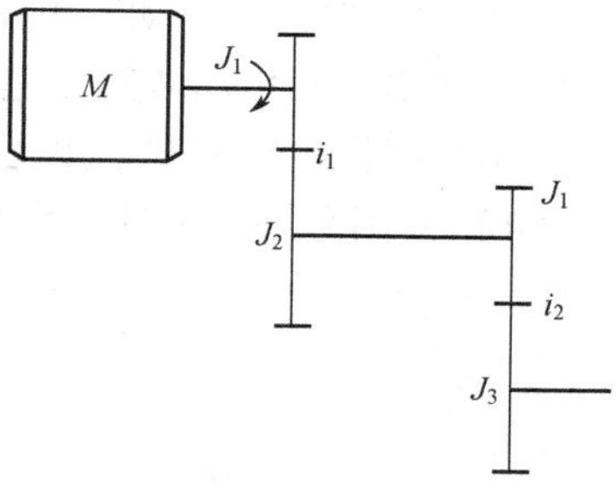

图 2-14　电动机驱动的二级齿轮传动系简图

① 小功率齿轮传动装置各级传动比分配。

电动机驱动的二级齿轮传动系如图 2-14 所示。

假定传动效率为 100%，各主动小齿轮转动惯量相同，轴与轴承的转动惯量忽略不计，各齿轮均为同齿宽、同材料的实心圆柱体，则当 $i_1^4 \geqslant 1$ 时有：

$$i_1 \approx (\sqrt{2}i)^{1/3},\ i_2 \approx \frac{i_1^2}{\sqrt{2}} \tag{2-18}$$

式中　i_1、i_2——齿轮系中第一、二级齿轮副的传动比；

i——齿轮系总传动比，$i = i_1 i_2$。

同理，对于 n 级齿轮传动系统有：

$$i_1 = 2^{\frac{2^n - n - 1}{2(2^n - 1)}}\, i^{\frac{1}{2^n - 1}} \tag{2-19}$$

$$i_k = \sqrt{2}\left(\frac{i}{2^{n/2}}\right)^{\frac{2^{k-1}}{2^n - 1}} \quad (k = 2 \sim n) \tag{2-20}$$

可见，小功率齿轮传动装置按最小等效转动惯量原则，从电动机到负载各级齿轮传动比按“前小后大”的次序分配。

［例 2-3］ 设有一小功率齿轮传动装置，$i = 80$，传动级数 $n = 4$，试按等效转动惯量最小原则分配各级齿轮传动比。

解：

$$i_1 = 2^{\frac{2^4 - 4 - 1}{2(2^4 - 1)}} \times 80^{\frac{1}{2^4 - 1}} = 1.7268$$

$$i_2 = \sqrt{2}\left(\frac{80}{2^{4/2}}\right)^{\frac{z(2-1)}{2^4 - 1}} = 2.1085$$

$$i_3 = \sqrt{2}\left(\frac{80}{2^2}\right)^{\frac{4}{15}} = 3.1438$$

$$i_4 = \sqrt{2}\left(\frac{80}{2^2}\right)^{\frac{8}{15}} = 6.9887$$

验算：　$i = i_1 i_2 i_3 i_4 = 80$。

可见，符合小功率齿轮传动等效转动惯量最小原则的“前小后大”传动比分配。

用以上公式求解计算繁锁，在机械设计中常利用机械手册有关图表进行近似求解。例如若以齿轮传动级数为参变量，齿轮系中折算到电动机轴上的主动等效转动惯量 J_e 与第一级主动齿轮的转动惯量 J_1 之比为 J_e/J_1，其变化与总传动比 i 的关系如图 2-15 所示。合理确定 J_e/J_1 的值后，再根据总减速比要求，利用机械手册中相关曲线图，容易求出第一级及第 k

级齿轮减速比。

② 大功率齿轮传动装置各级传动比分配。

大功率齿轮传动装置传递的转矩大，各级齿轮副的模数、齿宽、直径等参数逐级增加。这时小功率齿轮传动的假设已不适用。通过查阅机械设计手册相关曲线图表（图 2-16 ~ 图 2-18），用图解法来确定大功率齿轮传动级数和传动比，分配结果仍为“前小后大”。

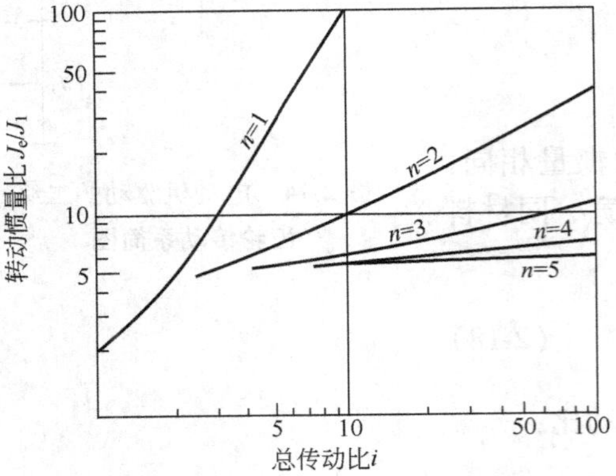

图 2-15　小功率齿轮传动装置用于确定传动级数的曲线图

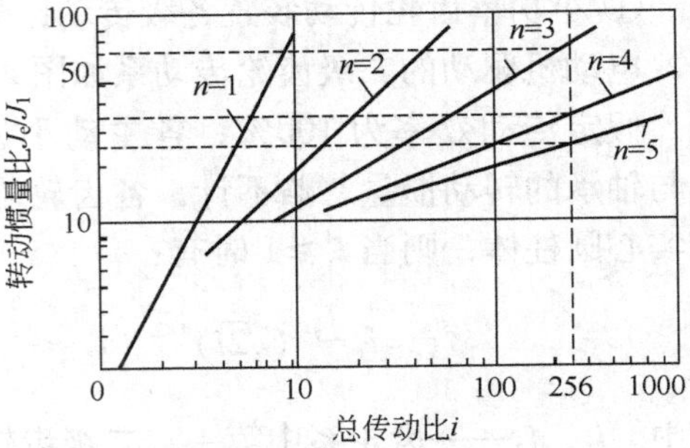

图 2-16　大功率齿轮传动装置用于确定传动级数的曲线图

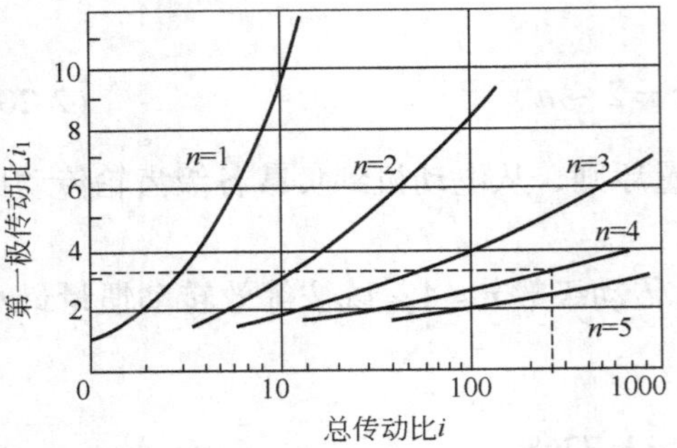

图 2-17　大功率传动装置用于确定第一级传动比的曲线图

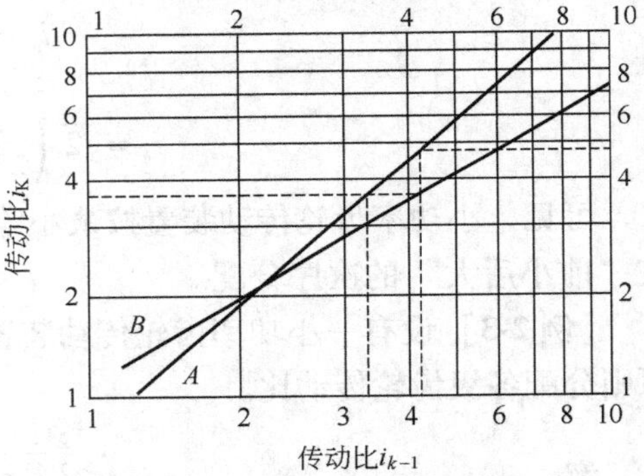

图 2-18　大功率传动装置用于确定齿轮副以后各级传动比的曲线图

可见，对于小功率或大功率齿轮传动装置按“转动惯量最小”原则来分配，从高速级到低速级各级传动比总是逐级增加的，而且级数越多，总等效转动惯量越小。

[例 2-4]　设有一大功率齿轮传动装置，总传动比要求 $i=256$，试按最小等效转动惯量原则分配各级齿轮传动比。

解： 由图 2-16，得 $n=3$，$J_e/J_1=70$；$n=4$，$J_e/J_1=35$；$n=5$，$J_e/J_1=26$。为了兼顾到 J_e/J_1 值的大小和传动装置结构紧凑的因素，选 $n=4$。

由图 2-17，得 $i_1=3.3$。

由图 2-18，在横坐标 i_{k-1} 上的 3.3 处作垂线与 A 线交于第一点，在纵坐标 i_k 上查得 $i_2=3.7$，通过该点作水平线与 B 曲线相交于第二点，查得 $i_3=4.3$。由第二点作垂线与 A 曲线相交于第三点，查得 $i_4=4.9$。

验算： $i=i_1i_2i_3i_4=257.26$，符合题目对总传动比 $i=256$ 的要求。

由以上分析可知，无论传递的功率大小如何，按“转动惯量最小”原则来分配，从高速级到低速级，各级传动比总是逐级增加的，而且级数越多，总等效转动惯量越小。但级数增加到一定数量后，总等效转动惯量的减小并不明显，而从结构紧凑、传动精度和经济性等方面考虑，级数也不能太多。

（2）质量最轻原则

质量限制常常是齿轮传动系统的一个重要设计指标，例如在航空、航天或军事装备传动机构设计中，需采用质量最轻原则分配各级齿轮传动比。

① 小功率齿轮传动装置各级传动比分配。

以图 2-14 电动机驱动的二级齿轮机构为例，假设条件不变，若齿轮直径为 d_i（$i=1$，2，3，4），齿宽为 b，密度为 ρ，则齿轮系的质量和为：

$$m = \sum_{i=1}^{4} m_i = \pi\rho b \sum_{i=1}^{4} (d_i/2)^2 \tag{2-21}$$

根据假设条件 $d_1=d_3$，而 $i=i_1i_2$，则：

$$m = \pi\rho b d_1^2 \ (2 + i_1^2 + i^2/i_1^2) \ /4 \tag{2-22}$$

令 $dm/di_1=0$，得 $i_1=i_2$，同理对 n 级传动可得：

$$i_1 = i_2 = \cdots\cdots i_n \tag{2-23}$$

可见，对于小功率齿轮传动装置，按质量最轻原则确定传动比，得到各级齿轮传动比是相等的。

② 大功率齿轮传动装置各级传动比分配。

仍以图 2-14 所示二级齿轮机构为例，假设主动小齿轮的模数分别是 m_1、m_3，分度圆直径分别是 d_1、d_3，齿宽分别是 b_1、b_3，都与所在轴上的转矩 T_1、T_3的三次方根成正比，即：

$$\frac{m_3}{m_1} = \frac{d_3}{d_1} = \frac{b_3}{b_1} = \sqrt[3]{T_3/T_1} = \sqrt[3]{i_1} \tag{2-24}$$

另外，假设每个齿轮副中的齿宽相等，即 $b_1=b_2$，$b_3=b_4$，可得：

$$i_2 = \sqrt{2i_1+1}, \ i = i_1\sqrt{2i_1+1} \tag{2-25}$$

对大功率齿轮传动装置，按质量最小原则分配传动比，所得各级齿轮传动比是逐级递减的，即“前大后小”。

［例 2-5］ 设 $n=2$，$i=40$，用图解法按质量最轻原则分配各级传动比。

解： 根据图 2-19，查得 $i_1\approx 9.1$，$i_2\approx 4.4$。

验算： $i=i_1i_2=9.1\times 4.4=40.04$，符合题目对总传动比 $i=40$ 的要求。

（3）输出轴的转角误差最小原则

在减速齿轮传动链中，为了提高齿轮系的传动精度，从输入端到输出端之间齿轮的各级传动比应按“前小后大”原则分配，以便降低齿轮的加工误差、安装误差以及回转误差对输出转角精度的影响。因为总转角误差主要取决于齿轮最末两级的转角误差和传动比大小，所以应使最末两级齿轮传动比应尽可能大些，加工精度尽可能高些。

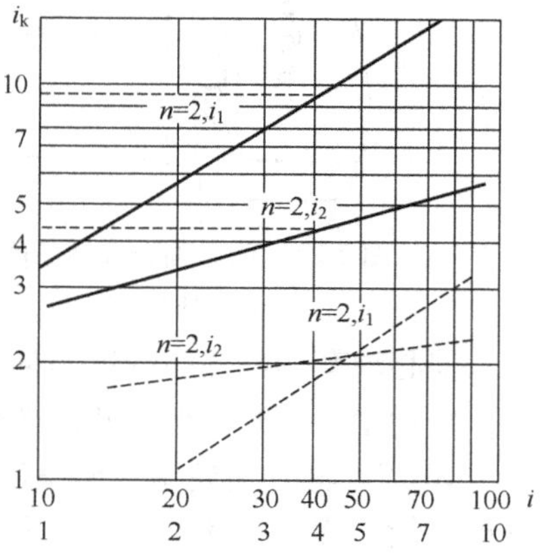

图 2-19 二级传动比分配线图

（$i<10$ 时查图中虚线）

3. 齿轮各级传动比三种分配原则的综合选择

在设计齿轮传动装置时，应根据具体工作条件综合考虑上述三种原则进行合理选择。

① 对以提高传动精度和减少回转误差为主的降速齿轮传动链，可按输出轴转角误差最小原则设计。若为增速传动链，则应在开始几级就增速。

② 对要求运动平稳、起停频繁和动态性能好的伺服减速传动链，可按最小等效转动惯量最小原则和输出轴转角误差最小原则进行设计。对于负载变化频繁的齿轮传动装置，各级传动比最好采用不可约比数设计，以避免同时啮合，使磨损均衡。

③ 对要求质量尽可能小的齿轮降速传动链，特别是军工产品的设计，可按质量最轻原则进行分配。

④ 对传动比很大的传动链，可将定轴轮系和行星轮系结合使用。

4. 消除齿轮传动结构间隙的方法

齿轮间隙会影响系统的伺服传动精度和系统的稳定性。因为机电一体化设备如数控机床的进给工作台要随着零件轮廓的变化而运动，传动机构要频繁正、反转变向，若存在齿轮间隙，则在正、反向变换时就会产生定位误差。因此必须采取措施消除齿侧间隙，以保证机构的双向传动精度。

（1）直齿圆柱齿轮传动机构间隙消除

① 偏心轴套调整法。偏心轴套调整法如图 2-20 所示，电动机 2 通过偏心轴套 1 装在箱体上。转动偏心轴套可调整两啮合齿轮的中心距，消除直齿圆柱齿轮的齿侧间隙。

② 锥齿轮调整法。锥齿轮调整法如图 2-21 所示，将齿轮的分度圆柱面改变为带有小锥度的圆锥面，使齿轮的齿厚在轴向产生变化。装配时，通过改变垫片 3 的厚度来调节两齿轮的轴向相对位置，以消除侧隙。

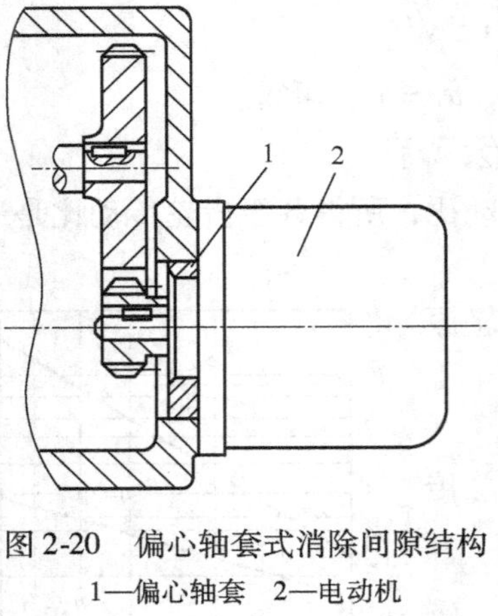

图 2-20　偏心轴套式消除间隙结构

1—偏心轴套　2—电动机

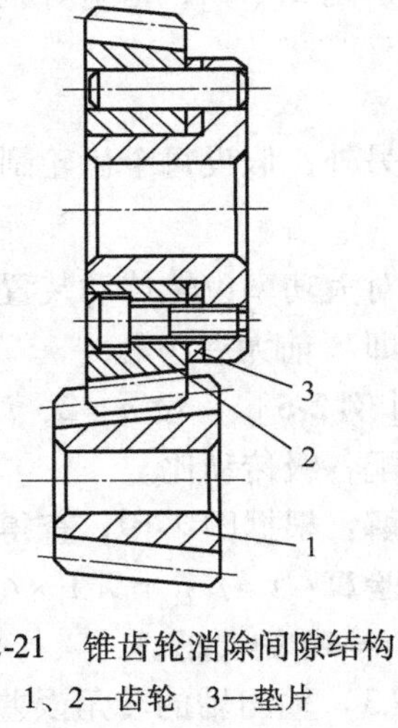

图 2-21　锥齿轮消除间隙结构

1、2—齿轮　3—垫片

偏心轴套调整法与锥度齿轮调整法这两种消除间隙方法的结构简单，能传递较大的转矩，传动刚度也好，但齿侧间隙调整后不能自动补偿，因此又称为刚性调整法。

③ 双片薄片齿轮错齿调整法。双片薄片齿轮错齿调整法如图 2-22 所示，齿侧间隙可以自动补偿，称为柔性调整法，但其结构复杂，适合于负载不大的传动装置中。在简易数控机床进给传动中，步进电动机和长丝杠之间的齿轮传动常采用这种方式。

（2）斜齿圆柱齿轮传动间隙消除

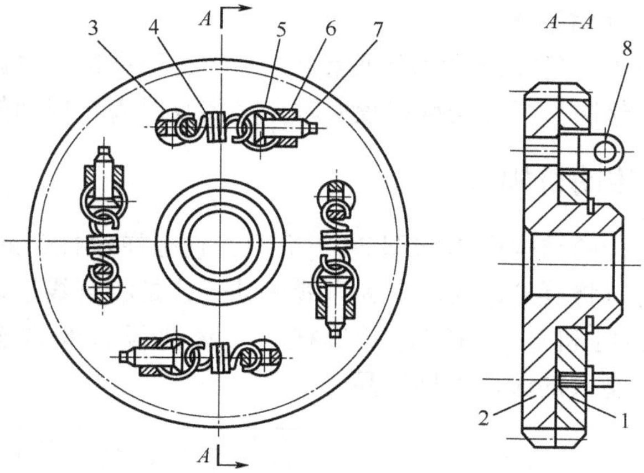

图 2-22　双片薄片齿轮错齿调整法

1、2—薄片齿轮　3、8—凸耳　4—弹簧　5、6—螺钉　7—调节螺钉

① 轴向垫片调整法。斜齿轮垫片错齿消隙机构，如图 2-23 所示。图中宽齿轮 4 同时与两个薄片齿轮 1、2 啮合。两薄片齿轮之间装一垫片 3，通过调节该垫片厚度，使它们的螺旋线产生错位，可使两薄片齿轮左右齿面分别与宽齿轮的齿贴紧，从而消除间隙。这种结构的齿轮承载能力较小，且不能自动补偿消除间隙。

② 轴向压簧调整法。轴向压簧调整机构，如图 2-24 所示。该结构原理与轴向垫片调整法相似。不同的是采用齿轮 2 右面的弹簧压力使 1、2 两薄片齿轮的左右齿面分别与宽齿轮 4 的左右齿面贴紧，以消除齿侧间隙。这种结构齿轮间隙能自动消除，始终保持无间隙的啮合，但它只适用于负载较小的场合，且这种结构轴向尺寸较大。如图 2-24a 所示的是采用了压簧结构而如图 2-24b所示则是采用了碟簧。

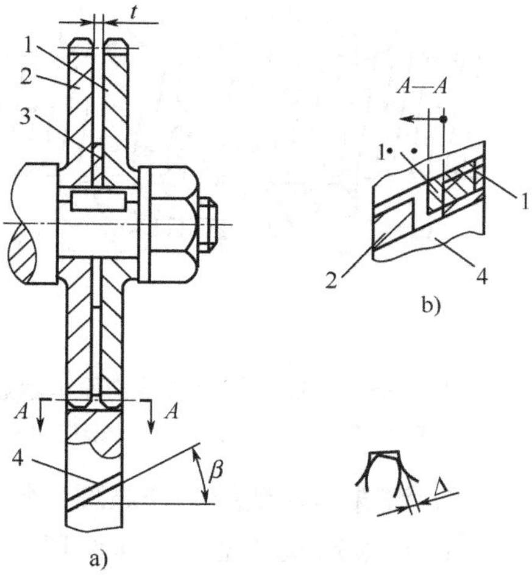

图 2-23　斜齿轮垫片错齿消隙机构

1、2—薄片齿轮　3—垫片　4—宽齿轮

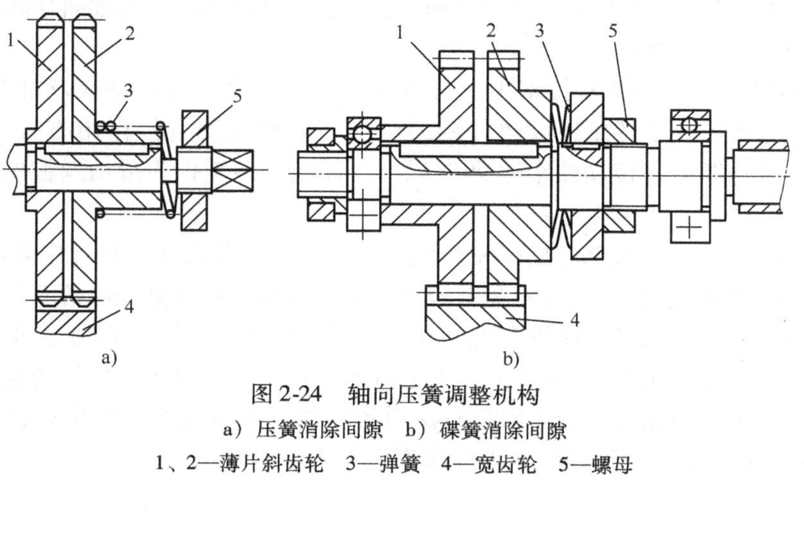

图 2-24　轴向压簧调整机构

a）压簧消除间隙　b）碟簧消除间隙

1、2—薄片斜齿轮　3—弹簧　4—宽齿轮　5—螺母

(3) 齿轮齿条传动间隙消除

齿轮齿条传动常用于行程较长的大型机床上，易于得到高速直线运动。当传动负载较小时，采用双薄片齿轮调整法。当传动负载较大时，采用双厚齿轮传动的结构。

2.2.5 滚珠丝杠副传动机构

滚珠丝杠副传动机构的结构原理如图2-25所示，它是在丝杠和螺母间以钢球为滚动体的螺旋传动元件。它可以将旋转运动转变为直线运动，或是将直线运动转变为旋转运动。滚珠丝杠副传动机构是数控机床、精密仪器等机电一体化设备经常选用的精密传动机构。图2-26展示了几种锁紧型式的滚珠丝杠产品。

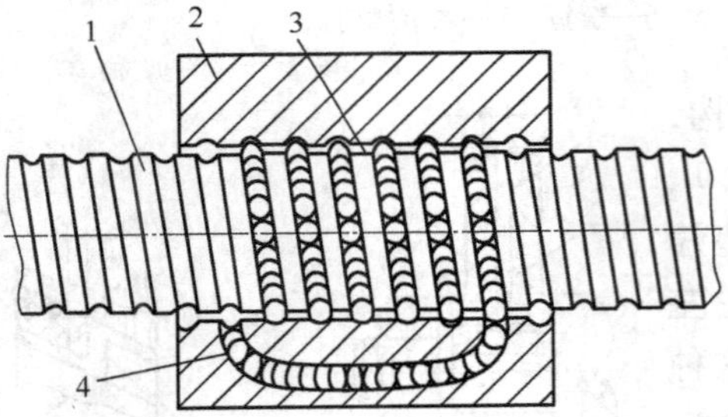

图2-25 滚珠丝杠副的结构原理示意图
1—滚珠丝杠 2—滚珠螺母 3—滚珠 4—回珠管

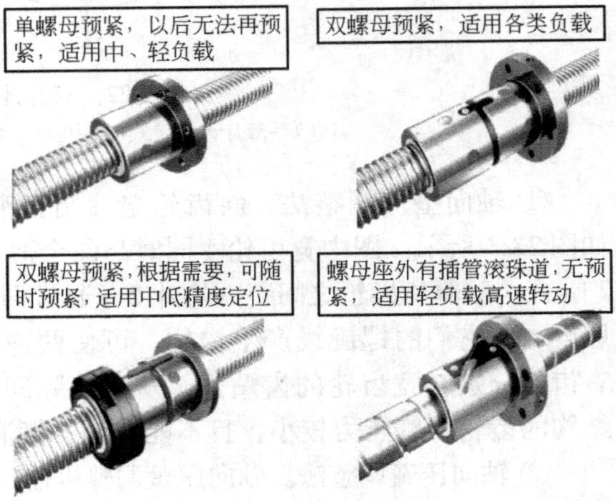

图2-26 几种锁紧型式的滚珠丝杠产品

1. 滚珠丝杠副的工作原理、特点及类型

(1) 滚珠丝杠副的工作原理

由滚珠丝杠副的结构原理图2-25可知，丝杠和螺母的螺纹滚道间置有滚动体，当丝杠和螺母转动时，滚动体在螺纹滚道内滚动，使丝杠和螺母作相对运动时为滚动摩擦。当丝杠旋转时，滚动体在滚道内既自转又沿滚道循环转动，使丝杠螺母产生轴向移动。

(2) 滚珠丝杠副的特点

① 传动效率高。在滚珠丝杠副中，自由滚动的滚珠将力与运动在丝杠与螺母之间传递，这一传动方式取代了传统螺纹丝杠副的丝杠与螺母间的直接作用方式，以极小的滚动摩擦代替了滑动摩擦，传动效率达90%以上，而驱动转矩仅为滑动丝杠的1/3，发热也大为降低。

② 定位精度高。由于滚珠丝杠副发热低、温升小，以及在加工过程中采取了预拉伸及预紧等消除轴向间隙的措施，使丝杠副具有很高的定位精度和重复定位精度。

③ 传动可逆性。滚珠丝杠副没有滑动丝杠的黏滞摩擦，消除了在传动过程中可能出现的爬行现象，因而可高效地实现旋转运动和直线运动的转换，且正、反传动效率几乎相同。

④ 工作寿命长。制造时，由于对丝杠滚道形状加工的准确性，以及对表面硬度、材料选择等方面的严格控制，因而滚珠在硬的滚道上作滚动运动时，磨损极小，精度保持性好，

可靠性高，寿命长。

⑤ 不能自锁。特别对于垂直安装的丝杠，为避免停止运转后螺母在重力作用下下滑，需设置专门的制动机构。

⑥ 结构复杂，制造困难，成本高。

（3）滚珠丝杠副的类型

国产的标准滚珠丝杠副一般分为两类：一类是定位滚珠丝杠副（P类），即通过旋转角度和导程控制轴向位移量；另一类是传动滚珠丝杠副（T类），即与旋转角度无关，用于传递动力。此外，滚珠丝杠副还可以根据其特征有不同的分类形式，详见各制造商产品样本。

2. 滚珠丝杠副的结构

根据螺纹滚道形面形状、钢球循环方式、消除轴向间隙和调整预紧方法的不同，滚动丝杠副的结构也有各种形式。

（1）螺纹滚道形面的形状及其参数

螺纹滚道形面即滚道法向截面有多种形状，常见截面形状有单圆弧形面、双圆弧形面等，如图2-27所示。图中的钢球与滚道表面在接触点处公切线与螺纹轴线垂线间的夹角称为接触角，理想接触角$\beta=45°$。

① 单圆弧形面。如图2-27a所示，通常滚道半径R稍大于滚珠半径r_b，$R=(1.04\sim1.11)r_b$。对于单圆弧形面的螺纹滚道，接触角β随轴向载荷F的大小而变化。当$F=0$时，$\beta=0$，承载后随着F的增大β也增大，β的大小由接触形变的大小决定。当接触角β增大后，传动效率和轴向刚度以及承载能力也随之增大。

② 双圆弧形面。如图2-27b所示，滚珠与滚道只在内相切的两点接触，接触角β不变。两圆弧交接处有一小空隙，可容纳一些脏物，这对滚珠的滚动有利。双圆弧形面接触强度高，轴向间隙和径向间隙理论上为零，接触角β稳定。目前，双圆弧形面应用是最广泛的。

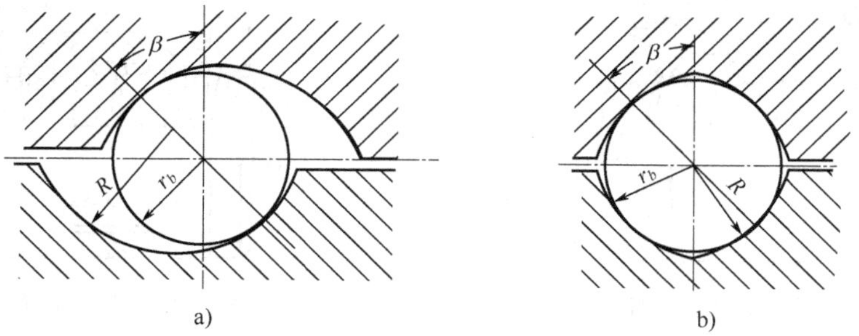

图2-27 滚珠丝杠副螺纹滚道法向截面形状

a）单圆弧形面 b）双圆弧形面

（2）滚珠丝杠副的循环方式

常用滚珠丝杠副的循环方式有两种，外循环式和内循环式，如图2-28所示。

① 外循环式。滚珠在循环中，有时与丝杠脱离接触，称外循环式。外循环式有回珠槽式和回珠管式。回珠槽式是在螺母外表面有回珠槽，槽的两端有通孔与螺母的螺纹滚道相

切，形成滚珠返回通道。回珠管式采用外接套管作为滚珠返回通道。该形式结构简单，制造方便，但突出于螺母外部，尺寸也较大。

② 内循环式。滚珠始终与丝杠保持接触，称为内循环式。这种方式螺母外径尺寸小，滚珠循环通道短，摩擦损失小，传动效率高，不适用于重载传动。

(3) 滚珠丝杠副轴向间隙调整和预紧的方法

滚珠丝杠副轴向间隙是指承受负载时，在滚珠与滚道型面接触点的弹性形变所引起的螺母位移量和螺母原有间隙的总和。采用预紧调整可以消除或减小这种间隙，以保证滚珠丝杠的刚度和传动精度。

滚珠丝杠副轴向间隙的调整和预紧，通常采用双螺母预紧方式，其结构有 3 种：垫片调隙式、螺纹调隙式、齿差调隙式。调整和预紧基本原理是使两个螺母间产生轴向位移，以达到消除间隙和产生预紧力的目的。

① 垫片调隙式（图 2-29）。通过改变垫片的厚度 H，使螺母产生轴向位移进行预紧。该结构紧凑、可靠、刚度高，但不能随意调整预紧，适用于一般精度的机构。

② 螺纹调隙式（图 2-30）。调整端部的圆螺母，使螺母产生轴向位移进行预紧。该方式结构紧凑、可靠、调整方便。但调整位移不很精确，适用于刚度要求不高或需随时调整预紧力的传动。

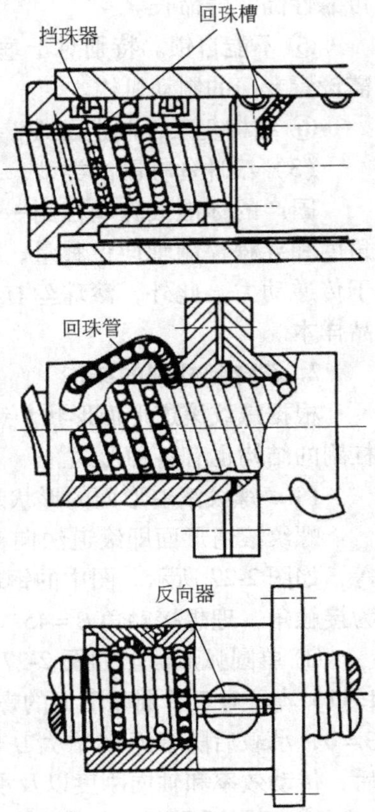

图 2-28　滚珠丝杠副的循环方式

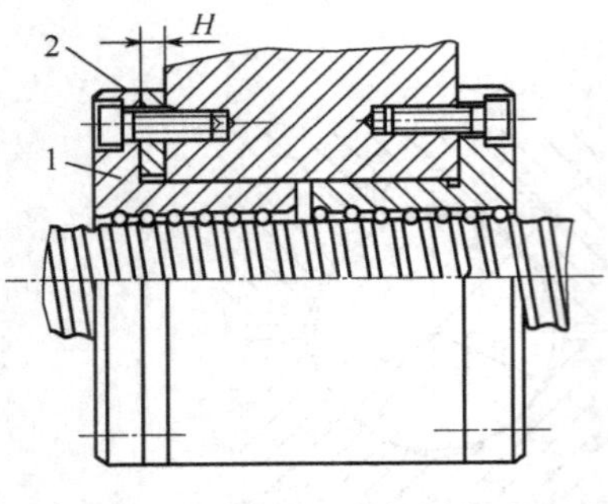

图 2-29　垫片调隙式结构图

1—螺母　2—垫片

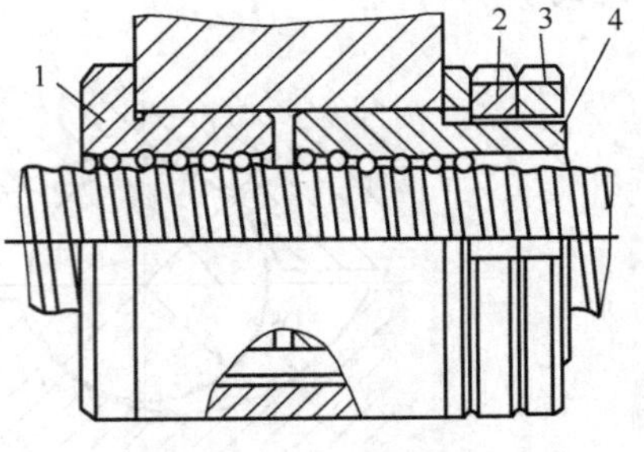

图 2-30　螺纹调隙式结构图

1、2、3—螺母　4—键

③ 齿差调隙式（图 2-31）。在螺母 1 和螺母 4 的凸缘上各有齿数相差一个齿的外齿轮（$Z_2 = Z_1 + 1$），把其装入螺母座中，分别与具有相应齿数（Z_1 和 Z_2）的内齿轮 2 和 3 啮合。调整时，先取下内齿轮，将两个螺母相对螺母座同方向转动一定齿数，然后把内齿轮复位固定。此时两个螺母之间产生轴向位移，从而达到预紧目的。该方式能精确地调整预紧力，但装配调整较复杂，适用于高精度传动机构。

（4）滚珠丝杠的安装结构

1）支承结构。

① 一端装止推轴承（固定—自由式）。

这种机构承载能力小，轴向刚度低，仅适用于短丝杠。多用于轻载、低速的垂直安装丝杠传动系统。

② 一端装止推轴承，另一端是深沟球轴承（固定—支撑式）。

为了减少丝杠热变形的影响，止推轴承的安装位置应远离热源。适合于中速、精度高的长丝杠传动系统。

③ 两端止推轴承。

这种方式有助于提高传动精度，但对热伸长较敏感，适用于中速、精度较高的丝杠传动系统。

④ 两端装双重止推轴承及深沟球轴承（固定—固定式）。

这种方式适用于高刚度、高速度、高精度的精密丝杠传动系统，滚珠丝杠副各种支承形式及特点，如表 2-1 及图 2-32 所示。

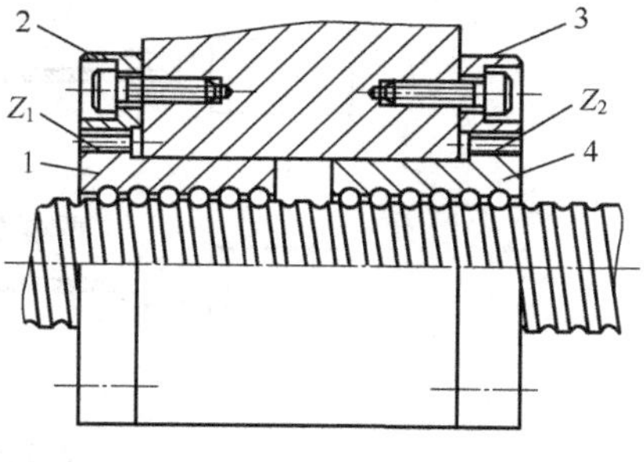

图 2-31　齿差调隙式结构图

1、4—螺母　2—内齿轮（齿数 Z_1）

3—内齿轮（齿数 Z_2）

表 2-1　滚珠丝杠副支承形式

支承形式	简　　图	特　　点
一端固定一端自由(F-O)	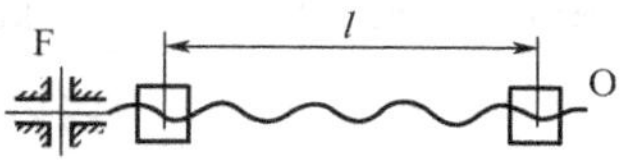	1. 结构简单 2. 丝杠的轴向刚度比两端固定低 3. 丝杠的压杆稳定性和临界转速都较低 4. 设计时尽量使丝杠受拉伸 5. 适用于较短和竖直的丝杠
一端固定一端游动(F-S)	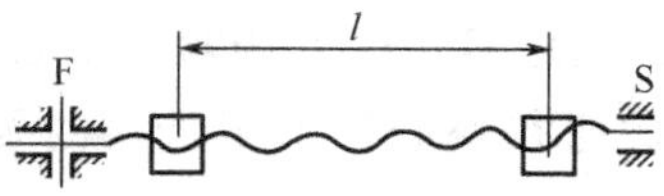	1. 需保持螺母与两端支承同轴，故结构较复杂，工艺较困难 2. 丝杠的轴向刚度和 F-O 相同 3. 压杆稳定性和临界转速比同长度的 F-O 高 4. 丝杠有热膨胀的余地 5. 适用于较长的卧式安装丝杠
两端固定(F-F)		1. 同 F-S 的 l 2. 只要轴承无间隙，丝杠的轴向刚度为一端固定的 4 倍 3. 丝杠一般不会受压，无压杆稳定问题，固有频率比一端固定要高 4. 可以预拉伸，预拉伸后可减少丝杠自重的下垂和热补偿膨胀，但需一套预拉伸机构，结构及工艺都比较困难 5. 要进行预拉伸的丝杠，其目标行程应略小于公称行程，减少量等于拉伸量 6. 适用于对刚度和位移精度要求高的场合

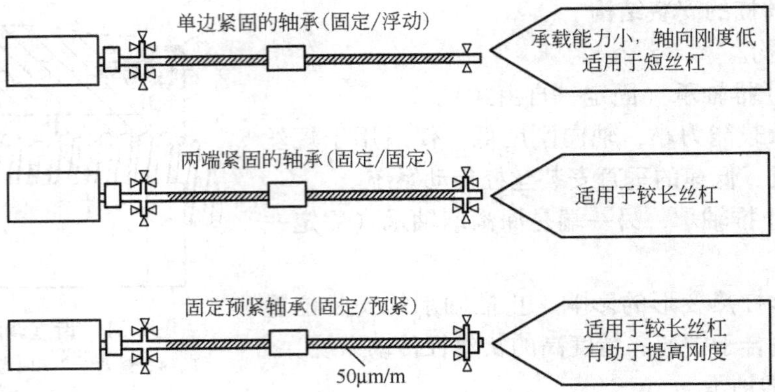

图 2-32　滚珠丝杠的安装结构图

2）滚珠丝杠轴端型号及尺寸。

滚珠丝杠轴端形式有固定式和锁接式两种。

3）滚珠丝杠的制动装置。

如前所述，滚珠丝杠传动效率高但无自锁作用，在垂直安装时，因电动机断电时无自锁转矩，垂直导轨螺母会下滑，所以必须考虑制动或平衡锤装置。如图 2-33 所示为数控卧式镗铣床主轴箱进给丝杠的电磁摩擦制动装置示意图，小型铣床则多用平衡锤装置。

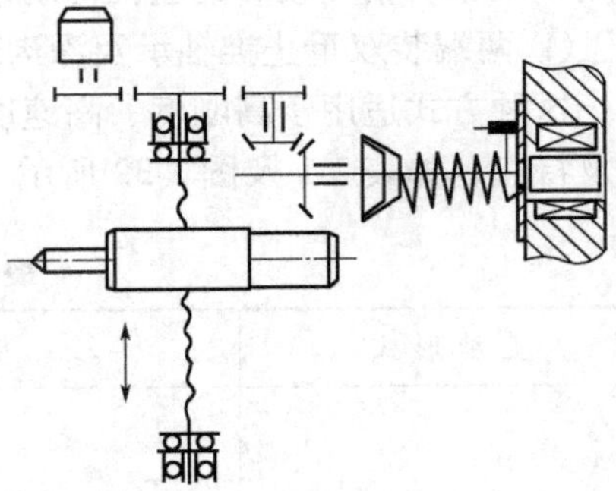

图 2-33　电磁摩擦制动装置

3. 滚珠丝杠副的设计与选用

（1）滚珠丝杠副的精度

按国家标准将滚珠丝杠副的精度分为七级：1、2、3、4、5、7 和 10 级，其中 1 级精度最高，10 级最低，或标注为 C、D、E、F、G、H 六级精度，C 级最高。其精度直接影响定位精度、承载能力和接触刚度，因此必须精心选择。选用时要兼顾成本，综合考虑。

（2）滚珠丝杠副的型号命名规则

滚珠丝杠副的标注采用汉语拼音字母、数字及汉字，全称标注方法如图 2-34 所示。各制造厂略有不同，选用时注意查阅各厂产品样本。

产品型号中字母代号参见表 2-2（结构特征）、表 2-3（预紧方式）、表 2-4（钢球循环方式），也可参见各制造厂产品样本。有了前面滚珠丝杠副的有关知识，不难理解其型号命名中字母的含义。例如，CDM5010-3-P3 型滚珠丝杠副表示的含义为：外循环插管式、双螺母垫片预紧、导珠管埋入式、公称直径为 50mm、导程为 10mm、螺纹为右旋、负荷的钢球圈数为 3 圈、定位型丝杠、3 级精度。再例如，南京工艺设备厂产品 FFZD40 5-3-D3/1400 × 900 表示的含义为：浮动式内循环、法兰与直筒螺母细合垫片预紧、标称直径为 40mm、导程为 5mm，承载滚珠总圈数为 3 圈、D 级精度、检验 1-3 项、螺纹旋向为右旋、丝杠全长为 1400mm、螺纹长度为 900mm。由此可见各制造厂的代号有些差别。

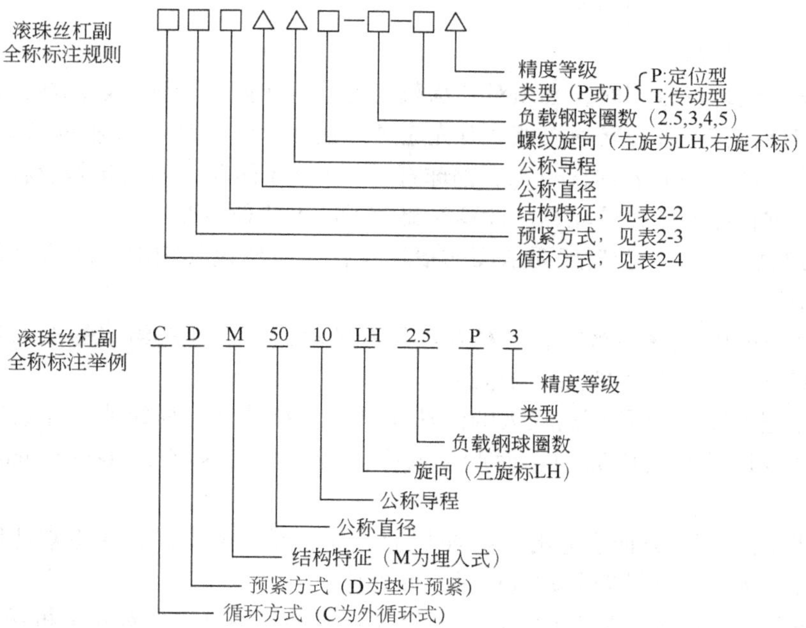

图 2-34　滚珠丝杠副的型号和命名规则标注方法

表 2-2　滚珠丝杠副的结构性特征代号

结 构 特 征	代　　号
导珠管理入式	M
导珠管凸出式	T

表 2-3　滚珠丝杠副的预紧方式代号

预 紧 方 式	代　　号
变位导程预紧（单螺母）	B
增大钢球直径预紧（单螺母）	Z
垫片预紧（双螺母）	D
齿差预紧（双螺母）	C
螺帽预紧（双螺母）	L
单螺母无预紧	W

表 2-4　滚珠丝杠副中钢球的循环方式代号

循 环 方 式		代　　号
内循环	浮动式	F
	固定式	G
外循环	插管式	C

（3）滚珠丝杠副的设计计算

1）计算内容及原则。

在设计选用滚珠丝杠副时，必须对其承载能力进行计算。计算内容包括：强度计算、刚度校核、稳定性校核及临界转速校核。首先应进行强度计算（计算出轴向载荷），根据强度要求等确定滚珠丝杠副的公称直径 d_0、钢球直径 Dw 及导程 Lo，然后选择丝杠螺母的类型及型号，最后再进行必要的校核验算。计算时要考虑以下几种情况。

① 对传递转矩大、传动精度要求高的滚珠丝杠，应校核其刚度。即验算在满载时，滚珠丝杠的形变量。

② 对于细长受压的滚珠丝杠，应核算其压杆的稳定性。即在给定的支承条件下承受最大轴向压缩载荷时，是否会产生纵向弯曲。

③ 对于转速较高、支承距离较大的滚珠丝杠，应核算其临界转速。即核算其在最高转速时，是否因接近其横向固有频率而产生共振。当丝杠转速低于 100mm/min 时，则无需核算。

④ 为补偿因工作温升而引起的丝杠伸长量，以保证滚珠丝杠副在正常使用时的定位精度和系统刚度，需在丝杠轴安装时进行预拉伸处理。

关于滚珠丝杠的刚度、稳定性、临界转速及预拉伸量的计算可查相关机械设计手册。下面仅介绍在设计选用滚珠丝杠副时，必须要进行的强度计算。

2）设计计算步骤。

已知条件：工作载荷 F(N) 或平均载荷 F_m(N)，使用寿命 L'_h，丝杠的工作长度（或螺母的有效行程）L(m)，丝杠的转速 n(平均转速 n_m 或最大转速 n_{max}，r/min)，以及滚道硬度 HRC 和运转情况。

F_m 为轴向平均载荷，单位为 N，一般取：$F_m=(2F_{max}+F_{min})/3$ （2-26）

L'_h 为工作寿命，以 10^6r 为单位 1，$L'_h=60n_mT/10^6$ （2-27）

式中 n_m——平均转速，单位为 r/min；$n_m=(n_{max}+n_{min})/2$ （2-28）

T——使用寿命，单位为 h，一般机床可取 $T=10000$h，数控机床可取 15000h。

① 计算当量载荷 F_c(N)：

$$F_c=K_F K_H K_A F_m \tag{2-29}$$

式中 K_F——载荷系数，按表 2-5 选取；

K_H——硬度系数，按表 2-6 选取；

K_A——精度系数，按表 2-7 选取。

② 计算额定动载荷值 C'_a(N)

$$C'_a=F_c\sqrt[3]{\frac{n_m L'_h}{1.67\times10^4}} \tag{2-30}$$

③ 根据额定动载荷 C'_a 的值从滚珠丝杠副产品系列表中选取所需要的规格，使所选滚珠丝杠副的额定动载荷 C'_a 值等于或大于 C'_a，并列出其主要参数值。

④ 验算传动效率、刚度及工作平稳性是否满足要求。如不能，则另选其他规格并重新验算。

对于低速（$n\leqslant10$r/min）运转滚珠丝杠传动，可不计算动载荷 C'_a，只考虑额定静载荷 C_{0a}，一般取 $C_{0a}/F_{max}=2\sim3$。

滚珠丝杠副的计算与验算比较麻烦，须查阅很多图表及公式，初学者会感到困难。读者可参见制造厂家产品手册，手册上有各种图表、公式及计算范例。另外当有设计经验时，也可根据使用条件，参考其他产品设计数据选取。

表 2-5　载荷系数

载荷性质	无冲击平稳运转	一般运转	有冲击平稳运转
K_F	1～1.2	1.2～1.5	1.5～2.5

表 2-6　硬度系数

滚道实际硬度 HRC	≥58	55	50	45	40
K_H	1.0	1.11	1.56	2.4	3.85

表 2-7　精度系数

精度等级	C、D	E、F	G	H
K_A	1.0	1.1	1.25	1.43

（4）滚珠丝杠副的设计计算举例

［例 2-6］　试设计一数控铣床工作台进给滚珠丝杠副。已知平均工作载荷 $F_m=3800N$，丝杠工作长度 $L=1.2m$，平均转速 $n_m=100r/min$，最大转速 $n_{max}=10000r/min$，使用寿命 $L'_h=15000h$ 左右，丝杠材料为 CrWMn 钢，滚道硬度为 58～62HRC，传动精度要求 $\sigma=\pm0.03mm$。

解：

1）计算工作载荷 F_c：

$$F_c=K_FK_HK_AF_m=1.2\times1.0\times1.0\times3800N=4560N$$

由题中条件，查表 2-5，取 $K_F=1.2$，查表 2-6，取 $K_H=1.0$，对数控铣床取 D 级精度，查表 2-7 取 $K_A=1.0$。

2）计算额定动载荷 C'_a：

$$C'_a=F_c\sqrt[3]{\frac{n_mL'_h}{1.67\times10^4}}=\left(4560\times\sqrt[3]{\frac{100\times15000}{1.67\times10^4}}\right)N\approx20422N$$

3）根据额定动载荷 C'_a 选择滚珠丝杠副。

假设选用汉江机床厂制造的 FC1 型号，按照厂家产品数据表中滚珠丝杠副的额定动载荷 C_a 等于或略大于 C'_a 的原则，查表 2-8，可选以下型号规格：

FC1-5006-3，$C_a=21379N$ 和 FC1-5008-2.5，$C_a=22556N$，考虑各种因素，决定选用 FC1-5006-3 型号。

由表 2-8 可得滚珠丝杠副数据：公称直径 $D_0=50mm$，导程 $P=6mm$，螺旋角 $\lambda=2°11'$，滚珠直径 $d_0=3.969mm$，还可根据产品手册给出的公式，计算出滚道半径（2.064mm），偏心距（5.6×10^{-2}mm），丝杠内径（45.76mm）等。

4）最后进行稳定性验算、刚度验算及效率验算，看是否合适，否则重选丝杠。这部分内容参见相关厂家产品样本。

表 2-8　汉江机床厂 FC1 型滚珠丝杠参数表

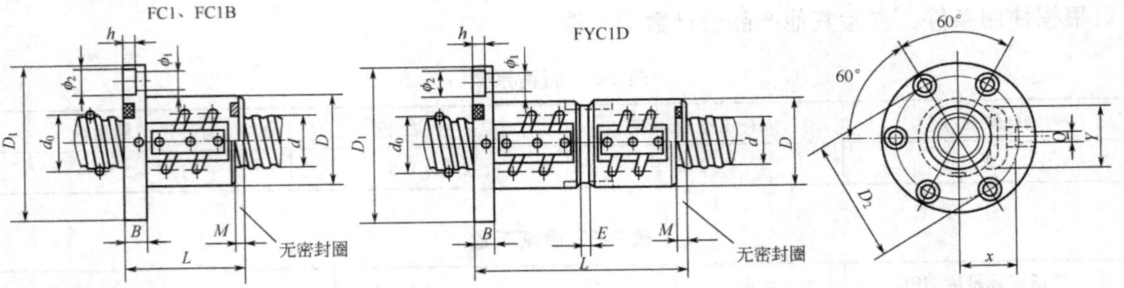

序号	滚珠丝杠系列代号	滚珠丝杠尺寸/mm 中径 d_2	大径 d	导程 p	螺旋角 λ	滚珠直径 d_0 英制 in	米制 mm	循环列数×圈数 $j\times k$	螺母安装尺寸/mm D	D_1	D_2	B	E	M	L FC1	FC1B	FYC1D	Q	ϕ_1	ϕ_2	h	插管高 x	插管宽 y	额定载荷 动载 C_a/N	静载 C_{0a}/N
12	4005-2.5	40	39.5	5	2°16′	1/8	3.175	1×2.5	60	94	75	15	6	4	45	65	85	M6	9	15	9	38	44	11670	37658
13	4005-5							2×2.5	60	94	75	15	6	4	65	100	124	M6	9	15	9	38	44	21183	75317
14	4006-2.5			6	2°44′	5/32	3.969	1×2.5	60	94	75	15	6	4	48	66	90	M6	9	15	9	38	45	16083	46779
15	4008-2.5		39	8	3°38′	3/16	4.763	1×2.5	63	100	80	15	6	6	58	82	106	M6	9	15	9	41	47	20202	55213
16	4010-2.5			10	4°33′	15/64	5.953	1×2.5	63	108	85	18	6	8	72	102	133	M6	11	18	11	44	49	30303	73062
17	4010-5							2×2.5	63	108	85	18	6	8	103	163	193	M6	11	18	11	44	49	55017	146418
18	5006-3	50	49.5	6	2°11′	5/32	3.969	2×1.5	71	110	90	15	6	4	62	90	116	M8×1	9	15	9	44	55	21379	72277
19	5008-2.5		49	8	2°55′	3/16	4.763	1×2.5	75	118	95	18	6	6	61	85	109	M8×1	11	18	11	47	56	22556	69825
20	5010-2.5			10	3°38′	15/64	5.953	1×2.5	75	118	95	18	6	8	73	103	133	M8×1	11	18	11	50	58	33638	93166
21	5010-5							2×2.5	75	118	95	18	6	8	103	163	193	M8×1	11	18	11	50	58	60999	186234

2.2.6　其他传动机构

1. 同步带传动机构

(1) 同步带传动机构的特点与应用

同步带传动机构如图 2-35 所示，它是利用齿形带的齿形和带轮的轮齿相啮合来传递动力或运动的，显然是无滑动的同步传动。同步带兼有带传动、齿轮传动及链传动的优点，与 V 带(三角传送带)、链、绳索（钢丝绳）、连杆等机构一样，都能实现长距离传动，并且中心距可按机床造型设计要求灵活选择，特别适用在空间狭小、尺寸受到限制，不便安装齿轮减速装置的场合。

同步带与 V 带相比具有以下优点：工作时无滑动，传动比准确，传动范围大一般可达 1∶10；传动效率高，可达 0.98，节能效果好；传动平稳，

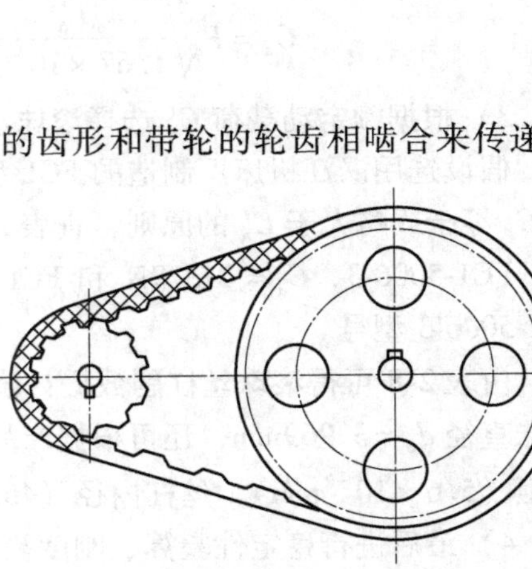

图 2-35　同步带传动图

能高速传动；能吸振，噪声低；不需润滑，耐油、水、高温和腐蚀，维护保养方便等。但是同步带中心距要求严格，安装精度要求较高，制造工艺复杂，成本高；具有一定的蠕变性。

同步带在数控机床、机器人等机电一体化产品中得到了广泛应用，例如在数控车床（图 2-1）和数控铣床的主轴驱动及打印机等传动机构中的应用。

（2）同步带的结构参数

① 结构与材料。同步带一般由带背、承载绳、带齿组成，如图 2-36 所示。

承载绳：用来传递动力，同时保证带的节距不变，有较高的硬度和较小的伸长率。常用材料有钢丝、玻璃纤维、芳纶。

带齿：与带轮啮合传递扭矩，要求有较高的抗剪强度和耐磨性、耐油性和耐热性。常用材料有聚氨酯橡胶和氯丁橡胶。

带背：用于连接和包覆承载绳，承受弯曲应力，要有良好的韧性和耐弯曲疲劳的能力，有良好的黏结性能。常用材料有聚氨酯橡胶和氯丁橡胶。

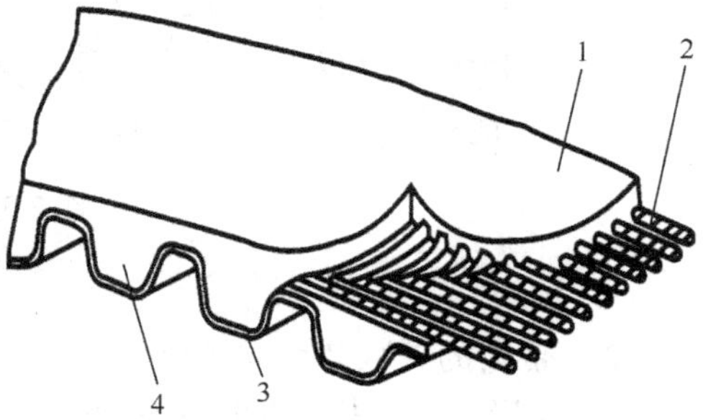

图 2-36　梯形齿同步带构造

1—带背　2—承载绳　3—包布层　4—带齿

包布层：增加带齿的耐磨性，提高带的抗拉强度，一般用尼龙和锦纶织成。

② 同步带主要参数规格。同步带的主要参数名称如图 2-37 所示，同步带相邻两齿对应点沿节线度量的距离称带的节距 p_b；节线长度 L_p（承载绳中心线被规定为同步带的节线）作为公称长度。同步带齿形分为单面齿和双面齿两种，双面齿又分为 D1 型（双面对称齿）和 D2 型（双面交错齿）。如图 2-38 所示为常见的同步带齿形图。

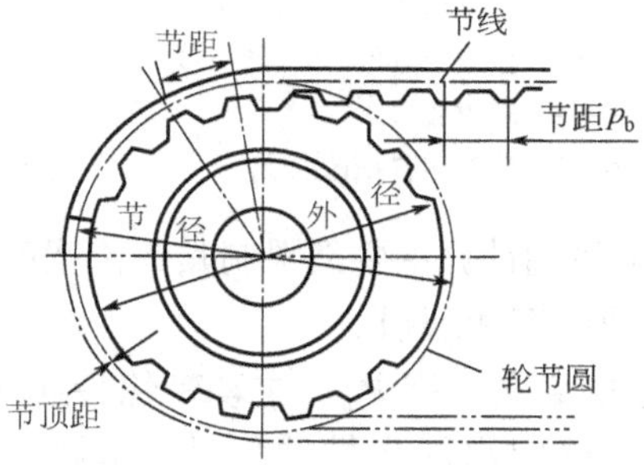

图 2-37　同步带结构图

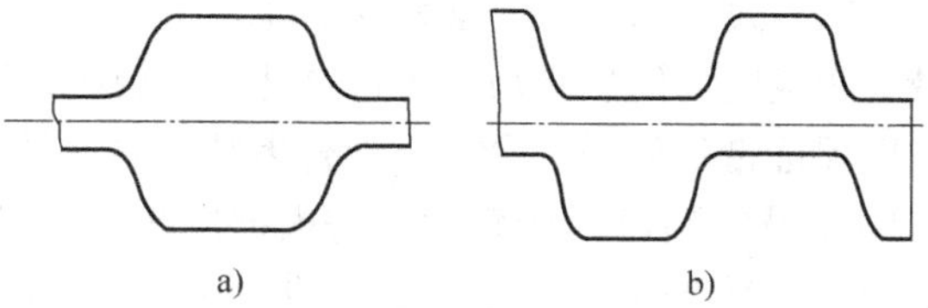

图 2-38　同步带齿形图

a）D1 型（对称齿形）　b）D2 型（交错齿形）

同步带的标记包括：长度代号，型号，宽度代号。例如：“800 D1 H 300”型同步带，800 为长度代号，节线长度为 2032mm，双面对称齿（D1），节距（H）为 12.7mm，最后为宽度代号，即带宽为 76.2mm。同步带的节距及型号见表 2-9。

表 2-9　同步带的节距及型号表

型　号	MXL	XXL	XL	L	H	XH	XXH
节距 p_b/mm	2.032	3.175	5.080	9.525	12.700	22.225	31.75

(3) 同步带轮

1) 带轮结构。同步带必须与同步带轮配套订货。带轮结构如图 2-39 所示，为防止带脱落，在带轮两侧有挡圈，带轮材料一般用铸铁或钢。

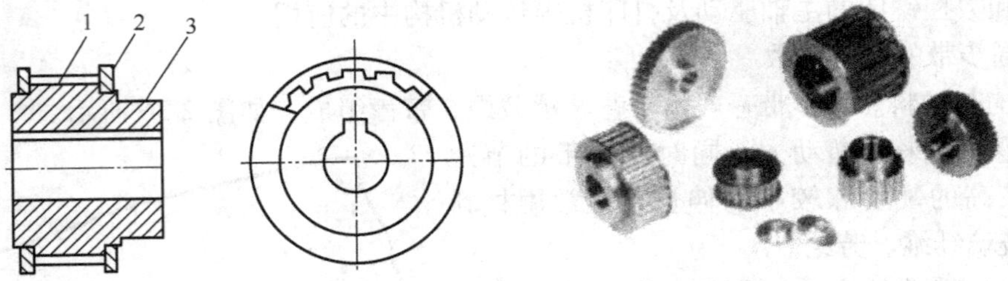

图 2-39 同步带轮结构图
1—齿圈 2—挡圈 3—轮毂

2) 带轮的参数及尺寸规格。

① 齿形 应与梯形齿同步带相匹配，齿形有直线形与渐开线形两种。直线齿与带齿工作侧面有较大接触面，提高了带的承载能力和使用寿命。渐开线齿形其齿槽形状随带齿数的变化而变化，齿数多时，齿廓近似直线，这种齿形有利于带齿的啮入。

② 齿数 Z 在传动比一定的情况下，带轮齿数越少，传动结构越紧凑。但是当齿数过少时，使工作同时啮合的齿数减少，易产生带齿承载过大而被剪断的状况。

③ 带轮标记 与同步带类似，带轮标记由齿数、带的型号和轮宽组成。

带轮产品的标记由轮的齿数、带的型号及轮宽代号组成，示例如图 2-40 所示。

(4) 同步带传动机构设计计算

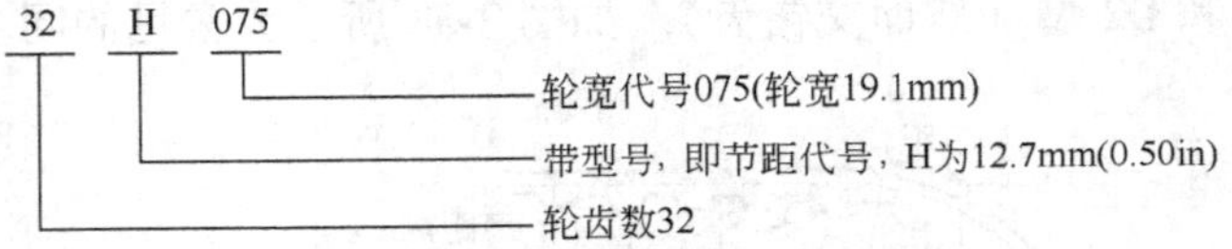

图 2-40 带轮的标记示例

同步带的主要失效形式为：带中强力层被拉断；带齿被剪切破裂；强力层从带背中抽出；带齿工作表面被磨损，失去原来形状；强力层伸长，使带节距改变而发生爬齿。根据这些失效情况，同步带传动机构计算主要是限制其单位宽度拉力，以保证带的使用寿命。当啮合齿数少时，需考虑带齿的剪切和磨损。

同步带传动机构计算时，需根据同步带传动所需传递的名义功率 P_m、主动带轮转速 n_1、传动比及对传动中心距的要求、传动的工作条件等参数，确定出同步带的型号、节距、带长、节线长度、中心距、带宽及主动、从动带轮齿数、直径等参数。详细计算，请读者参考相关书籍和查阅机械设计手册的相关内容。

2. 谐波齿轮传动机构

谐波齿轮传动机构是建立在弹性形变理论基础上的一种新型传动机构，结构如图 2-41 所示。由图中可以看出，谐波齿轮传动是依靠柔性齿轮所产生的可控制的弹性变形波，引起齿间相对位移来传递动力

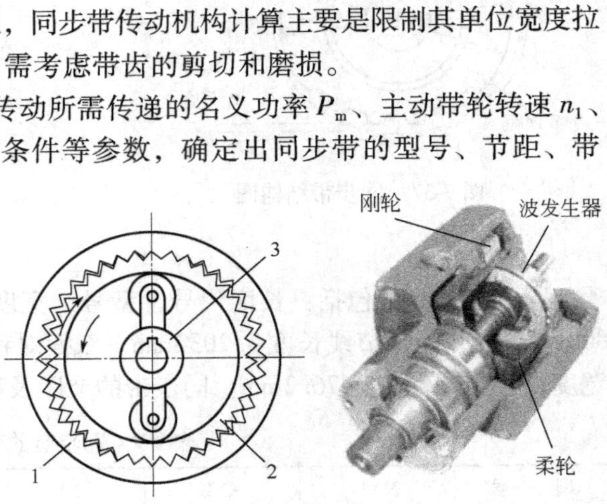

图 2-41 谐波齿轮传动机构
1—刚轮 2—柔轮 3—波发生器凸轮

和运动的。

谐波齿轮传动机构由具有内齿的刚轮1、具有外齿的柔轮2和波发生器凸轮3构成。通常波发生器为主动件，刚轮和柔轮之一为从动件，另一个为固定件。当波发生器装入柔轮内孔时，由于前者的总长度略大于后者的内孔直径，故柔轮变为椭圆形，于是在椭圆的长轴两端产生了柔轮与刚轮轮齿的两个局部啮合区；同时在椭圆短轴两端，两轮轮齿则完全脱开。至于其余部分，则视柔轮回转方向的不同，或处于啮合状态，或处于非啮合状态。当波发生器连续转动时，柔轮长、短轴的位置不断变化，使轮齿的啮合处和脱开处也随之不断变化，于是在柔轮与刚轮之间就产生了相对位移，从而传递机械运动。

（1）谐波齿轮传动机构特点及应用

谐波齿轮传动机构优点：传动比高，单级传动比可达50～500，多级传动比可达3000以上；因同时啮合的齿数多，可达柔轮或刚轮齿数的30%～40%，故能承受大的载荷；由于啮合的齿数多，误差得到均化，同时可调整齿侧间隙减到最小致使回差小，因而传动精度高；传动平稳，基本无冲击振动，噪声小；体积小，重量轻。

谐波齿轮传动机构缺点：柔轮和波发生器制造复杂、成本高；传动比下限值较高；不能做交叉轴和相交轴结构。

谐波齿轮传动机构应用：常用于航空航天、工业机器人、数控机床、通信设备、印刷机械、食品和医疗机械等领域。

（2）谐波齿轮传动机构速比计算

谐波齿轮传动与行星传动的速比计算相同。

1）波发生器输入ω_i，刚轮固定，柔轮输出ω_0，传动比为（负号表示$\omega_i\omega_0$反向）：

$$i=\frac{\omega_i}{\omega_0}=-\frac{Z_R}{Z_G-Z_R} \tag{2-31}$$

2）波发生器输入ω_i，柔轮固定，刚轮输出ω_0，传动比为：

$$i=\frac{\omega_i}{\omega_0}=-\frac{Z_G}{Z_G-Z_R} \tag{2-32}$$

式中　Z_R——柔轮外齿数；

Z_G——刚轮内齿数。

3. 滚珠花键

滚珠花键结构如图2-42所示，花键轴的外圆上均布三条凸起轨道，配有六条负载滚珠列，相对应有六条退出滚珠列。轨道横截面为近似滚珠的凹圆形，以减少接触应力。

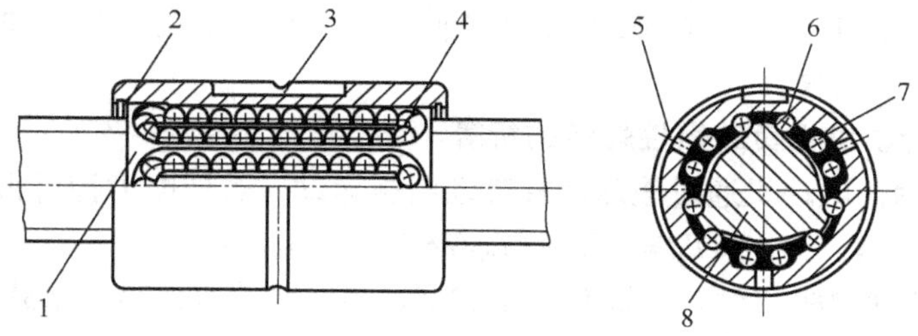

图2-42　滚珠花键结构

1—保持架　2—橡皮密封圈　3—键槽　4—外筒　5—油孔

6—负荷滚珠列　7—返回滚珠列　8—花键轴

滚珠花键既是一种传动装置，又是一种直线运动支承，常用于机器人、机床和自动搬运车。

滚珠花键传动主要用于高速场合，运动速度可达 60m/min。目前广泛应用于镗床、钻床、组合机床等机床的主轴部件；各类测量仪器的精密导向机构；压力机、自动搬运机等机械的导向轴以及各类工业机器人的执行机构等。

2.2.7 常用三种传动机构负载惯量匹配条件

机电一体化中常用的三种传动机构是齿轮减速机构副、同步带传动副、滚珠丝杠传动副。

机电一体化机械系统设计的一个重要任务，就是要根据传动机构系统的负载惯性转矩，选择合适的伺服执行装置电动机，并使电动机的转动惯量与之匹配，即与机械系统阻抗互相匹配，以便最有效地将电动机驱动功率传递给传动机构，使执行机械能够快、准、稳地到达指定位置，也就是前面所讲到的对齿轮传动机构，要用加速度最大原则来计算齿轮传动链的最佳减速比。机械系统的阻抗包括惯性阻抗（惯性质量和惯性转矩，相当于电气系统的线圈感抗）、摩擦阻抗（直线运动和旋转运动摩擦，相当于电气系统中的电阻）和弹性阻抗（弹簧和轴的扭转弹性变形，相当于电气系统中的电容器）。为使问题简化，在以下讨论中暂不考虑黏性摩擦和弹性阻抗等问题。

1. 齿轮减速机构负载惯性转矩的折算

如图 2-43 所示，电动机通过直齿轮减速器，驱动带负载单连杆机械手。忽略黏性摩擦得下式：

$$T_M = (J_M + J_L/i^2)\,\mathrm{d}^2\theta_M/\mathrm{d}t^2 \tag{2-33}$$

设：i 为减速比，$i = Z_L/Z_M$，由式（2-33）可知：

电动机驱动转矩 = 电动机惯性转矩 + 负载惯性转矩。电动机惯性转矩为电动机转动惯量 J_M 与角加速度 $\mathrm{d}^2\theta/\mathrm{d}t^2$ 的乘积；负载惯性转矩为负载转动惯量 J_L 与角加速度 $\mathrm{d}^2\theta/\mathrm{d}t^2$ 的乘积。

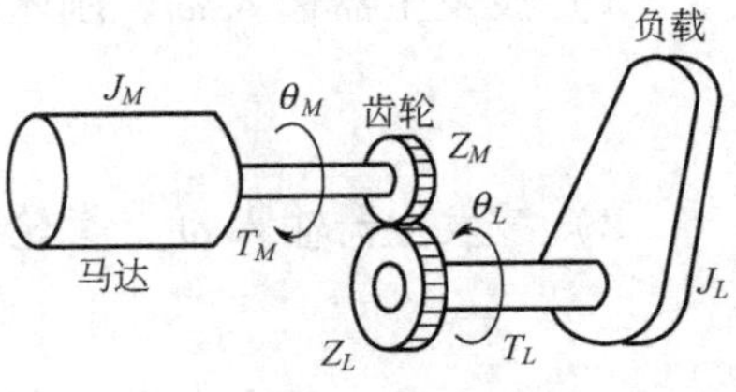

图 2-43 齿轮减速传动机构

2. 同步带传动副负载惯性转矩的折算

如图 2-44 所示，电动机通过带传动机构驱动滑板，实现直线传动，若忽略摩擦，其传动公式如下：

$$T_M = (J_M + R^2M)\,\mathrm{d}^2\theta_M/\mathrm{d}t^2 \tag{2-34}$$

设 $i = 1/R$，则式（2-34）与式（2-33）形式相同，$1/R$ 是由滑板位移 x 向电动机转角 θ_M 作惯性转矩转换的变换系数。

3. 滚珠丝杠传动机构负载惯性转矩的折算

如图 2-45 所示，电动机通过滚珠丝杠带动滑板运动，若忽略摩擦可得下式：

$$T_M = [J_M + (L_0/2\pi)M]\,\mathrm{d}^2\theta_M/\mathrm{d}t^2 \tag{2-35}$$

式中，L_0 为滚珠丝杠螺距，设 $i = 2\pi/L_0$，则式（2-35）与式（2-33）形式相同，$2\pi/L_0$ 为滑板（平台）位移 x 向电动机转角 θ_M 作惯性转矩变换的系数。

这样，齿轮减速机构副、同步带传动副、滚珠丝杠传动副这三大常用传动机构的负载惯性转矩计算公式就统一起来了，只不过它们的名义减速比 i 有着不同的含义而已。

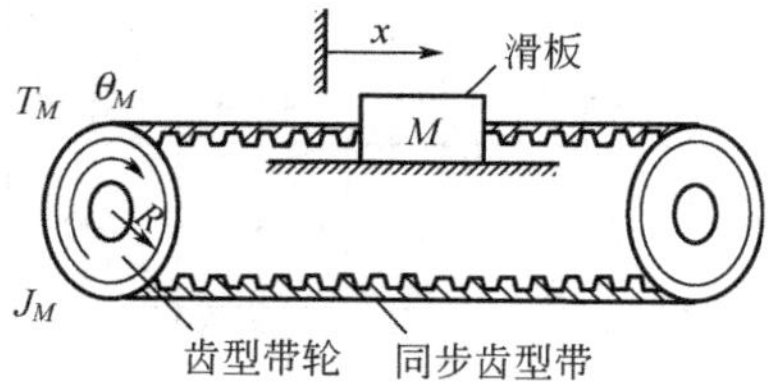

图 2-44　同步带传动机构

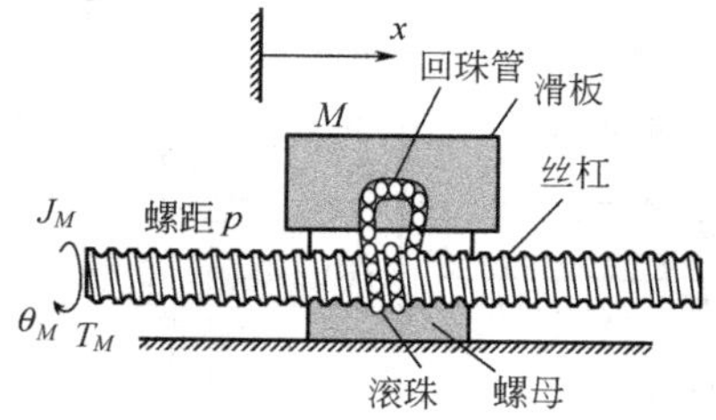

图 2-45　滚珠丝杠传动机构

2.2.8　机械传动系统设计方案选择

如前所述，机电一体化产品对机械系统的要求是精度高、响应快和运行平稳可靠等优良性能。除了要根据系统要求选择传动机构类型和最佳阻抗匹配外，还要选择最佳的伺服控制系统来配合。

机电一体化产品对于伺服传动机构系统的要求是：高的机械固有频率、高刚度、合适的阻尼；线性传递性能和小惯量等，以保证伺服控制系统达到“快、准、稳”的动态响应特性。在机械传动系统的设计过程中，应考虑多种方案，进行优化评价和决策，选取最佳方案。以图 2-46 所示数控机床进给系统为例，传动方案可有三种选择：丝杠传动、齿条传动和蜗轮蜗杆传动（蜗轮、旋转工作台）。

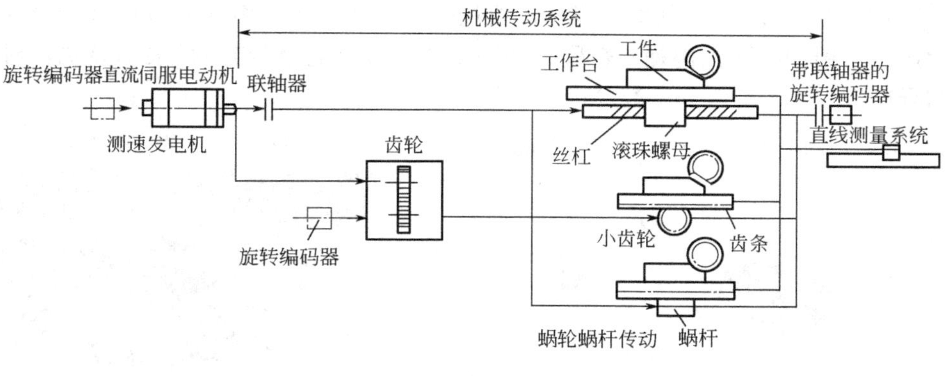

图 2-46　数控机床进给系统传动方案选择

① 若丝杠行程大于 4m，因刚度差可选齿条传动。

② 当选择丝杠传动，丝杠与电动机连接方式有：直接传动和中间用齿轮或同步带传动两种。

③ 在同样工作条件下，可选择不同类型伺服电动机，相应丝杠尺寸和齿轮传动比也不同。

例如当要求进给力为 $F_v=12.5\text{kN}$，快移速度为 12m/min 时，可采用不同的伺服电动机与传动方案，见表 2-10 所示。从表中可以看出，电动机直接驱动丝杠或通过减速齿轮驱动或减速比不一样，所选电动机额定转矩（T_R）不同，额定转速（n_R）不同，线加速度（ε_m）不同，成本也不一样。

表 2-10　不同传动方案比较

传动机构	电动机	T_R/(N·m)	n_R/(r/min)	E/J	ε_m/(m/s^2)	F_v/kN	v/(m/min)	ω_{nm}/(rad/s)	成本比较(%)	
									6 脉冲	3 脉冲
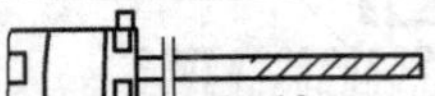	1HU3104	25	1200	364	3.5	12.5	12	137	100	112
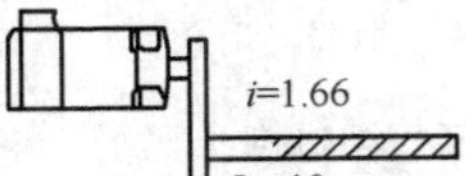	1HU3078	14	2000	250	4.7	11.6	12	244	88	98
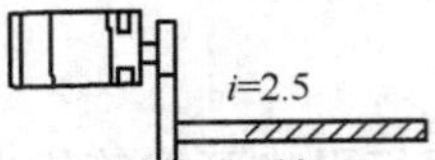	1HU3076	10	3000	510	2.5	12.5	12	308	85	98

注：1HU 为永磁式直流伺服电动机，西门子公司制造。工作台与工件质量为 3000kg。

根据数控机床的整体设计要求（如精度、速度、刚度、功率、转矩和尺寸等），综合考虑传动机构种类、方式及结构，并且是机、电结合的一体化考虑。

2.3　导向与支承机构

机电一位化产品要求机械系统的各运动机构必须得到安全支承，并能准确完成特定方向运动（直线或圆弧运动）。该任务光靠传动机构是不行的，还要由导向机构来配合完成。机电一体化产品常用的导向机构是导轨副，如图 2-47 所示的直线与圆弧滚动导轨及对工作台的支承与导向。

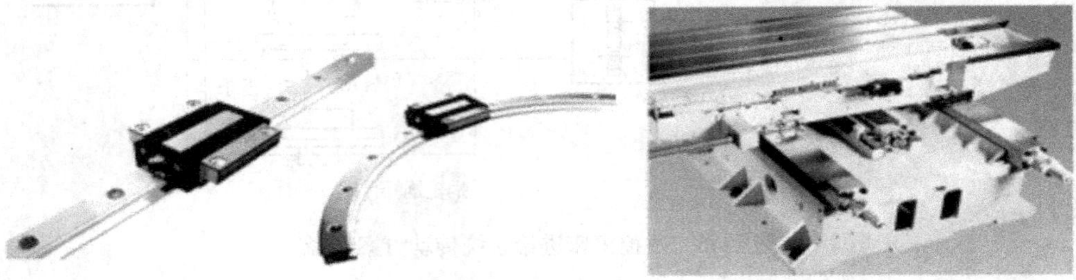

图 2-47　直线与圆弧滚动导轨及对工作台的导向与支承作用图

2.3.1　导轨的分类和基本要求

1. 导轨副的分类

导轨副由两部分组成，支承导轨和动导轨。支承导轨在工作时保持不动，因此又称为导轨。动导轨又称为滑座，在工作时相对于支承导轨作直线运动或回转运动。根据导轨副之间的摩擦情况，支承导轨分为滑动导轨与滚动导轨。

2. 滑动导轨

滑动导轨是指两导轨工作面的摩擦性质为滑动摩擦的导轨。如机械行业常用的合金球钼铸铁导轨、镶淬火钢导轨以及采用新型工程塑料的塑料导轨。

塑料导轨是在滑动导轨上镶装塑料软带而成，如图 2-48 中的导轨软带。目前最成功、性能最好的一种是聚四氟乙烯导轨软带。它是以聚四氟乙烯为基体，加入青铜粉、二硫化钼和石墨等填充剂混合烧结，做成软带状，再用特殊黏结剂，黏在钢导轨表面上，如图 2-49 所示。

塑料导轨摩擦系数小且动、静摩擦系数差别很小，能防止爬行现象；耐磨性高；抗撕伤能力强；加工性和化学稳定性好；工艺简单并有良好自润滑性和抗振性。

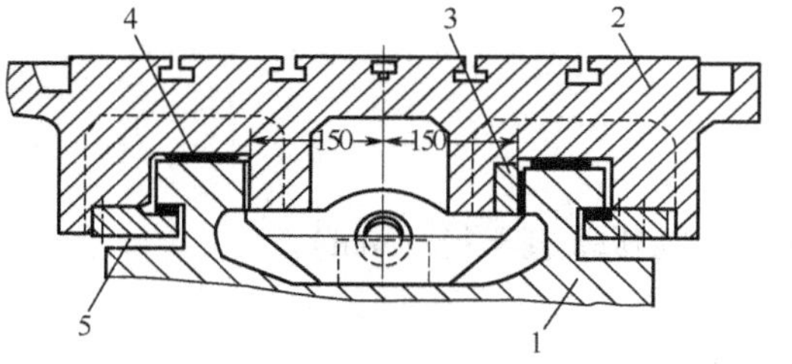

图 2-48　工作台和滑座

1—床身　2—工作台　3—黏有导轨软带的镶条　4—导轨软带　5—下压板

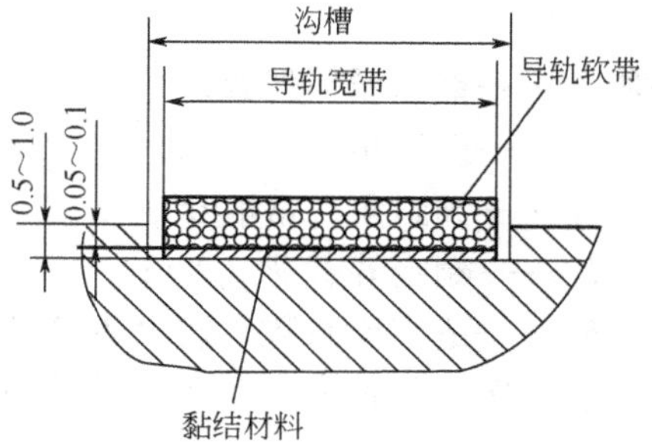

图 2-49　塑料导轨软带的黏接

3. 滚动导轨

（1）滚动导轨特点

滚动导轨是两导轨表面之间为滚动摩擦，导轨表面放置滚动体来实现两导轨之间无滑动地相对运动的导轨。其中滚动体可作循环运动。其优点是：磨损小，寿命长，定位精度高。但制造困难，成本高。在机电一体化设备中运用广泛。

（2）滚动体形式

滚动体可以是滚珠、滚柱和滚针（图 2-50）。

① 滚珠导轨的承载能力小、刚度低，适用于运动部件重量不大、切削力和颠覆力较小的机床。

② 滚柱导轨适用于载荷较大的机床。

③ 滚针导轨中滚针尺寸小、结构紧凑，适用于导轨尺寸受限制的机床。

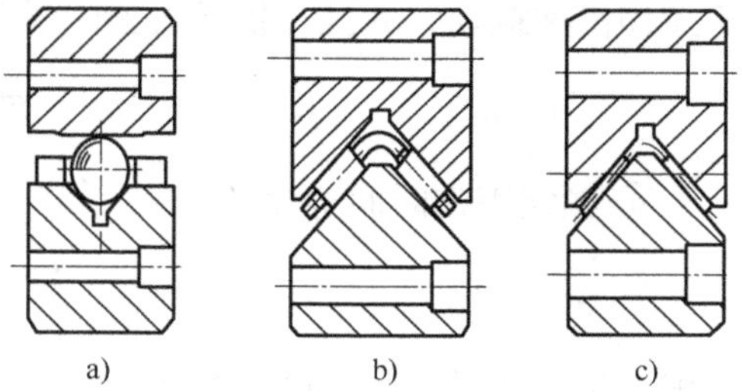

图 2-50　滚动导轨滚动体形式

a）滚珠导轨　b）滚柱导轨　c）滚针导轨

（3）直线滚动导轨副的组成

它包括导轨条和滑块两部分。导轨通常分成两根装在支承体上，每根导轨条上有两个滑动块，固定在移动件上。为提高刚度，同样要有适当预紧力，可在订货时选择或自行调整。

（4）滚动直线导轨的计算

目前各种滚动导轨基本实现了系列化生产，如陕西汉江机床厂生产的 HJG-D 型和南京工艺设备制造厂的 GGB、GGC 型导轨。

① 额定动载荷 C_a　额定动载荷是指滚动直线导轨的额定行程长度寿命 $Ta=50\text{km}$ 时，作用在滑座上大小和方向不断变化的载荷。其值可按式（2-36）计算。

$$C_a = 111.57 d_b^{2.1} L_s^{1/30} Z^{2/3} \tag{2-36}$$

式中，d_b——钢球直径（mm）；

L_s——滑座有效长度（mm）；

Z——有效接触钢球数；

C_a——额定动载荷（N）。

② 额定静载荷 C_{0a} 计算如下：

$$C_{0a}=K_0 iZd_b^2\cos\beta \qquad (2\text{-}37)$$
$$\beta=90^\circ-\alpha-\theta$$

式中 i——钢球循环列数；

α——接触角，常取45°；

θ——倾斜角，常取0°；

C_{0a}——额定静载荷（N）；

K_0——适应比系数，按表2-11选取，表中 R 为圆弧轨道半径（mm）。

③ 额定行程长度寿命 T_S 计算如下：

$$T_S=K\left(\frac{f_H f_T f_C}{f_W}\times\frac{C_a}{F}\right)^3 \qquad (2\text{-}38)$$

式中 K——寿命系数，常取50km；

F——滑座工作载荷（N）；

f_H——硬度系数，按表2-12选取；

f_T——温度系数，按表2-13选取；

f_C——接触系数，按表2-14选取；

f_W——负载系数，按表2-15选取；

C_a——额定动载荷（N）。

当滑座运动速度低于15m/min时，若工作温度在100°以下，导轨硬度为60HRC时，无明显冲击和振动，并且每根导轨上的滑座配置数为2个，则 T_S 可整理为：

$$T_S=6.25\left(\frac{C_a}{F}\right)^3 \qquad (2\text{-}39)$$

④ 额定工作时间寿命 T_h：

$$T_h=\frac{T_S\times10^3}{2L_S n} \qquad (2\text{-}40)$$

式中 L_S——工作单行程长度（m）；

n——每秒往复次数。

表2-11 适应比系数

$R:d_b$	0.52	0.53	0.54	0.55	0.56
K_0	72.1	59.4	52	46.9	43.2

表2-12 硬度系数

滚动表面系数（HRC）	60	58	55	53	50	45
f_H	1.0	0.98	0.90	0.71	0.54	0.38

表 2-13　温度系数

工作温度/℃	f_T	工作温度/℃	f_T
<100	1.0	150~200	0.73
100~150	0.99	200~250	0.63

表 2-14　接触系数

每根导轨副上的滑块数	f_C	每根导轨副上的滑块数	f_C
1	1.0	4	0.66
2	0.81	6	0.61
3	0.72		

表 2-15　负载系数

工作条件	f_W
无外部冲击或振动的低速运动场合，速度<15m/min	1~1.5
无明显冲击或振动的中速场合，速度<60m/min	1.5~2
有外部冲击的高速运动场合，速度>60m/min	2~3.5

2.3.2　回转运动支承机构

回转运动支承机构主要指滚动轴承、静压轴承、动压轴承和磁悬浮轴承等，它的作用是支承作回转运动的轴或丝杠等。支承轴承对机械传动的运转精度、灵敏度、效率等均有很大影响。

对支承轴承的基本要求：置中精度和定向精度高；运转平稳灵活；工作表面耐磨性好；对温度变化敏感性小；承载和抗振性强。

(1) 标准滚动轴承

标准滚动轴承已标准化、系列化，由专业制造厂大量生产，根据刚度和转速查机械设计手册来进行选择。

(2) 非标准轴承

在机电一体化设备精密机械中，当由于精度要求较高、结构尺寸又受限制而不能用标准滚动轴承时，可采用非标准滚动轴承。非标准滚动轴承可以没有保持架、内座圈和外座圈，钢球的滚道在轴颈和轴承座上。非标准滚动轴承主要类型如下。

① 微型滚动轴承。

微型滚动轴承结构如图 2-51 所示。其中图 2-51a 与图 2-51b 都有杯形外圈而没有内圈，锥形轴颈直接与滚珠接触，轴向间隙由弹簧或螺母调整。如图 2-51c 所示为采用碟形垫圈来消除轴向间隙，垫圈的作用力比作用在轴承上的轴向力大 2~3 倍。

② 静压和动压轴承。

液体或气体作介质的滑动轴承阻尼性能好，支承精度高，具有良好的抗振性和运动平稳性。按照介质不同，常使用的有液体和气体轴承两大类。按油膜和气膜压强的形成方法不同，又有动压、静压和动静压相结合轴承之分。

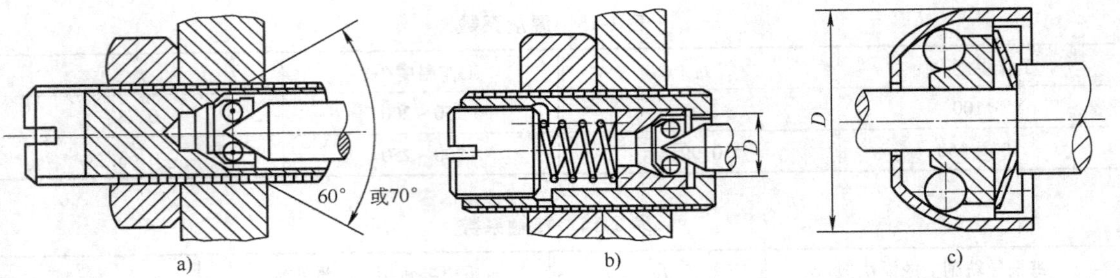

图 2-51　微型滚动轴承

静压轴承是利用外部供油（气）装置，将具有一定压力的液（气）体，通过油（气）孔压入轴套油（气）腔，将轴浮起而形成压力油（气）膜，以承受载荷。其承载能力与滑动表面的线速度无关，具有刚度大、精度高、抗振性好、摩擦力小等优点，广泛应用于低中速，大载荷，高精度的机械。

动压轴承是在轴旋转时，油（气）被带入轴与轴承间所形成的楔形间隙中。由于间隙逐渐变窄，使压强升高，将轴浮起而形成油（气）膜，以承受载荷。其承载能力与滑动表面的线速度成正比，低速时承载能力很低。故动压轴承只适用于速度很高、且变化不大的场合。

③ 磁悬浮轴承。

磁悬浮轴承是利用磁场力将轴悬浮的一种新型轴承，其工作原理如图 2-52 所示，径向磁力支承由转子 4 和定子 6 两部分组成。定子 6 上装电磁铁，根据检测到的轴间隙情况，自动调节定子电流大小，使转子以理想的气隙悬浮在磁场中。

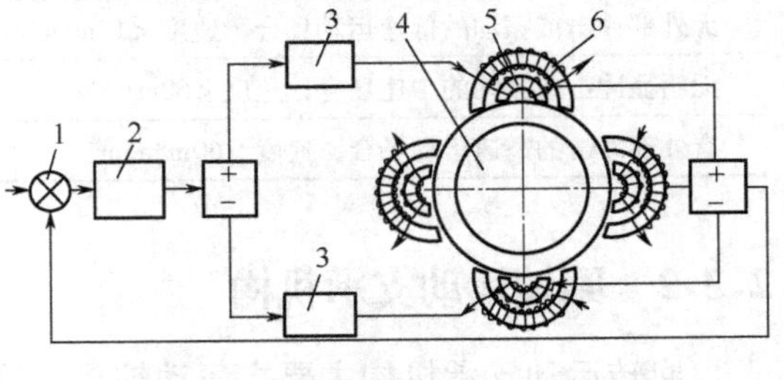

图 2-52　磁悬浮轴承工作原理图

1—比较元件　2—调节器　3—功率放大器

4—转子　5—位移传感器　6—定子

2.4　执行机构

在机电一体化系统中，为实现所预期的动作如机器人抓取工件到某一装配工位，除了前面已讲到的伺服驱动执行装置（如电动机）、传动机构（含导轨、支承）外，还需要完成最终动作的执行机构，在机器人技术中又常称为操作机构。执行机构是机电一体化产品的一个重要环节，要保证按时、准确地实现预期动作，并且要求具有动态特性好、精度高、响应速度快、灵敏度高等特点。机电一体化产品有自动化生产线、数控机床、机器人等，为实现不同动作，需要不同形式的执行机构，其中有机械、电磁、激光等形式的执行机构，以下介绍机械自动化中常见的几种执行机构。

2.4.1　微动机构

微动机构是一种能在一定范围内精确、微量地移动到给定位置或实现特定的进给运动的操作机构。主要用于精确、微量地调节某些部件的相对位置。如在仪器的读数系统中，利用微动机构调整刻度尺的零位；在磨床中，用螺旋微动机构调整砂轮架的微量进给以及医疗手术器械均采用了微动机构。微动机构按原理不同，分为机械式、热变形式、磁致伸缩式等多种。

1. 热变形式微动装置

热变形式微动装置利用电热元件作为动力源，依靠电热元件通电后产生的热变形实现微小位移，如图2-53所示。传动杆1的一端固定在机座上，另一端固定在沿导轨移动的运动件3上，当电阻丝通电加热时，传动杆1受热伸长。用变压器、变阻器可调节加热电流，以控制微进给位移的速度。

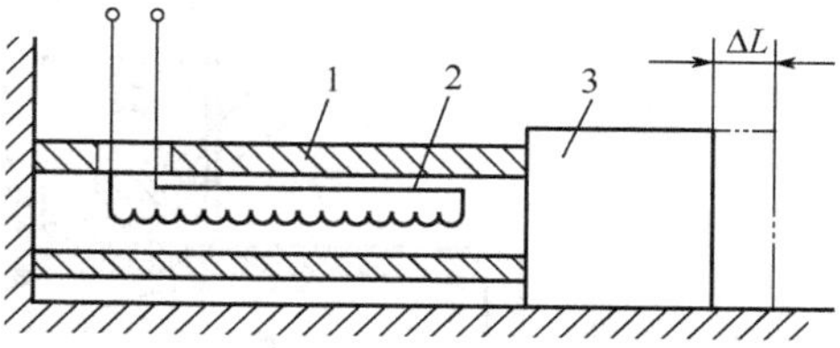

图2-53　热变形式微动机构原理

1—传动杆　2—电阻丝　3—运动件

2. 磁致伸缩式

磁致伸缩式微动机构是利用某些材料在磁场作用下具有改变尺寸的磁致伸缩效应，来实现微量位移。其原理如图2-54、图2-55所示。在图2-54中磁致伸缩棒1左端固定在机座上，右端与运动件2相连，绕在伸缩棒外的线圈通电励磁后，在磁场作用下，磁致伸缩棒1产生伸缩变形，使运动件2产生微量移动。

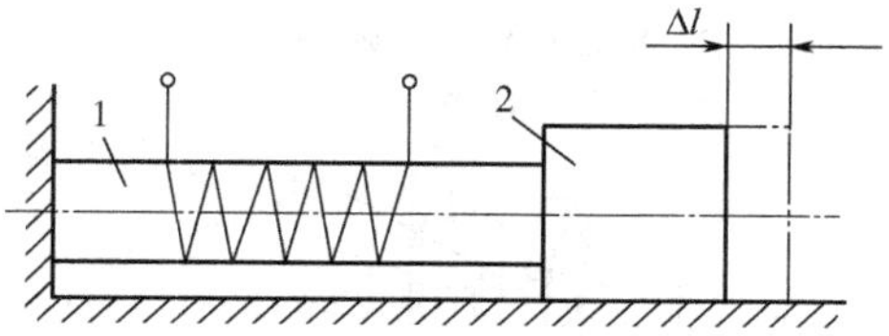

图2-54　磁致伸缩式微动原理

1—磁致伸缩棒　2—运动件

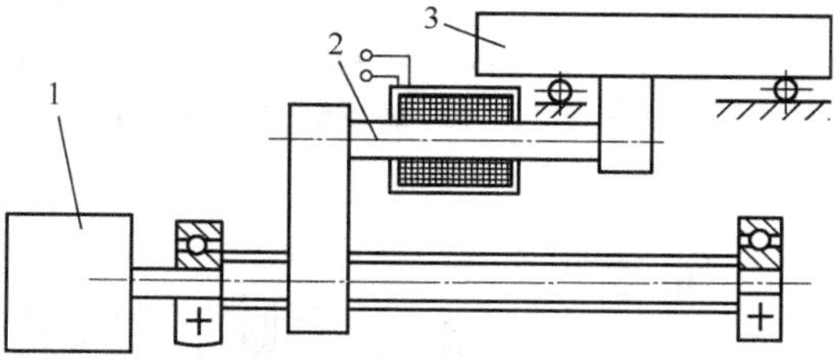

图2-55　磁致伸缩式精密坐标工作台

1—传动箱　2—磁致伸缩棒　3—工作台

2.4.2　数控机床中的定位机构

数控计算机除完成零件轮廓曲线插补计算并发出指令给伺服电动机完成刀架或工作台的进给运动之外，还需要在CNC内置的PLC控制下完成M（辅助功能）、S（主轴速度）、T（自动换刀）等各种辅助功能的顺序控制，以提高数控机床加工效率、扩大工艺范围。其中就包括自动回转刀架、数控分度头、数控回转工作台等数控机床中的定位执行机械。例如自动回转刀架就是在一定空间范围内，使刀架执行自动松开、转位、精确定位等一系列动作的一种执行机构。

1. 数控车床自动回转刀架

自动回转刀架如图2-56所示，可实现数控机床加工过程中的自动换刀。该刀架为八角形，可将八组刀具（也可根据需要设计成四方或六角刀架）安装在刀架溜板上。转塔轴与机床主轴平行，采用马氏机构转位，端面齿盘定位，相邻刀位间隔45°，分度误差为3′。其中电动机受数控系统换刀信号的控制，自动带动换刀转塔机构转动，由霍尔开关或圆光栅发出位置脉冲信号控制转动位置进行精确定位。

2. 数控回转工作台

数控回转工作台一般固定在立式、卧式加工中心工作台上，在数控计算机控制下具有旋转坐标轴功能，使数控机床增加1~3个回转轴。回转工作台除了可以实现圆周进给运动外，还可以完成分度运动，其分度点可以是360°范围内的任意位置，由机床数控计算机内置PLC控制，执行机构一般为交流永磁同步伺服电动机，分度位置传感器常用绝对式光电编码器。结构如图2-57所示。

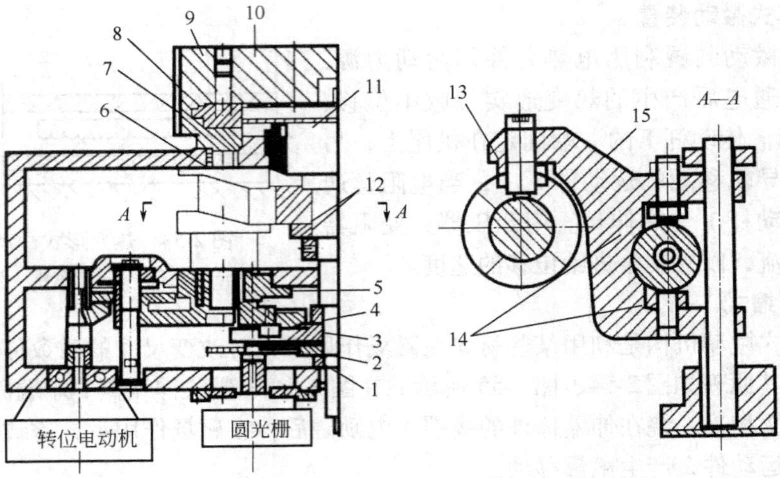

图 2-56　自动回转刀架

1、2—齿轮　3—槽圆盘　4—滚子　5—凸轮轴　6—凸轮　7、8—端面齿盘　9—圆柱销
10—转塔盘　11—转塔轴　12—碟形弹簧　13、14—滚子　15—杠杆

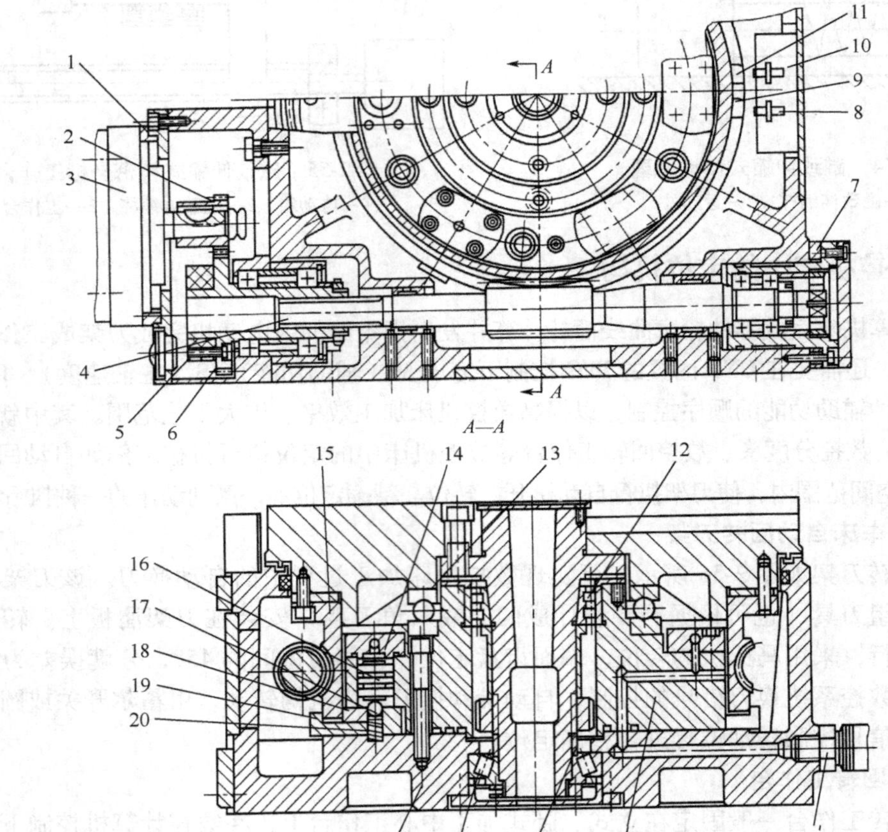

图 2-57　数控机床回转工作台

1—偏心环　2、6—齿轮　3—伺服电动机　4—传动蜗杆　5—橡胶轮　7—调整环　8、10—行程开关
9、11—挡块　12—双列圆柱滚子轴承　13—推力轴承　14—锁紧液压缸　15—蜗轮　16—柱塞　17—钢球
18、19—夹紧瓦　20—弹簧　21—鞍座　22—圆锥滚子轴承　23—套筒　24—支座　25—锁紧油路

数控回转工作台的传动链为：伺服电动机 3→减速齿轮 2、6→蜗杆 4→蜗轮 15。齿轮 2、6 的侧隙由偏心环 1 调整；传动蜗杆 4 为变齿厚蜗杆，通过改变调整环 7 的厚度，可调整蜗杆的轴向位置，从而改变蜗杆、蜗轮的啮合间隙；蜗轮 15 通过锁钉和螺栓固定在工作台上。工作台由推力轴承 13、双列圆柱滚子轴承 12 和圆锥滚子轴承 22 支承。其回转精度由 12 和 22 保证，调装轴承 12 的预紧力可消除工作台回转时的径向间隙。调整轴承 22 内、外环的相对位置，可改变轴承 13 和 22 的预加载荷，即改变其承载能力。当回转工作台作为分度台使用时，分度结束时应将工作台锁紧，以保证工作过程的可靠性。工作台锁紧由液压系统实现。

2.4.3 工业机器人末端执行器

工业机械手如图 2-58 所示，是一种在控制器的控制指令下，能自动完成搬运物料、喷涂、焊接、安装等多种动作、多种功能和多自由度的自动执行机构。末端执行器就装在机器人的操作手腕的前端，是直接实现操作功能的机构。末端执行器因用途不同，其结构也不同。一般分为三大类：机械夹持器、特种末端执行器、万能手（灵巧手）。如图 2-59 就是工业机器人常用的一种机械夹持器，而图 2-60 所示的就是一些特种末端执行器。

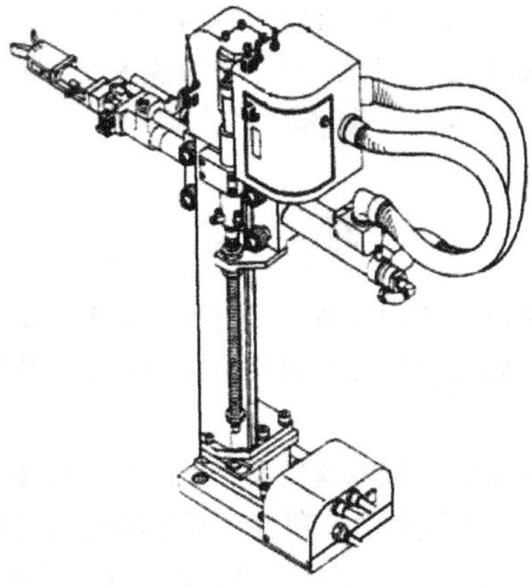

图 2-58 工业机械手

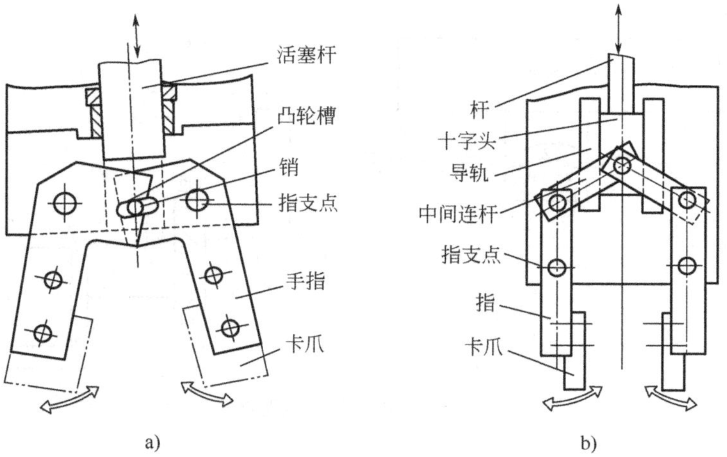

图 2-59 圆弧开合机械夹持器

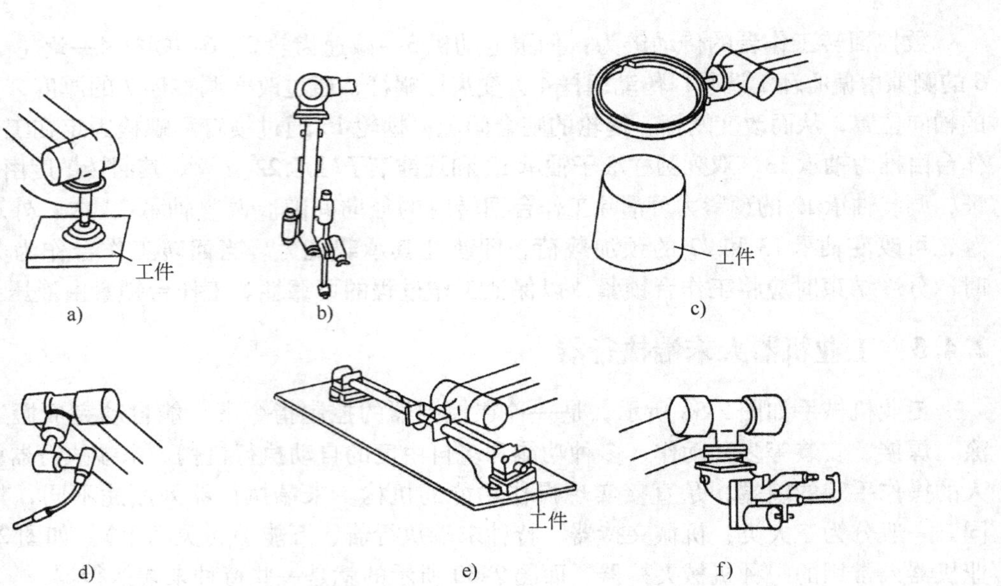

图 2-60　特种末端执行器

a）真空吸附手　b）喷枪　c）空气袋膨胀手　d）弧焊焊枪

e）电磁吸附手　f）点焊枪

习　题

1. 传动机构的作用是什么，在机电一体化设备中常有哪些类型，对传动机构系统有什么要求？

2. 机电一体化的传动机构系统一般包括哪几个机构，各有什么作用？试举出数控车床有哪些机械传动机构？

3. 写出由电动机带动的一对齿轮减速、滚珠丝杠及移动工作台传动系统折算到电动机轴上的总等效转动惯量计算公式。并分别指出公式中直线传动部分和旋转部分的转动惯量。

4. 一台数控机床某轴的进给系统如图 2-61 所示。已知参数见表 2-16，工作台总质量 $m_A=300\text{kg}$，丝杠导程 $L_0=10\text{mm}$，计算工作台的移动速度 v_j 和折算到电动机轴上的总等效转动惯量。（提示：注意 $L_0=v_j/n_2$，n_2为丝杠转速；调速比 i 可由速度比代替；注意量纲统一，参考例题 2-1）

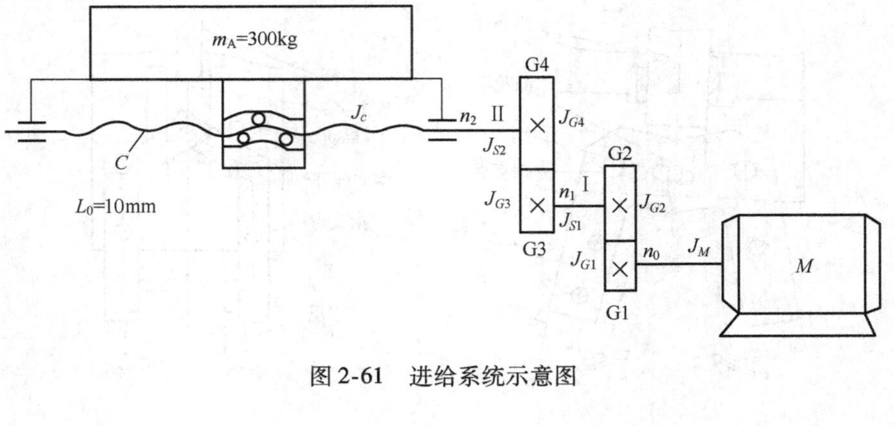

图 2-61　进给系统示意图

表 2-16　进给系统已知参数

名称	齿轮				轴		丝杠	电动机
系数	G1	G2	G3	G4	Ⅰ	Ⅱ	C	M
$n/(\mathrm{r\cdot min^{-1}})$	720_{n_0}	360_{n_1}	360_{n_1}	180_{n_2}	360	180	180	720
$J/(\mathrm{kg\cdot m^2})$	$0.01_{J_{G1}}$	$0.16_{J_{G2}}$	$0.02_{J_{G3}}$	$0.32_{J_{G4}}$	$0.004_{J_{S1}}$	$0.004_{J_{S2}}$	0.012_{J_C}	0.224_{J_M}

5. 有某大功率机械传动装置。

（1）已知总传动比 $i=100$，传动级数 $n=3$，试按最小等效转动惯量原则分配各级传动比。（提示：利用图 2-16、2-17、2-18 图解法计算，需在复印曲线图上作出计算图线，参见例 2-4）。

（2）设传动级数 $n=2$，$i=50$，试按质量最小原则求出各级传动比（提示：利用图 2-19 图解法计算，需在复印曲线图上作出计算图线，参见例 2-5）。

6. 滚珠丝杠副传动机构有何特点，其滚珠循环方式及常用结构形式有哪些？

7. 滚珠丝杠副在机床上支承方式有几种，各有什么优缺点？

8. 试设计数控机床工作台某进给轴用滚珠丝杠副。已知平均工作载荷 $F_m=4000\mathrm{N}$，丝杠工作长度 $L=2\mathrm{m}$，平均转速为 120r/min，每天开机 6h，每年 300 个工作日，要求工作 8 年以上，丝杠材料为 CrWMn 钢，滚道硬度为 58～62HRC，丝杠传动精度为 ±0.01mm。（提示：参考例 2-6，选择汉江机床厂生产的滚珠丝杠）。

9. 同步带传动为什么在机电一体化系统中得到良好的应用？

10. 机床导轨有哪几种，各有什么特点？

11. 数控机床与机器人中，常用哪些执行机构？

第 3 章　传感器检测技术

3.1　传感器检测技术概述

1. 传感器检测定义

传感器是指能感受并测量出自然界中的各种物理量（或者化学量），按一定规律转换成相应电信号的器件与装置。在机电一体化系统中，首先要获得被控对象的状态、特征等物理量，如位置、速度和加速度等。通过传感器检测并转换成模拟量或数字量的电信号，经过信息预处理再反馈到控制单元，最后经过分析、处理后产生控制信息。传感器检测和信息反馈传递过程与人脑识别外界事物过程相类似，如图 3-1 所示。传感器检测系统是机电一体化系统必不可少的组成部分，是机与电有机结合的纽带。

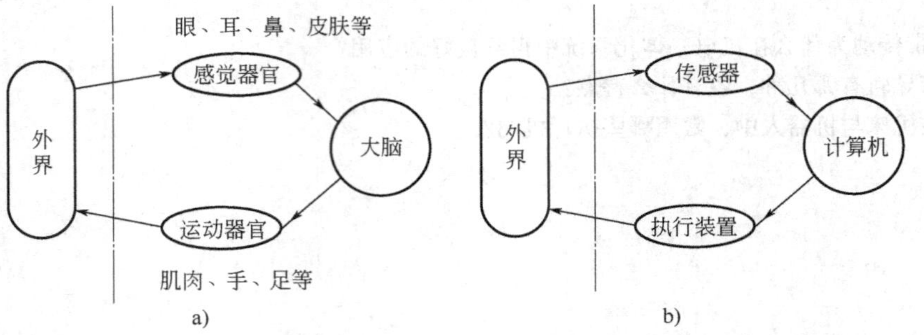

图 3-1　传感器检测和反馈作用与人脑识别外界事物过程类比图
a）生物系统　b）机电一体化系统

2. 传感器构成

如图 3-2 所示是电子秤结构图，传感器通常由敏感元件、转换元件及测量转换电路三部分组成。

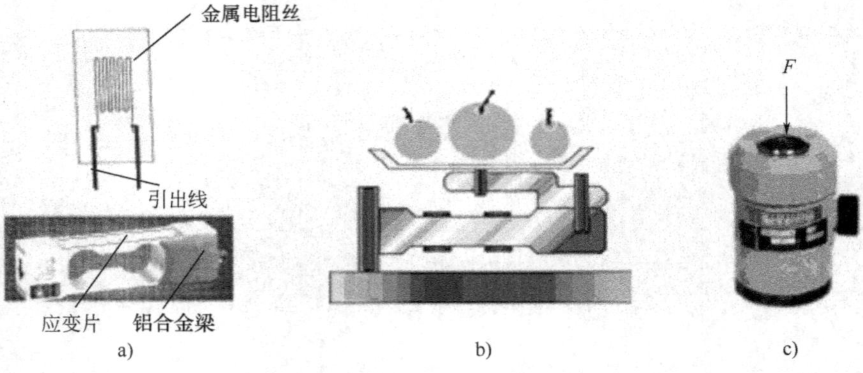

图 3-2　电子秤结构图
a）商品电子称荷重传感器结构　b）台式商品电子称结构　c）工业电子秤荷重传感器

1）敏感元件　直接感受物理量，以确定的关系输出某物理量。如电子秤中的铝合金梁，能感受因物体重量变化而引起的梁的应变。

2）转换元件　把感受到的非电信号如应变、位移等变化转换成电信号。如电子秤中铝合金梁上贴的应变片，能感受物体重量发生的应变，引起应变电阻丝拉伸或缩短，把应变转换成电阻变化。

3）测量转换电路　把转换元件产生的电参量转换成电信号。常用的转换电路有电桥电路、脉冲调制电路、谐振电路等，它们将电阻、电容和电感等电参量的变化，转换成模拟或数字信号如电压、电流和频率等。电子秤中常用的电桥电路就是测量转换电路。

3. 传感器分类及前期信息处理

用于测量与控制的传感器种类繁多，有多种不同的分类方法，按传感器用途分，常用的传感器有：

应变（转矩）和力测量——金属丝应变片、半导体应变片传感器等；

位移测量——微小位移测量如电感式、差动变压器、电容式、涡流式传感器等；

大位移测量——激光和超声波测距传感器等；

机械振动测量——压电式加速度传感器、磁电式速度传感器等；

转速测量——霍尔开关、光电开关和测速发电机等；

压力与流量测量——如霍尔压力计、转子压差式流量计等；

温度测量——电阻式与热电偶式温度计。

在机械自动化设备中，常用传感器有测量机械运动行程的如光电式或电感式接近开关、霍尔开关等；测量机械运动位移的如光电编码器、光栅尺、旋转变压器等；测量机械运动速度的如测速电动机、光电编码器以及工业机器人用图像传感器等。

为了从传感器获取有用信息，便于控制器做出正确的判断和控制，一般要对传感器检测信号进行前期信息处理。首先要将传感器输出信号转换为标准模拟电压（如 0～10V）、电流（如 0～10mA、4～20mA）或频率等信号，经功率放大、A-D 模数转换、线性化和采样保持处理后，传输至计算机。为防止干扰进入计算机，还需采取光电隔离、变压器隔离和数字滤波等处理。

3.2　机械运动行程检测传感器

机械运动行程检测传感器用于检测包括 X、Y、Z 等各伺服坐标轴的正反向超限行程、回零点或参考点、自动换刀位置等，它们均是开关量输出，通常分为触点开关和无触点接近式开关两类，如图 3-3 所示。常用的有触点开关有微动开关、行程开关等，因有触点，其寿

有触点行程开关　　无触点霍尔式、电感式、电容式接近开关

图 3-3　有触点与无触点接近开关

命短、信号有抖动、可靠性差；无触点接近式开关按工作原理可分为光电式、电感式和霍尔式等，因无触点，其工作可靠、寿命长，常用于检测机械原点、超限行程保护等。

1. 光电开关

（1）光电开关测量原理

利用发光二极管作光源发射可见光或不可见红外光，通过与之相对的光敏晶体管接收光线，如图 3-4 所示。若中间没有物体遮挡，则光敏晶体管接收到光信号，输出大电流；若中间有遮挡物，则光敏晶体管接收不到光信号，无电流通过。利用晶体管的开关作用可以产生光电脉冲信号，用于位置检测、工件计数或转动物体速度测量。光电开关有透射式与遮挡式（反射式）两种工作方式。

（2）光电开关的应用

光电开关价廉物美、体积小、性能可靠，广泛应用于自动控制系统、流水生产线、办公设备和家用电器中，如图 3-5 所示。例如检测流水生产线上的工件有无、工件计数、工件位置等；测量旋转物体转速；复印机中检测复印纸有无；安全防盗报警；卫生设备自动冲洗发信号开关等。

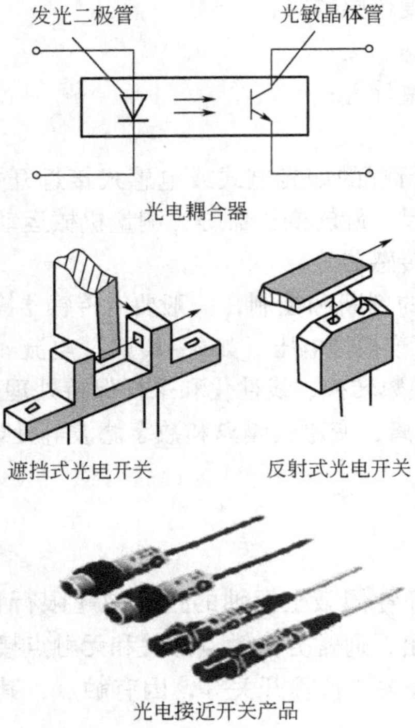

图 3-4　光电开关工作原理及产品

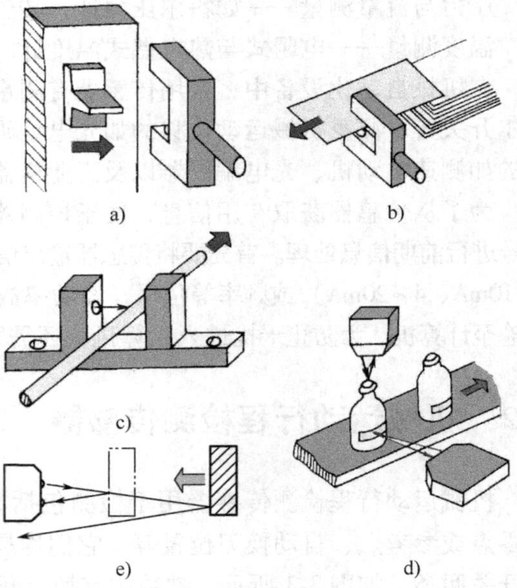

图 3-5　光电开关应用

a）用于防盗门位置检测　b）印刷机械上的进纸检测
c）检测线料有无　d）瓶盖及标签的检测
e）用于检测物体接近与否

2. 霍尔传感器

霍尔传感器是基于半导体材料如锗（Ge）、锑化铟（InSb）、砷化铟（InAs）等的霍尔效应制成的一种磁场传感器。

（1）霍尔效应

将半导体薄片置于磁感应强度为 B 的磁场中，磁场方向垂直于薄片，当有电流 I 流过这个半导体薄片一侧时，在垂直于电流和磁场的方向上另一侧将产生电动势 U_H，该现象称为霍尔效应，如图 3-6 所示。这个现象是在 1879 年被 E · H · Hall 发现的，故称之为霍尔效应。

$$U_H = K_H IB \tag{3-1}$$

式中　K_H——霍尔元件的灵敏度。

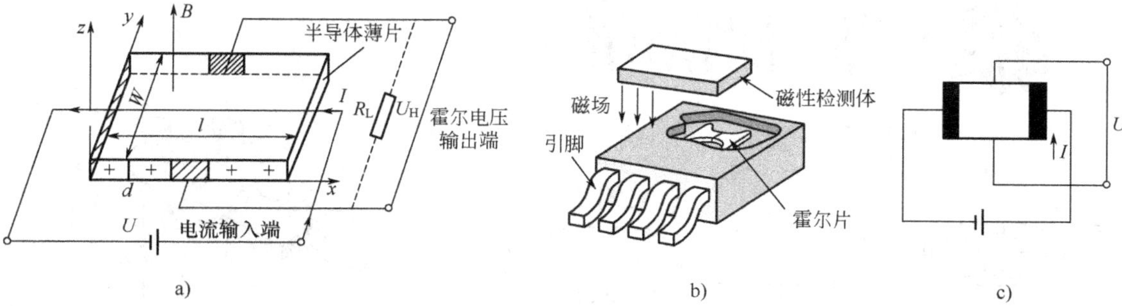

图 3-6　霍尔效应原理图

a）霍尔效应原理　b）器件外观　c）连接原理

（2）霍尔传感器的应用

① 霍尔接近开关。

从霍尔效应原理图看出，若固定 I，用小磁铁接近霍尔元件，让 B 有一突变，则 U_H 将有大的变化，这就是霍尔接近开关的原理，依此可以用来测量物体的位置。常制成接近开关，置于机床或机械手位置，进行超限行程、回零点等的测量与控制。此外，电动自行车无刷电动机的换向开关及数控机床上的多工位刀架刀位发信号开关，也采用了霍尔接近开关。

② 电流测量。若固定磁场 B，则霍尔电势与穿过一个磁环上导线（也可以在磁环上绕一定匝数）的电流成正比，常用做伺服系统中电流环输出电流的测量与反馈传感器，以保证伺服轴具有恒转矩特性。

图 3-7 就是一种闭环式霍尔电流传感器的工作原理图。被测电流 I_n 流过导体产生的磁场，由通过霍尔元件输出信号控制的补偿电流 I_m 流过次级线圈产生的磁场补偿，当一次侧与二次侧的磁场达到平衡时，其补偿电流 I_m 即可精确反映一次侧电流 I_n 值。

③ 转速测量。

在控制电流 I 恒定的条件下，如图 3-8 所示在被测转盘上对称位置放置四个小磁铁，当转盘上的磁铁旋转至与霍尔晶体管接近时，磁感应强度大小发生突变，输出霍尔电势为高。当离开时，输出霍尔电

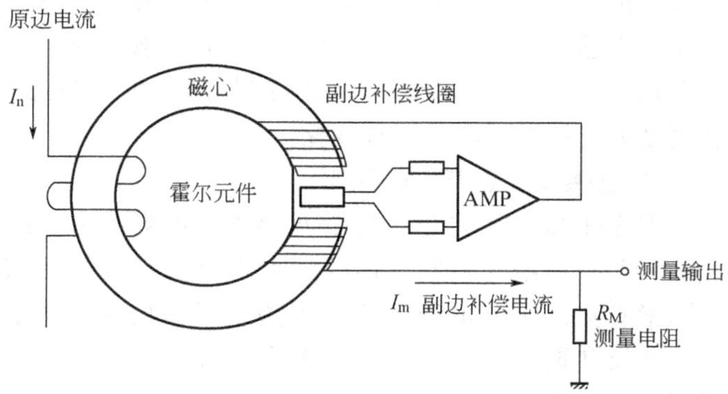

图 3-7　闭环式霍尔电流传感器工作原理图

势为低。这就产生了一个脉冲信号，继续转下去会产生一串序列脉冲信号。由于单位时间内脉冲数目是与转速成正比的，因此可用做速度测量。

④ 行程控制。

如图 3-9 所示，用霍尔接近开关检测和控制机械手或运动平台的行程。小磁铁安装在运动部件上，霍尔晶体管安装在相对固定的部件上。

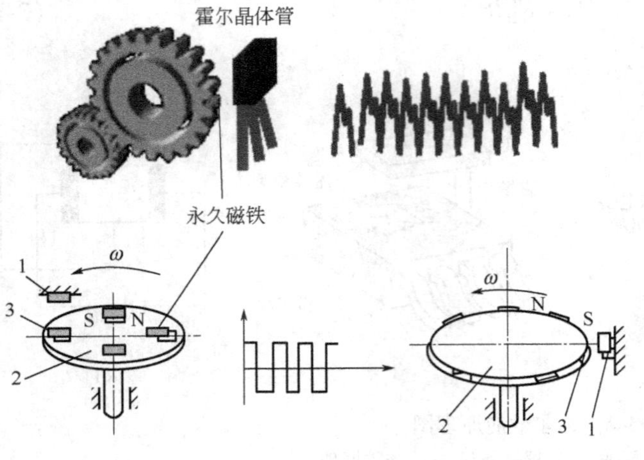

$$n = \frac{60f}{Z} = \frac{60N}{Zt}$$

式中：

n为转速（r/min）；

N为计数器读数值；

Z为圆盘上磁铁数；

t为计数时间。

图 3-8　用霍尔传感器测量转速

1—霍尔晶体管　2—被测转盘　3—小磁铁

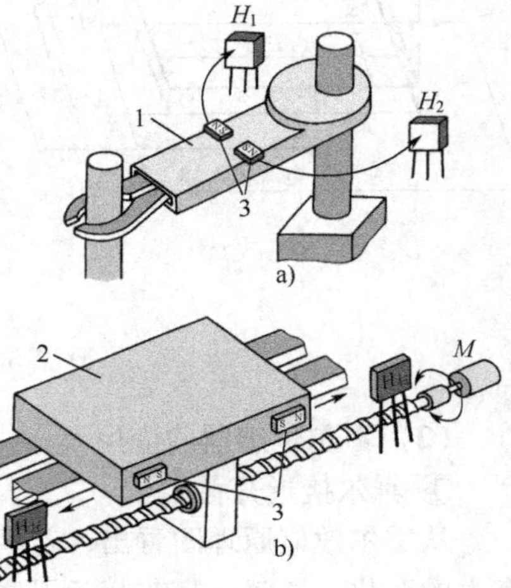

图 3-9　用霍尔开关控制机械行程

1—机械手　2—数控机床工作台　3—小磁铁

3. 电感式接近开关

① 涡流效应。

电感式接近开关是利用涡流效应制成的，由一个螺线管线圈加上被测金属板组成，如图 3-10所示。当线圈置于金属导体附近并且通有电流 i_1 时，线圈周围就产生一个交变磁场 H_1，置于该磁场中的金属导体就产生感应涡流 i_2，并产生新磁场 H_2。该磁场与原磁场方向相反，从而使线圈中有效阻抗与品质因素发生变化，利用谐振电路可以测量这种变化。

② 电感式接近开关的应用。

因为线圈的阻抗变化与金属导体的电导率 σ、磁导率 μ、厚度 t、线圈与金属导体的距离 δ 以及线圈的几何参数等因素有关，所以可利用此原理测量机械位移、厚度、振幅、裂纹和缺陷等。在数控机床中，常作为检测各伺服轴超限行程开关与回参考点开关。

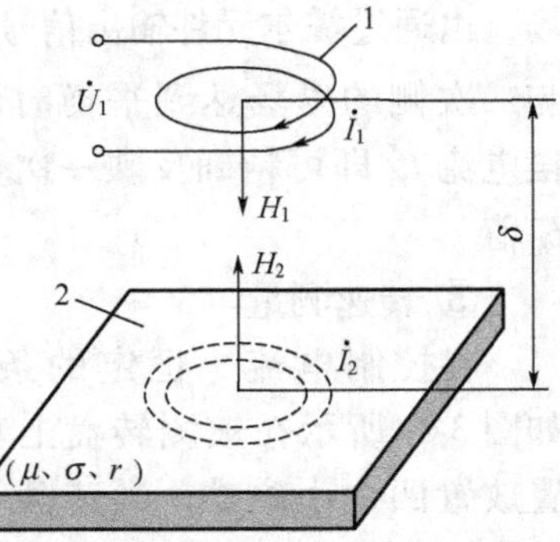

图 3-10　涡流传感器工作原理

1—线圈　2—金属导体

3.3 机械运动位移检测传感器

机械运动位移的检测包括线位移检测与角位移检测两大类。常用光栅尺和感应同步器等测量线位移，用光电编码器测量角位移。有了角位移 θ 后，将其进行微分便是角速度，进行二阶微分则是角加速度。

3.3.1 旋转变压器

旋转变压器是一种角位移测量元件，其输出电压随转子转角变化。外形如图 3-11 所示。旋转变压器一般安装在电动机尾端轴上，随电动机旋转，通过传动机械间接反映机械运动角位移，可用于检测坐标轴的进给速度和位置、工作台转角等。特别适合高温、严寒、潮湿、高振动等不宜选用光电编码器的恶劣环境。

图 3-11　旋转变压器外形图

1. 旋转变压器结构

旋转变压器结构类似于两相绕线转子交流电动机，按转子绕组引出方式不同，分有刷式和无刷式两种结构形式，它们均分为定子（定子铁心、定子绕组）和转子（转子铁心、转子绕组）两大部分，如图 3-12 所示。

有刷式旋转变压器的转子绕组是通过滑环和电刷的滑动接触引出感应电动势，而无刷式则在转子同轴装了一个附加变压器。附加变压器一次绕组固定在转子轴上并与转子绕组相接，二次侧固定在壳体上。转子绕组的感应电动势，通过附加变压器一次侧与二次侧的电磁耦合由二次侧输出。常见旋转变压器绕组有两极和四极，两极绕组各有一对磁极，四极则各有两对磁极。

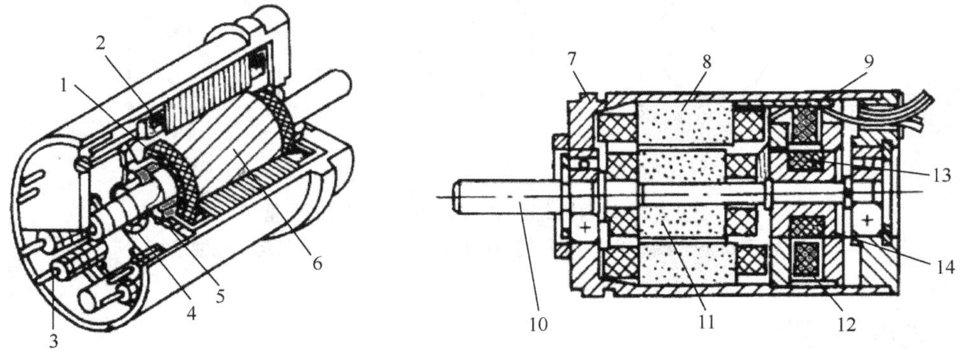

a)　　　　b)

图 3-12　旋转变压器结构图

a）有刷式旋转变压器　b）无刷式旋转变压器

1、8—定子绕组　2、11—转子绕组　3—接线柱　4—电刷　5—换向器　6、10—转子　7—壳体　9—附加定子　12—附加二次绕组　13—附加一次绕组　14—附加转子线轴

2. 旋转变压器工作原理

以两极绕组为例，其基本工作原理与普通变压器相类似。两者区别是：普通变压器的一次侧与二次侧绕组磁耦合是相对固定的，输出与输入电压之比是常数（与匝数成反比）；而旋转变压器一次侧与二次侧绕组的相对位置随转子的角位移 θ 而时刻改变着，因而输出电压也随之变化。

旋转变压器的工作原理如图 3-13 所示，转子绕组输出电压 u_2 的大小，取决于定子与转子两个绕组磁轴在空间相对角位移 θ。设加在定子绕组的交流电压 u_1 为：

$$u_1 = U_m \sin\omega t \tag{3-2}$$

当转子与定子磁轴相垂直时，有：

$$u_2 = 0 \tag{3-3}$$

当转子绕组转过 θ 时，有：

$$u_2 = Ku_1 \sin\theta = KU_m \sin\theta \sin\omega t \tag{3-4}$$

可见转子转过 90°，即转子与定子绕组平行时，转子绕组输出电压为最大。

转子绕组输出电压频率与定子电源相同，其幅值随转子与定子的相对角位移 θ 的正弦函数而变化。因此只要测出转子绕组输出电压 u_2 幅值，即可得到转子相对定子角位移 θ 的大小。

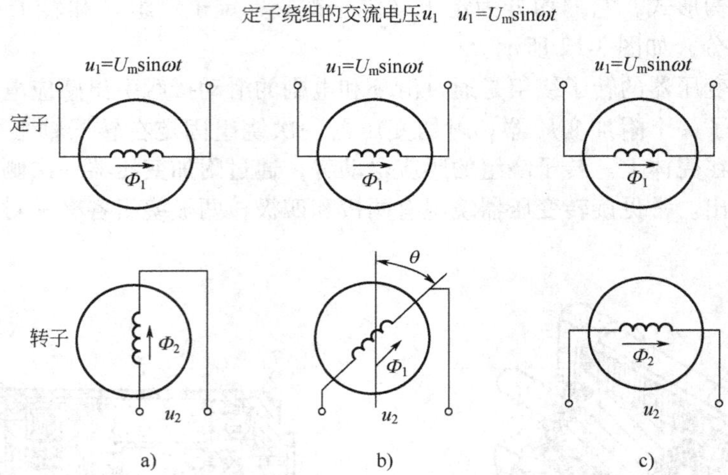

图 3-13　两极绕组式旋转变压器工作原理

a）转子与定子磁轴垂直　b）转子绕组转过 θ　c）转子与定子磁轴平行

3.3.2　光电编码器

光电编码器是一种通过光电转换，将被测轴上的机械角位移量转换成脉冲或数字量的传感器，它主要用于机器人、数控机床等伺服轴或运动部件的角位移和移动速度的检测。

1. 光电编码器结构

光电编码器产品外形和内部结构如图 3-14 所示，主要由光源（带聚光镜发射光敏二极管）、光码盘、检测光栅板、接收光敏晶体管及信号处理电路板组成。

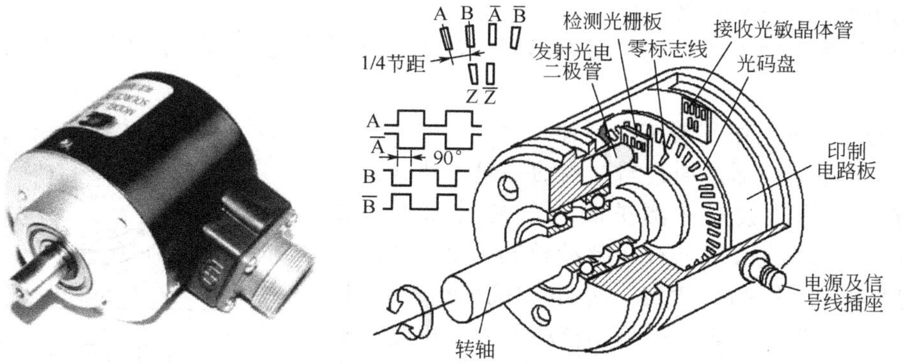

图 3-14　增量式光电编码器结构图

如图 3-15 所示是增量式光电编码器的光学原理图。由该图看出，在发射光敏二极管和接收光敏晶体管之间由检测光栅板与光码盘隔开，在光码盘上刻有狭缝（透光式）或镀膜反射（反射式）的 A 相、B 相条纹，该盘可随被测转轴一起转动。在与光码盘很接近的距离上安装有检测光栅板，该光栅板不动，其上刻有与光码盘上 A 相、B 相条纹相差 1/4 节距即 90°的条纹。当光码盘随被测轴旋转时，每转过一个刻线（狭缝），就与不动的检测光栅板上的条纹发生光干涉的明暗变化，经过光敏晶体管转换为电脉冲信号，经放大、整形处理后，得到序列方波脉冲信号输出，再将该脉冲信号送到计数器中计数，计数值就反映了被测轴转过的角度。

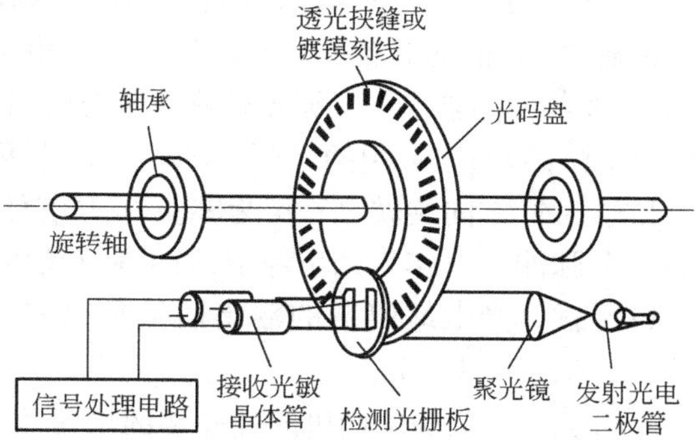

图 3-15　增量式旋转光电编码器原理图

在光码盘上还刻有 1 条零标志线 Z 条纹，每转发一个脉冲，作为机床回参考点时的基准点。每两个零脉冲标志对应的丝杠移动的直线距离，称之为一个“栅格”，它就等于一个丝杠螺距——导程 L_0。

光码盘分为透光式和反射式两种。透光式光码盘由光学玻璃制成，玻璃表面在真空中镀一层不透明的膜，然后在圆周的半径方向上，用照相腐蚀的方法制成许多条可以透光的狭缝和不透光的刻线，刻线的数量可达几百条或几千条；反射式光码盘一般是在玻璃圆盘的圆周上用真空镀膜的方法制成许多条可以反光的刻线，例如每转 2500 线，利用反射光进行测量，其发射光敏二极管和接收光敏晶体管位于光码盘的两侧。此外，也可在玻璃圆盘的圆周上刻上一定数量的槽或者孔，使圆盘形成透明和不透明区域，其原理和透光式光码盘相同，只是槽的数量受限，常制成每转 100 线，分辨率较低，被称作光电盘，主要用于电子手轮和回转刀架的刀位检测。

综上所述，光电编码器是把轴旋转角度转换成光电数字脉冲信号的传感器，常安装在数控机床或机器人的伺服电动机或主轴电动机内的尾端同轴上，构成一个整体。通过传动机构如滚珠丝杠间接测量机床运动部件位移，以实现伺服电动机旋转角度的精确控制。也可以用 1∶1 齿轮或同步带安装在主轴转动机构上，用于主轴速度测量与反馈。

2. 光电编码器工作原理

光电编码器根据工作原理与用途不同，常分为增量式光电编码器和绝对式光电编码器两类。

（1）增量式光电编码器工作原理

增量式光电编码器是通过与被测轴一起转动时，对产生的方波脉冲计数来检测被测轴的旋转角度，如图 3-16所示。例如用 2500p/r（脉冲每转）的编码器，当计数到 5000 个脉冲时，则表示该电动机旋转了 2 周。每当增计一个脉冲，就表示被测轴转动了一个角度增量值。它是相对某个基准点的相对位置增量，不能直接检测出轴的绝对位置信息。增量式光电编码器有 A 相、B 相、Z 相三条光栅，输出 A 相与 B 相两相脉冲信号互差 90°，从而可方便地判断出旋转方向。例如用 B 相的上升沿触发 A 相的状态时，若 B 相上升沿对应 A 相的“1”状态（高电平），则被测轴按顺时针方向旋转；若 B 相下降沿对应 A 相的“0”状态（低电平），则被测轴按逆时针方向旋转，Z 相为零点标志信号，每转 1 圈为一个脉冲，可作为回参考点时的零点位置基准点。为了抗干扰，光电编码器的输出信号常以差动方式输出，即 A、$\overline{A}$，B、$\overline{B}$，Z、$\overline{Z}$。

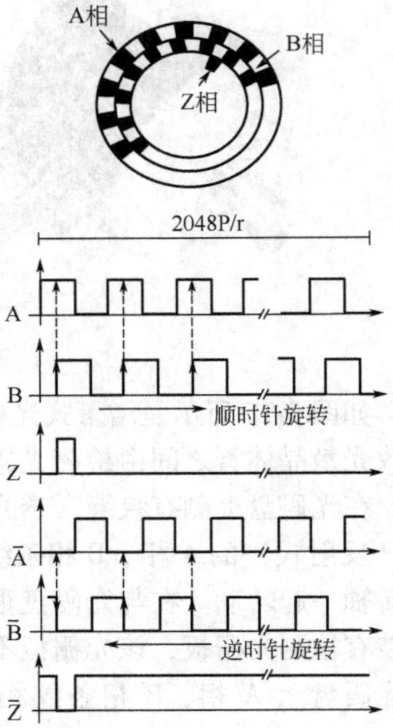

图 3-16　增量式光电编码器工作原理图

可见，与伺服电动机同轴安装的增量式光电编码器，如图 3-17、图 3-18 所示，只要电动机转动，编码器就有脉冲输出。输出脉冲是有相位变化的 A、B、Z 三相序列脉冲，脉冲个数反映电动机转角的变化或进给轴坐标位置变化的增量值，而用光码盘和检测光栅板 A、B 相干涉条纹相位的变化来判别电动机正、反转。显然，光栅数目越多每转脉冲数就越多，所反映的位置精度就越高。因此在数控机床、机器人等轮廓插补和运动位置控制中获得广泛的应用。

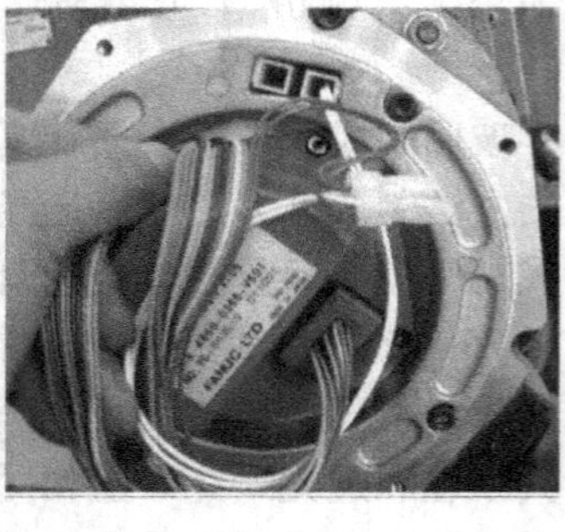
图 3-17　光电编码器在电动机尾端同轴上的安装图

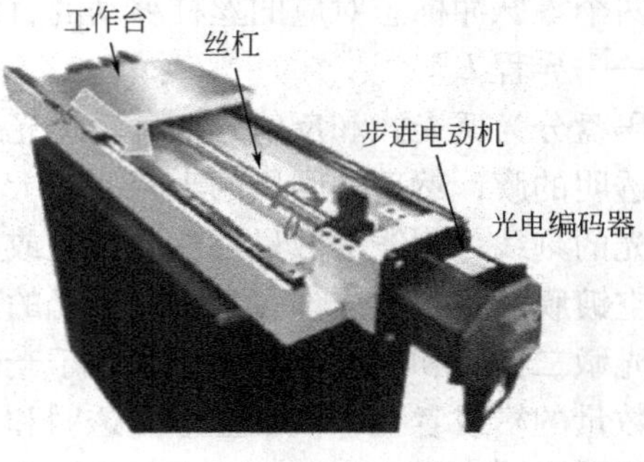

图 3-18　增量式光电编码器间接测量工作台位移

增量式光电编码器的主要技术参数包括：每转脉冲数（p/r）、电源电压、输出信号相数和输出形式等。其型号由每转发出的脉冲数来区分。数控机床、机器人等常用的增量式编码器每转脉冲数有 2000p/r、2500p/r 和 3000p/r 等，若再进行脉冲变频技术的特殊处理如四倍频处理，则位置测量精度能达到微米级。

（2）绝对式光电编码器工作原理

上述的增量式光电编码器在运动轴静止时就没有信号输出，而且在停电时位置信息就丢失了。可是在数控机床、机器人等的运动机械控制中常常要求一开机就需要立即知道准确位置，如机械手底座旋转角度位置信息，这就需要用绝对式光电编码器。

绝对式光电编码器是一种直接编码式的测量元件。它能把被测转角转换成相应代码指示的绝对位置信息，没有累积误差。其编码器有光电式、接触式和电磁式三种，通常用光电式编码器。

在绝对编码器光码盘上，有许多由里至外的刻线码道，每道刻线依次以 2 线、4 线、8 线、16 线编排，这样，在编码器的每一个位置，通过 n 个光栅读取每道刻线的明、暗就获得一组从 2^0 向 2^{n-1} 变化的唯一编码，称为 n 位绝对编码器。现以接触式四位绝对编码器为例，来说明其工作原理。如图 3-19 所示的编码器上共有 5 个同心环道，涂黑部分是导电区，空白部分是绝缘区。外圈的 4 个环道，分为 16 个扇形区，每个扇形区的各 4 个环道按导电为“1”、绝缘为“0”组成二进制编码。对应 4 个码道并排装有 4 个电刷，电刷经电阻接到电源的负极。内圈的 1 个环道是公用环道，全部导电，也装有 1 个电刷，并接到电源的正极。光码盘的转轴可与被测轴一起转动，而 5 个电刷则是固定不动的。当被测轴带动光码盘转动时，与码道对应的 4 个电刷上将出现相应的高、低电平，形成二进制代码。若光码盘按顺时针方向转动，就依次得到 0000，0001，0010，……，1111 的二进制输出。

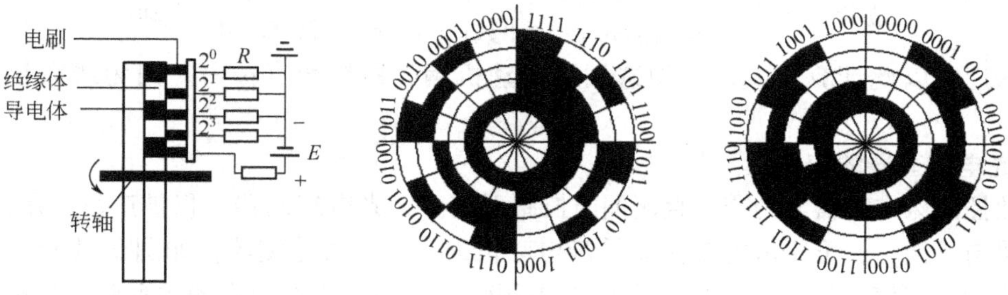

图 3-19　四位绝对式光电编码器工作原理图

为提高码转换的可靠性，降低误码率，常用格雷码。格雷码的特点是当码区转换时编码只需变化一位，如表 3-1 所示的当第 7 码区向第 8 码区转换时，二进制码需改变 4 位，而格雷码只需变化最高位 1 位。绝对式光电编码器一般都带有后备电池保护数据，在断电时位置信号不会丢失。但是需注意对后备电池电压的监控与更换，特别是对长久不开的数控机床，如果绝对编码器后备电池得不到及时充电，则数据会因电池电压的不足而丢失。

表 3-1　绝对式光电编码器输出真值表

电刷位置	二进制码	格雷码	电刷位置	二进制码	格雷码
0	0000	0000	4	0100	0110
1	0001	0001	5	0101	0111
2	0010	0011	6	0110	0101
3	0011	0010	7	0111	0100

（续）

电刷位置	二进制码	格雷码	电刷位置	二进制码	格雷码
8	1000	1100	12	1100	1010
9	1001	1101	13	1101	1011
10	1010	1111	14	1110	1001
11	1011	1110	15	1111	1000

3. 四倍频技术与分辨率

在数控机床位置控制中，为提高分辨率，常对A相、B相差动脉冲信号的上升沿与下降沿进行微分处理，得到一个新的四倍频脉冲信号，如图3-20所示。显然经四倍频处理后提高了光码盘的位置分辨率与反馈精度。例如，当选用2000p/r脉冲编码器时，进给伺服电动机直接驱动滚珠丝杠带动刀架或工作台，丝杠螺距 L_0 若为8mm，经四倍频细分后，光电编码器变为8000p/r，则位置反馈分辨率或反馈精度为：

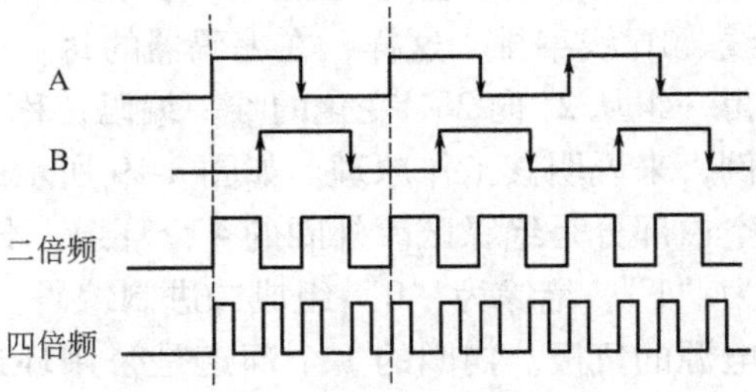

图3-20 增量光电编码器四倍频脉冲信号

$$位置分辨率=\frac{丝杠螺距(\mu m)}{编码器每转脉冲数(p/r)\times 4}=\frac{8\times 10^3}{2000\times 4}=1\mu m \tag{3-5}$$

机床厂常以此计算公式，来初选伺服电动机编码器线数（p/r），因为线数越高价格越高。

4. 光电编码器的应用

在数控机床与机器人的交、直流伺服控制系统中，光电编码器不仅被广泛应用为位移、速度测量与反馈，也可用做主轴交流异步电动机的转子位置检测器，如图3-21所示。在用做位置测量反馈信号的同时，如果用频率/电压转换器将编码器输出的序列脉冲转换为与脉

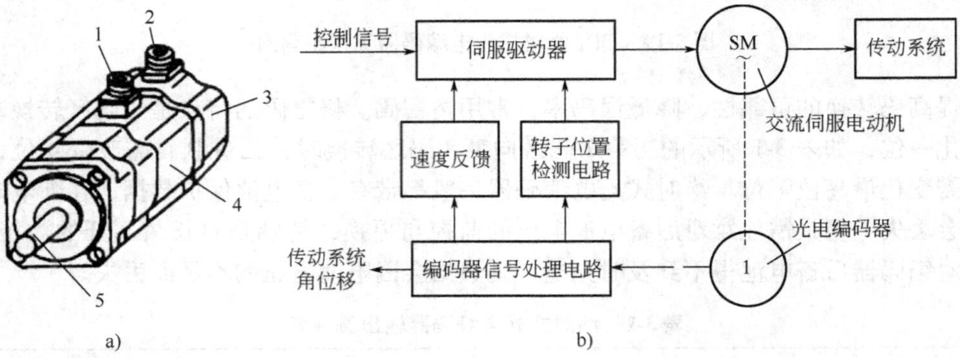

图3-21 光电编码器在交、直流伺服系统中的应用原理图

a）交流伺服电动机产品外形图 b）交流伺服系统控制原理框图

1—三相动力电源连接插座 2—光电编码器信号插座 3—光电编码器

4—电动机本体 5—电动机转子轴

冲频率成正比的电压信号，可用做伺服电动机速度的反馈信号。此外，光电编码器在机械自动化中还有其他很多用途，例如图 3-22 所示钢板定长切割控制中用到了增量式光电编码器，而在图 3-23 转盘工位控制中则用到了绝对式光电编码器。因为钢板定长切割每次定长计量可归零，而后者则要求转盘转完一个工位后记忆当前工位位置。

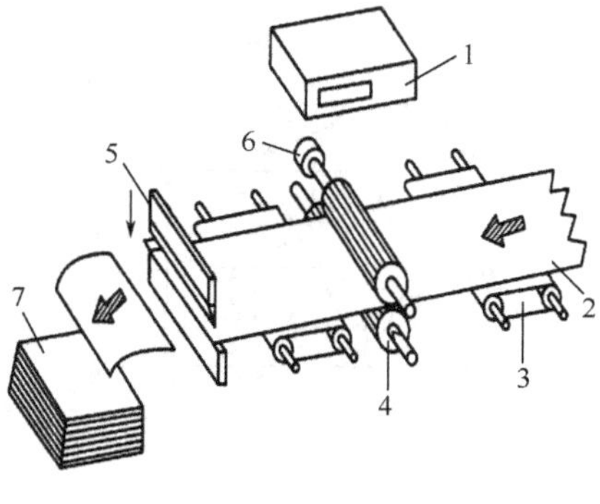

图 3-22　剪切机钢板定长切割控制

1—控制器　2—加工板料　3—传送带　4—进给驱轮

5—切刀　6—增量式编码器　7—成品

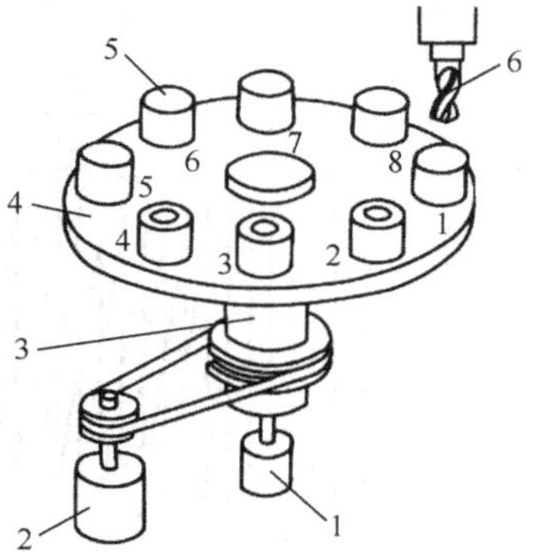

图 3-23　转盘工位控制

1—绝对式编码器　2—伺服电动机　3—转轴

4—转盘　5—工件　6—刀具

3.3.3　光栅传感器

光栅传感器是一种非接触式光电测量传感器，它利用光衍射产生干涉条纹的原理制成。光栅尺精度高（可达 1μm 以上）、响应快、量程大，广泛应用于机床直线位移或角位移的精密测量。

1. 光栅尺的结构

光栅尺常分为长光栅和圆光栅，长光栅测量长度，圆光栅测量角度。以长光栅尺为例，其结构如图 3-24 所示。它由主光栅（标尺光栅）、指示光栅（读数头光栅）、光源（光敏二极管）和光敏接收器件（如硅光电池）组成，主光栅长（同最大行程），指示光栅短。在两个光栅上刻有条纹（光刻或镀膜），其密度一般为每毫米 25 条、50 条、100 条等。标尺光栅装在机床运动部件上，称为“动尺”，读数头光栅则装在机床固定部件上，称为“定尺”。当运动部件带“动尺”移动时，读数头光栅和标尺光栅也随之产生相对移动。

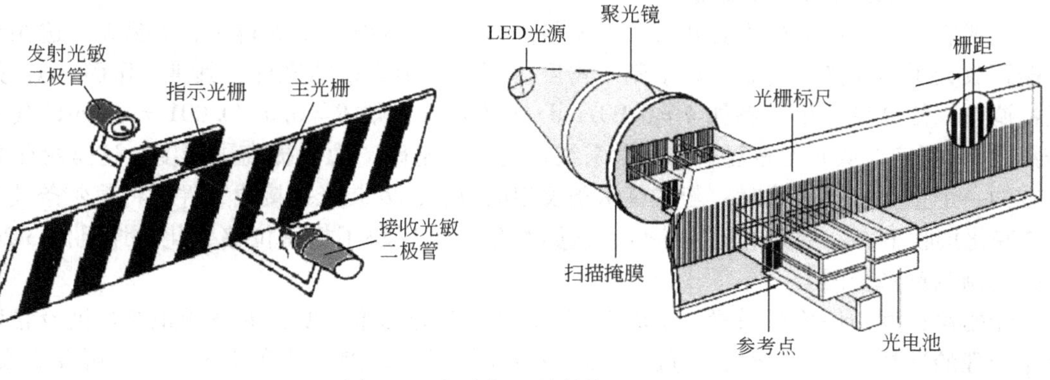

图 3-24　长光栅尺的结构原理图

2. 光栅尺的工作原理—莫尔干涉条纹的放大作用

光栅尺的指示光栅与主光栅平行安装，之间保持很小距离（0.05～0.1mm），并使它们的刻线互相倾斜一个小角度 θ，如图 3-25 所示。当主光栅随工作台移动时，在光源照射下，由于主、副光栅刻线的挡光作用和光的衍射作用，在与刻线垂直的方向上就会产生明暗交替、上下移动、间隔相等的干涉条纹，称为莫尔条纹。

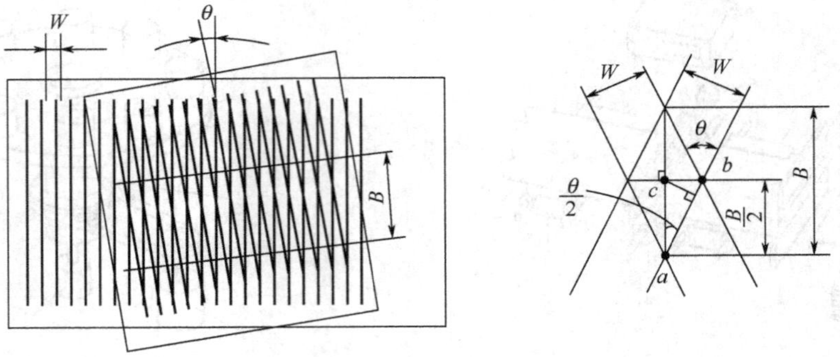

图 3-25　莫尔条纹工作原理图

由图 3-25 看出，光栅尺每移过一个栅距 W，莫尔条纹也恰好移动一个节距 B。若用光敏器件将这种干涉条纹明暗相间的变化接收、转换成电脉冲数，用计数器记录脉冲数，测得莫尔条纹移过的数目，便得到主光栅尺移动的距离，即被测机械移动的距离。若光栅尺朝相反的方向移动，则莫尔条纹也往相反的方向移动。从而根据莫尔条纹移动的数目，可以计算出光栅尺移动的距离，并根据莫尔条纹移动的方向来判断移动部件的运动方向。

指示光栅与主光栅因光干涉产生的莫尔条纹，具有位移的光学放大作用，即把极细微的栅距 W 变化，放大为很宽的莫尔条纹节距 B 的变化。这是因为当两者夹角 θ 很小时，主光栅栅距 W 与莫尔条纹节距 B 有如下关系：

$$B=\frac{W}{2\sin\left(\frac{\theta}{2}\right)}\approx\frac{W}{\theta} \tag{3-6}$$

式中　B——莫尔条纹节距；

W——光栅栅距；

θ——两光栅的刻线夹角。

上式表明，可以通过改变 θ 的大小来调整莫尔条纹的宽度，θ 越小、B 越大，这相当于把栅距放大了 $1/\theta$ 倍。例如，对于刻线密度为每毫米 100 条的光栅，其 $W=0.01\text{mm}$，如果通过调整，使 θ 足够小，例如 $\theta=0.001\text{rad}$（$0.057°$），则 $B=0.01/0.001=10\text{mm}$，其放大倍数为 1000 倍，从而无需复杂的光学系统，简化了电路，大大提高了精度，这是莫尔条纹独有的一个重要特性。此时，若在莫尔条纹相应位置，安装光敏接收元件，将莫尔条纹节距 B 的变化接收下来，变为电脉冲信号，该脉冲信号就反映了机械位移变化。详见图 3-26 所示的光栅测量系统图。

光栅尺精度高但价格昂贵，制成 1m 以上规格较为困难，要根据被测距离长度及精度需要作合理的选择。在安装时，一般主尺装在机床拖板上，副尺装在床身上。也可反之安装，但因敷设电缆困难，一般不予采用。安装时，要避免切屑、润滑油污染，须做防尘处理。

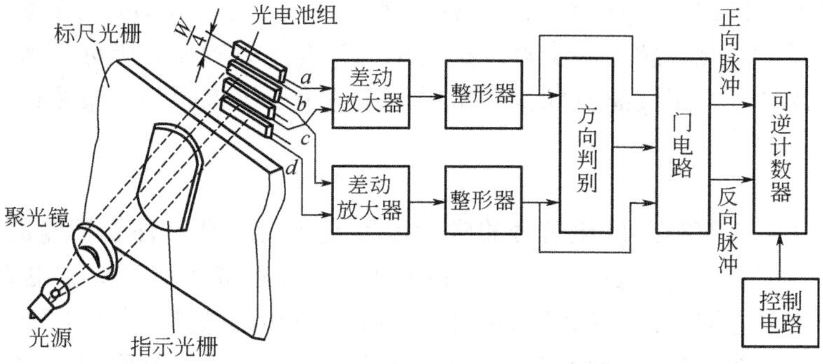

图 3-26　光栅测量系统电路原理框图

3. 光栅测量系统电路工作原理

光栅尺测量系统电路原理框图如图 3-26 所示。光栅尺随机床运动机械如工作台移动时，产生的莫尔条纹明暗信号的变化，可用光敏元件接收。图中 a、b、c、d 是四块光电池，它们产生的信号彼此相位差 90°，经过差动放大、整形、方向判别，最后利用相位差控制正反向脉冲计数，从而可测量正反向位移。如图 3-27 所示为德国 HEIDEHAIN 公司的光栅尺产品图。

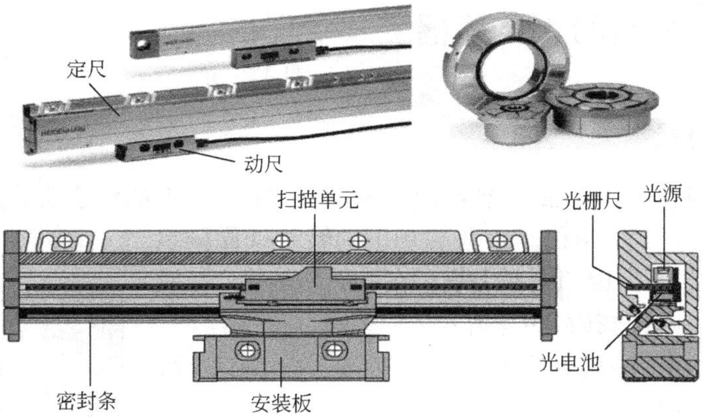

图 3-27　HEIDEHAIN 公司光栅尺产品图

3.3.4　其他机械运动位移传感器简介

对机械运动位移测量，在一些特殊场合还会用到磁栅尺、感应同步器等传感器。

1. 感应同步器

感应同步器是利用两个平面印制电路绕组的电磁感应原理制成的位移测量装置。它有两个绕组，类似变压器的初级绕组和次级绕组，所以又称为平面变压器。按结构和用途可分为直线感应同步器和圆盘旋转式感应同步器两类，前者用于测量直线位移，后者用于测量角位移。两者的工作原理基本相同。在感应同步器工作时，定尺和滑尺相互平行安装，其间有大约 0.25 ±0.05mm 的间隙，间隙的大小会影响电磁耦合度。定尺是固定的，滑尺是可动的，它们之间可以做相对移动。感应同步器具有较高的测量精度和分辨率，工作可靠，抗干扰能力强，使用寿命长。目前，直线感应同步器的测量精度可达 1.5μm，分辨率可达 0.05μm，并可测量较大位移。因此，感应同步器广泛应用于数控坐标镗床、坐标铣床及其他数控机床的定位、控制和数显等，旋转感应同步器常用于雷达天线定位跟踪、精密机床或测量仪器的分度装置等。

2. 磁栅尺

磁栅尺是一种录有等节距磁化信号的磁性标尺或磁盘，是一种高精度的位置检测装置，可用于数控系统的位置测量，其录磁和拾磁原理与普通磁带相似。磁栅测量装置由磁性标尺、拾磁磁头和测量电路组成，按结构可分为直线磁栅和圆磁栅，分别用于直线位移和角位移的测量。其中，直线磁栅又分为带状磁栅、杆状磁栅。在检测过程中，磁头读取磁性标尺上的磁化信号并把它转换成电信号，然后通过检测电路把磁头相对于磁尺的位置送入计算机或数显装置。磁栅与光栅、感应同步器相比，测量精度略低一些。但它有以下独特的优点，也常被一些机电一体化装置采用。

1）制作简单，安装、调整方便，成本低。磁栅上的磁化信号录制完成后，若发现不符合要求可抹去重录，也可安装在机床上再进行录磁，避免安装误差。

2）磁尺的长度可任意选择，也可录制任意节距的磁信号。

3）耐油污、灰尘等，对使用环境要求低。

3.4 机械运动速度检测传感器

3.4.1 测速发电机

测速发电机是利用发电机的原理制成的测量机械旋转速度的传感器。直流测速发电机的工作原理如图 3-28 所示，当位于永久磁场中的转子线圈随机械设备以转速 n 旋转时，因切割磁力线，在线圈两端将产生空载感应电动势 E_0，根据法拉第定律有：

$$E_0 = C_e \varphi_0 n \tag{3-7}$$

式中 C_e——电势常数；

φ_0——磁通。

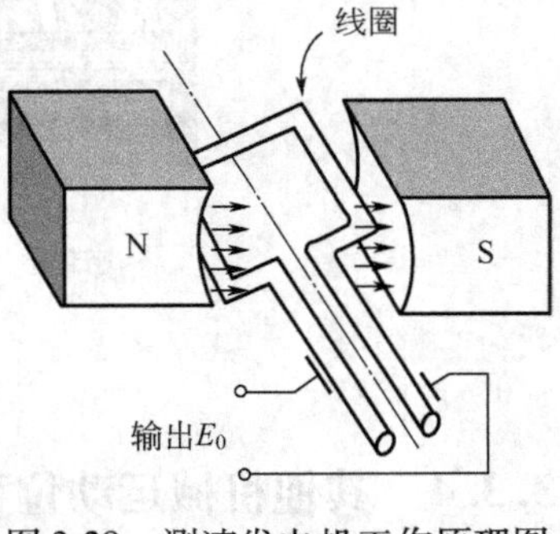

图 3-28 测速发电机工作原理图

可见，输出感应电压与电动机旋转速度成正比，可用于角速度测量。如果与伺服电动机轴相连，可作为速度反馈。测速发电机分为电磁式（定子有两组在空间互成 90°的绕组）和永磁式两种，常用永磁式。

3.4.2 光电式转速传感器

光电式转速传感器是由装在被测轴上的带缝隙圆盘、光源、光敏器件和指示缝隙盘组成，如图 3-29 所示。当光源发出的光，通过带缝隙圆盘和指示缝隙盘照射到光敏器件上，在带缝隙圆盘随被测轴转动时，由于圆盘上的缝隙间距与指示缝隙间距相同，因此圆盘每转一周，光敏器件输出与圆盘缝隙数相等的电脉冲，测出转速 n 如下：

$$n = \frac{60N}{Zt} \tag{3-8}$$

式中 n——转速（r/min）；

N——计数器所计脉冲数；

Z——圆盘缝隙数，或反射标记数；

t——测量时间（s）。

利用两排缝隙与指示缝隙的相位差，可判别正反转。光电式转速传感器分透光式与反射式，如图 3-30 所示。

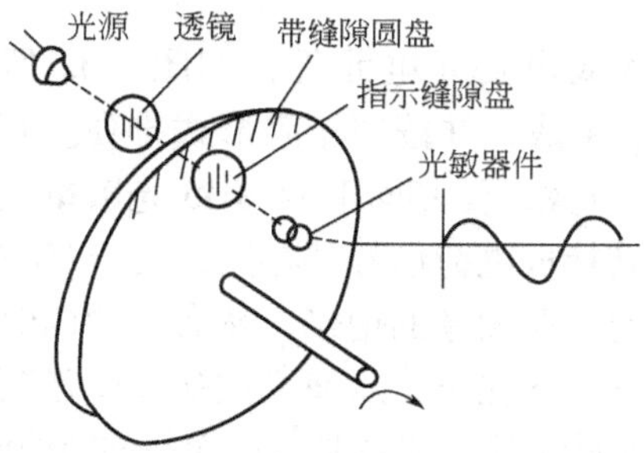

图 3-29 光电传感器测量转速原理图

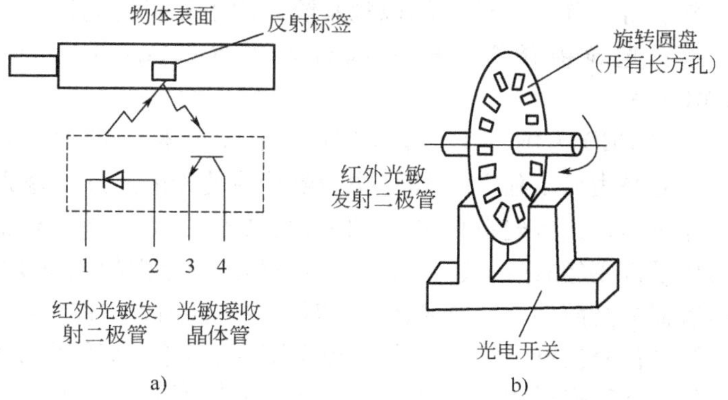

图 3-30 透光式与反射式光电传感器测量转速原理图

a）反射式 b）透射式

利用以上原理制成的红外光电转速测试仪，常用于回转轴运转速度的测量，只要在待测回转轴上粘贴一个白色反射标签，然后用红外光电测速仪对准反射标签测量即可。

3.4.3 光电编码器转速传感器

在数控机床、机器人等伺服系统中，增量式光电编码器常用做位置反馈测量信号，如果用频率-电压转换器将脉冲频率转换成正比于频率的信号电压，即可同时用于机床进给伺服电动机的速度反馈信号。所以，一个传感器起两种用途，如图 3-31 所示。

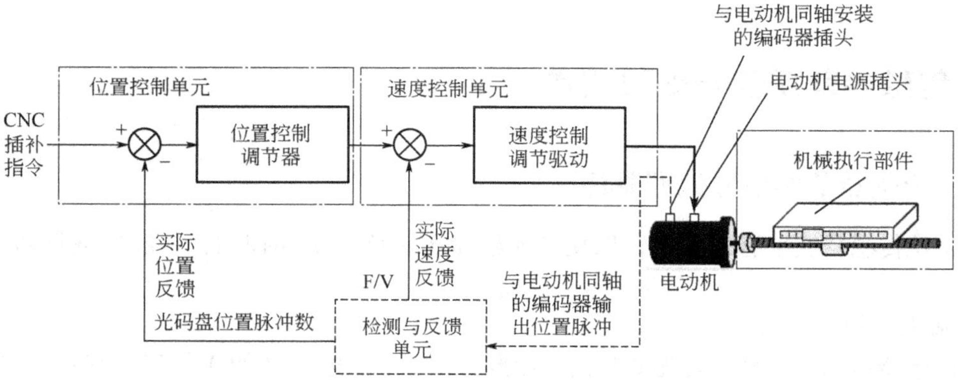

图 3-31 伺服系统中用光电编码器测量位置、转速与反馈图

3.5 图像传感器

图像传感器是以光电转换为基础，利用光敏元件将光信号转换为电信号的传感器件。它的敏感波长在可见光波长附近，包括红外线波长和紫外线波长。图像传感器在机电一体化系统中有着广泛应用，例如：进行物体形状、尺寸缺陷、工件损伤等检测；作为光学信息处理装置的输入环节，可用于传真技术、光学文字识别技术、传真等，如摄像机、扫描仪、读卡机等；作为自动化流水线装置中的敏感器件，用于机床、自动售货机、自动搬运车及自动监视装置等；作为机器人的视觉系统，用于障碍物避让和机器人运行监控等。图像传感器器件包括：光导摄像管、电荷耦合器件（Charge Couplet Devise，CCD）和图像传感器件CMOS等。

以CCD为例，其工作原理如下：CCD是一种大规模集成电路光电元件，如图3-32所示。它是由大量独立的MOS电容器构成的光敏元件（像素）组成，并按照矩阵形式排列。其工作过程是：首先由光学系统将被测物体在CCD的受光面上成像，受光面下的MOS光敏单元形成了许多像素点，这些像素点将投射到它上面的光强变化转换成电荷信号并存储；由于MOS电容器受光照储存的电荷在一定时间内不会消失，即实现了对光照图像的记忆；然后在片内时钟脉冲信号控制下，将反映光照图像的被存储电荷信号读取并顺序输出，从而完成从光图像到电信号的转换过程。一块CCD上包含的像素越多，所提供画面分辨率就越高。一个个的MOS电容器可设计排列成一条直线呈线阵列，接收一条光线的照射；也可排列成二维平面呈面阵列，接收一个平面的光线的照射。CCD摄像机、照相机就是通过透镜把外界的景象投射到二维MOS电容器面阵上，产生MOS电容器面阵的光电转换和记忆，如图3-33所示。

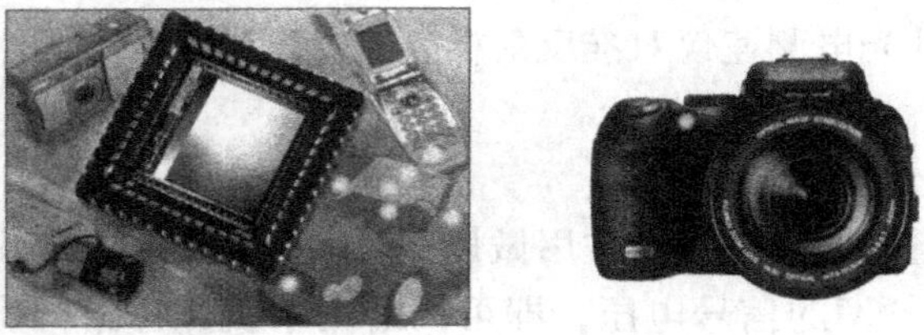

图3-32　CCD传感器集成电路及其应用

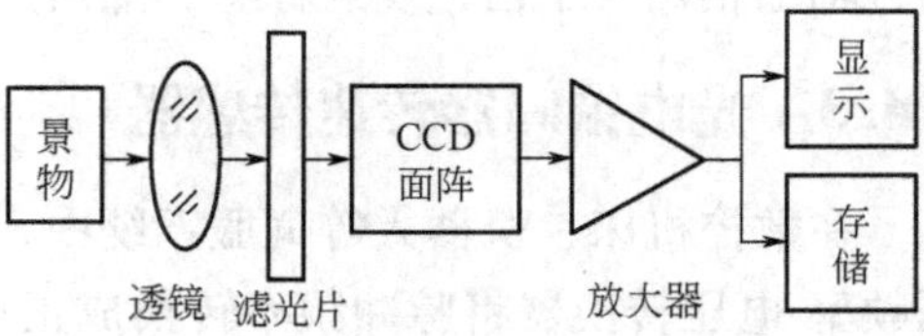

图3-33　MOS电容器面阵的光电转换

3.6 传感器前期信号处理技术

3.6.1 传感器前期信号处理概述

为了从传感器获取有用信息，以便控制器做出正确判断和控制，一般要进行两个处理过程。

1. 放大转换与隔离

对传感器检测的信号，首先要转换为标准模拟电压、电流（如0～10V、0～10mA、4～20mA）或频率等信号，然后经功率放大处理传输至计算机。为防止干扰进入计算机，还需采取光电隔离或变压器隔离等措施。

2. 采样输入与处理

传感器输出的信号一般是电参量信号，包括电压、电流和频率等模拟量信号，其中以电压形式居多。电流和频率信号也可通过相应变换器转换为电压输出，如电流-电压（I-V）或频率-电压（F-V）变换器。目前控制器多为数字计算机，对传输来的传感器模拟信号首先要进行采样输入控制，然后进行模数转换即 A-D 转换，方可输入计算机。经计算机控制器运算、处理后输出的是数字控制信号，为驱动伺服电动机和电磁阀等执行机构，还必须将数字信号转换成模拟信号即 D-A 转换。此外，还有 F-V 转换、计算机采样（采样控制与采样保持）、信号滤波与线性化处理等，有的还要进行频谱分析与相关分析，这些就是传感器前期信号处理技术。机电一体化系统的前向通道与后向通道前期信号的处理配置如图 3-34 所示。如果采用数字式传感器和数字伺服驱动系统，用数字串行通信总线进行信号传输，采样输入与计算机控制器输出的信号处理与连接就简单多了，这是目前传感器技术与伺服驱动技术发展的方向。

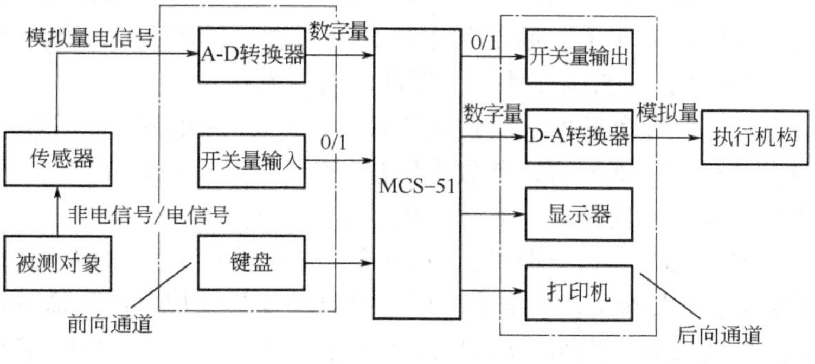

图 3-34　前向通道与后向通道信号配置图

3.6.2　传感器信号的放大隔离与转换

1. 测量运算放大器

传感器输出信号经过远距离传输，往往信号已经很弱而且还包含各种干扰信号，因此首先要进行功率放大，一般多用集成运算放大器来进行。因为该类型放大器具有很高的输入阻抗、高共模抑制比、高增益和低噪声等特点，不但能放大而且可以抑制干扰信号。

图 3-35 是一个由三个运算放大器组成的测量放大器实用电路原理图，图 3-36 是 AD522 型的集成电路芯片。

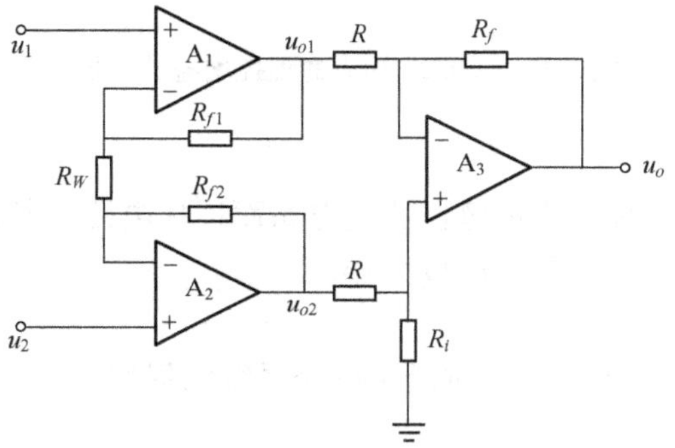

图 3-35　测量放大器电路工作原理图

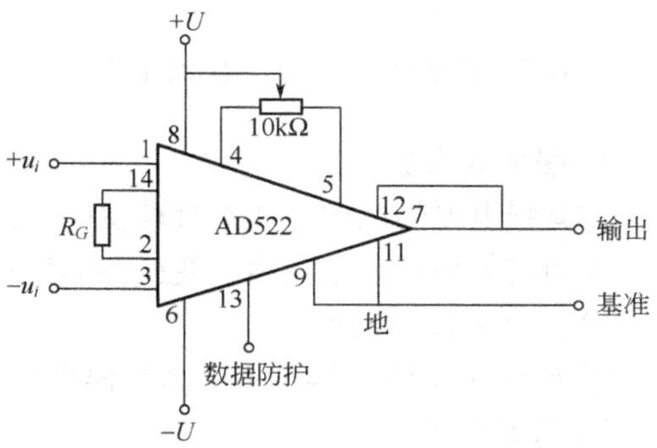

图 3-36　AD522 型集成电路芯片

在图 3-36 中，差动输入端 U_1 和 U_2 分别是两个运算放大器（A_1、A_2）的同相输入端，接传感器输出，因而输入阻抗很高。采用对称电路结构，保证了较强的抑制共模信号能力，A_3 实际上是一个射极跟随器，其增益近似于 1。测量放大器的放大倍数为：

$$A_U = U_0/U_2 - U_1 \tag{3-9}$$

$$A_u = \frac{R_f}{R}\left(1 + \frac{R_{f1} + R_{f2}}{R_W}\right) \tag{3-10}$$

该电路只要 A_1 与 A_2 性能（输入阻抗、增益）对称，则其漂移小、输入阻抗及共模抑制比高，特别适合远距离传输来的传感器微弱信号的放大处理。显然，R_W 可用来调整放大倍数。

2. 程控增益放大器（PGA）

如前所述，传感器输出的模拟信号经过放大处理后，送入计算机前要进行 A-D 模数转换。但传感器信号随工艺参数变化有强弱变化，为减少转换误差，对传感器来的模拟信号要进行标准化处理，这就需要放大器的增益（放大倍数）能随着传感器信号强弱自动改变，而不是固定不变。如图 3-37 所示，通常利用计算机通过软件控制 S_1、S_2、S_3 开关的通断，切换运放反馈电阻的办法，来自动变换放大器的增益。例如：

当开关 S_1 闭合，S_2、S_3 断开时，其放大倍数为：$A_{uf1} = -R_1/R$；

当开关 S_2 闭合，S_1、S_3 断开时，其放大倍数变为：$A_{uf2} = -R_2/R$；

当开关 S_3 闭合，S_1、S_2 断开时，其放大倍数变为：$A_{uf3} = -R_3/R$。

显然，选择不同的开关闭合，即可突显放大器增益的变换，通常用软件根据需要自动闭合开关即自动切换运算放大器反馈的电阻，以达到自动变换模拟量放大器的增益。如图 3-38 所示为用 AD521 测量放大器与 4052 模拟开关集成电路（4 位）组成程控增益放大器的实用电路。该电路是通过控制 4052 电路的 D_0、D_1 逻辑值，来改变 AD521 的 2 引脚与 14 引脚之间外接电阻的办法，自动实现增益控制的。

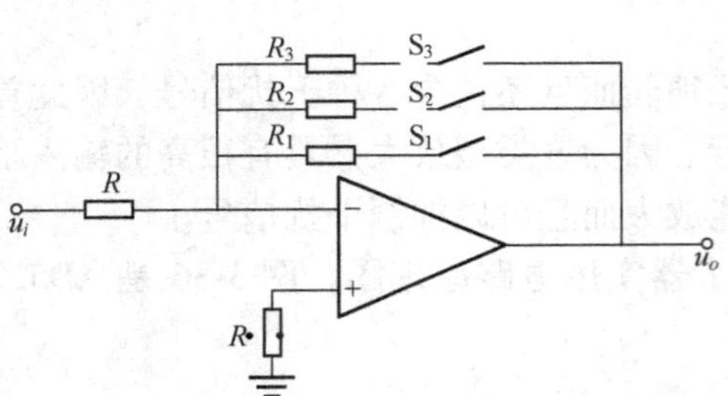

图 3-37　程控增益放大器电路原理图

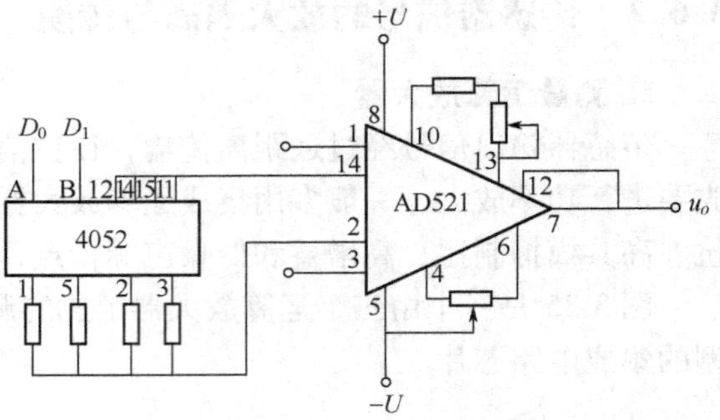

图 3-38　AD521 构成的程控增益放大器

3. 隔离放大器

在有强电或强电磁工业干扰环境中，为防止干扰窜入传感器测量电路而损坏电路，其信号输入通道要采用光电隔离与变压器隔离技术，这就需要隔离放大器。

（1）隔离放大器特点

① 能保护系统元器件不受高共模电压的损害，防止高压对低压信号系统的损坏；

② 泄漏电流低；

③ 共模抑制比高，能对直流或低频信号进行准确、安全的测量。

（2）隔离放大器基本电路

如图3-39是美国AD公司产AD284变压器型隔离放大器电路，它是40引脚双列直插式芯片，由四个基本电路组成：

① 输入部分包括双极型前置放大器、调制器；

② 输出部分包括解调器、滤波器及缓冲运算放大器；

③ 信号耦合变压器；

④ 隔离电源。

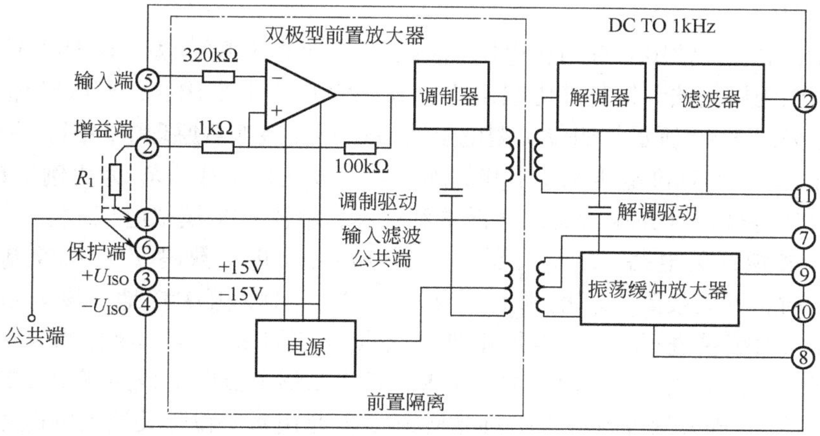

图3-39　AD284型隔离放大器电路结构图

该电路采用调制式放大，其内部分为输入、输出和电源三个彼此相互隔离的部分，通过超小型低泄漏高频载波变压器耦合在一起。经变压器耦合，将电源电压送到双极型前置放大器等输入电路，再将经前置放大器放大的信号通过调制解调器、低通滤波器、缓冲放大器等输出电路处理后输出。

4. A-D转换器与D-A转换器

传感器检测的模拟信号经放大、运算、隔离、采样与采样保持等处理后，需用A-D转换器转换成数字信号，送往数字控制计算机。经计算机处理后输出的又是数字信号，如果输出到模拟量的执行装置如伺服电动机、电磁阀等，还需要经D-A转换器将数字信号转换成模拟信号。D-A转换器又是A-D转换器的必不可少的组成部分，下面先介绍D-A转换器。

（1）D-A转换器

① D-A转换器原理。

D-A转换器实质上是一种译码电路。若输入量是二进制的数字信号D和基准电压U_{REF}（例如满度标准量值0～16V），输出量为模拟信号U_0，则输出和输入的关系是：

$$U_0 = U_{REF}D \tag{3-11}$$

显然，D是一个小于1的二进制数，则D按二进制可展开为：

$$D = (0.d_n d_{n-1}\cdots d_0)_2 = (d_n 2^{-1} + d_{n-1}2^{-2} + \cdots + d_0 2^{-n})_{10} \tag{3-12}$$

则：

$$U_0 = U_{REF}(d_n 2^{-1} + d_{n-1}2^{-2} + \cdots + d_0 2^{-n})_{10} \tag{3-13}$$

$$U_0 = U_{REF}(0.d_n d_{n-1}\cdots d_0)_2 \tag{3-14}$$

例如：当$U_{REF}=16V$，$D=0.1101$，求D所对应的模拟量U_0。

解：0.1101 所表示的十进制数为：$0.1101=1\times1/2+1\times1/4+0\times1/8+1\times1/16=13/16$，当参考标准电压 $U_{REF}=16V$ 时，0.1101 就代表 $U_0=16\times13/16=13V$，而 0.1111 则代表 15V。式（3-13）即是二进制 D-A 转换的基本函数式，式中 $d_nd_{n-1}\cdots d_0$ 为待转换的二进制代码（0、1）。可见，一个二进制数是由各位代码组合起来的，每位代码在二进制数中的位置都具有相应的权 2^{-1}、2^{-2}、…、2^{-n}。为了将数字量转换成模拟量，应将每一位代码按权数大小转换成相应的模拟输出分量，然后根据叠加求和原理把各代码所对应的模拟输出分量相加，其总和就是与该数字量成正比的模拟量，由此完成 D-A 转换。

② D-A 转换方法。

D-A 转换的方法很多，常用的有加权电阻网络法和 T 型电阻网络法，现 D-A 转换器集成电路多采用 T 型电阻网络法。因每节电阻网络由 R、$2R$ 两个电阻构成，所以又称为 R-$2R$ 的 T 型电阻网络。如图 3-40 所示是四位 T 型电阻网络的 D-A 转换器原理电路图，它由 R-$2R$ 电阻网络、模拟开关、U_{REF}基准电压源、求和的加法运算放大器组成，R_F 为比例反馈电阻。加法运算放大器对从各模拟开关输入的信号做求和运算，输出量是模拟电压 U_o。$S_0\sim S_3$ 是场效应集成电路的模拟开关电路。$S_0\sim S_3$ 的通、断分别由二进制数码 $d_0\sim d_3$ 控制，当 d_i $(i=0\sim3)$为“1”时，开关接到 U_{REF} 电源上；当 d_i 为“0”时，开关接地。该电路采用分流原理，实现对输入数字量进行转换。当图中某位数码 d_i 例如 d_0 为 1 其余位均为 0 时，对应的该位开关 S_i 接入 U_{REF}即为 1，其他开关则接地，那么从该节点向上或向下看，等效电阻都是 $2R$，而从 $S_0\sim S_3$ 看进去的等效输入电阻都是 $3R$。于是由每一位开关流入的电流 I 可以看做相等，即 $I=U_{REF}/3R$。这样由 $d_3\sim d_0$ 控制模拟开关 $S_3\sim S_0$ 流入运算放大器的电流，自上而下以 1/2 系数逐渐递减，依次为 $1/2I$、$1/4I$、$1/8I$、$1/16I$，即得到了每位数码所对应的权数 2^{-1}、2^{-2}、2^{-3}、2^{-4}，则对应二进制数 $d_3d_2d_1d_0$ 所转换的输出模拟量电压值为：

$$U_0=-R_F\sum I_i=-(R_F\times U_{REF}/3R)\times(d_3\times2^{-1}+d_2\times2^{-2}+d_1\times2^{-3}+d_0\times2^{-4}) \quad (3\text{-}15)$$

若取 $R_F=3R$ 则有：

$$U_0=-U_{REF}/2^4\times(d_3\times2^3+d_2\times2^2+d_1\times2^1+d_0\times2^0)=-\frac{U_{REF}}{2^4}\sum_{i=0}^{3}d_i2^i \quad (3\text{-}16)$$

同理，当输入量是 n 位二进制数时，则有：

$$U_o=-\frac{U_{REF}}{2^n}\sum_{i=0}^{n-1}d_i2^i \quad (3\text{-}17)$$

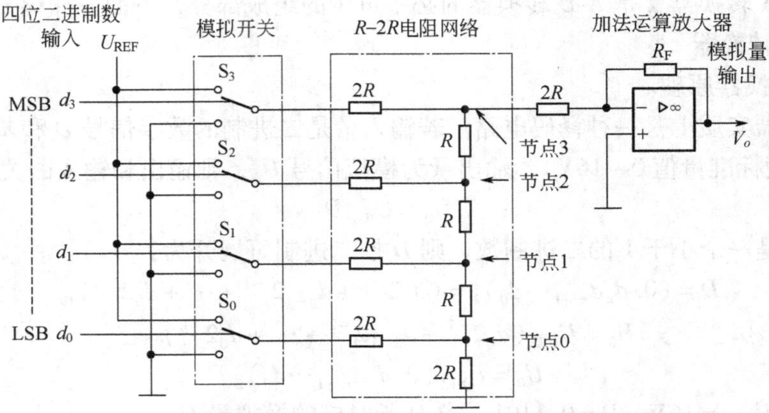

图 3-40　四位 T 型加权电阻网络 D-A 转换原理图

（2）A-D 转换器

① A-D 转换器原理。

要将来自于传感器的模拟信号 $f(t)$ 输入数字控制计算机，必须先转换成数字信号。如图 3-41 所示，每隔一定时间间隔 Δt，对模拟信号的瞬时值采样一次，并在 Δt 内保持该数值，即将该模拟量转换成在时间上和幅值上都离散的信号。实际上是在纵坐标上把 $f(t)$ 分为均等的若干层，每一层由一个代码来代表，横坐标为均等的时间间隔 Δt，当采样值落到哪一层，就用这一层的数字代码来表示。当落在中间就四舍五入，用就近层的数字代码表示。

例如 $f(0t)$ —0110　　$f(1t)$ —0011

$f(2t)$ —0010　　$f(3t)$ —0001

$f(4t)$ —0010　　……。

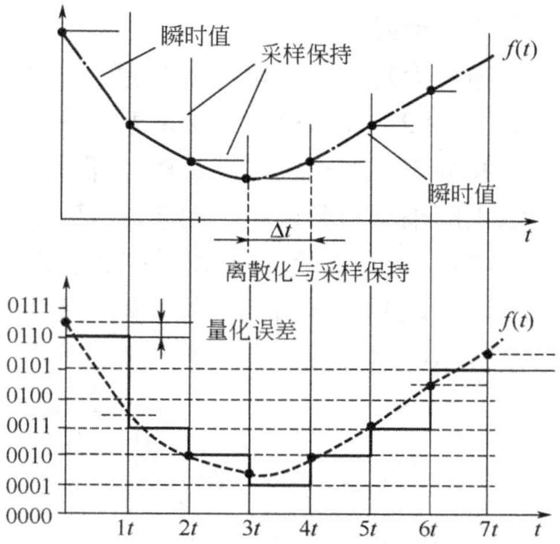

图 3-41　A-D 转换器原理

这样就把模拟量函数 $f(t)$，按照时间序列转换成一组以数字代码为代表的小矩形来近似，若把它们叠加起来，就会还原成原来的模拟函数 $f(t)$。就像用一组系列砝码在天平上称一个未知质量物体的过程一样，系列砝码就是各位权重，当用去大（数码为 0）留小（数码为 1）的逐次逼近方法，就得到各权重位置的二进制数码。为了能真实地用数字量反映模拟量变化，采样时间间隔 Δt 必须满足以下采样定律：

$$\Delta t = 1/2f_m \tag{3-18}$$

式中，Δt 是采样时间间隔；f_m 是模拟信号最大采样频率。

② A-D 与 D-A 转换器电路。

A-D 与 D-A 转换器电路按位数、转换速度和转换精度等来分有多种类型的集成电路芯片，根据工程具体要求选用，特别要注意与单片机匹配。

与 8 位单片机匹配的典型 8 位 A-D 转换器有 ADC0809，D-A 转换器有 DAC0832，它们的特性及与单片机连接将在第 5 章“工业控制计算机与接口技术”中讲述。

3.6.3　传感器信号的采样输入与处理

1. 传感器信号的采样输入

由前述传感器将非电物理量转换成电信号后，经隔离、放大再经模-数（A-D）转换，进入控制计算机。由于 A-D 转换器有一个等待转换时间，只有在等待前一时间采样的传感器信号转换好后，后一时间采样的信号方可进入，控制不好将产生较大转换误差。在 A-D 转换器每一次开始转换时，必须先将输入信号用采样/保持器保持住，待这一次转换完成后再继续跟踪传感器信号变化。因此，采样/保持器相当于模拟信号的“存储器”。

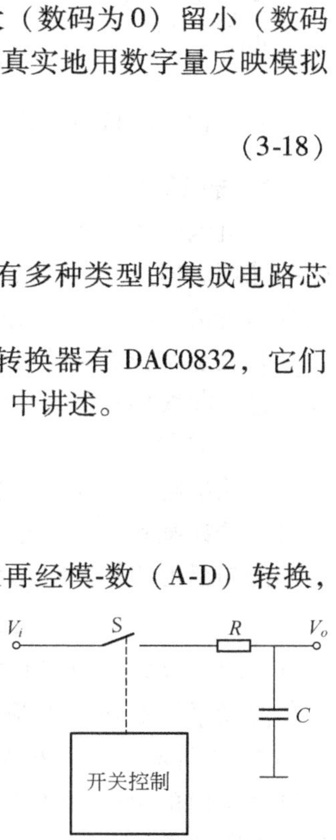

图 3-42　采样/保持器电路

采样/保持器电路如图 3-42 所示，它是由存储器电容 C、模拟开关 S 等组成。当 S 接通时，输出信号跟踪输入信号，称为采样阶段。当 S 断开时，电容 C 两端一直保持 S 断开前的电压，称为保持阶段。而 S 开关的通断，由控制计算机程序设计根据信号变化速率，设定一定的采样频率控制。电容 C 的大小要合适，泄漏要小。

随着大规模集成电路的发展，已生产出适合不同采样要求的高、中、低频率集成电路。例如 AD582、AD583、LF398 等。LF398 电路原理图如图 3-43 所示，A_3 是比较器，其输出驱动开关 K。当输入控制逻辑电平高于参考端电压时，A_3 输出低电平驱动开关 K 闭合，此时输入的采样信号经 A_1 跟随输出到 A_2 放大后输出，被 A-D 转换器采样，同时向保持电容（接 6 端）充电；而当输入的控制逻辑电平低于参考电压值时，A_3 输出高电平驱动开关 K 断开，以实现非采样时间内保持输入信号不变。LF398 采样时间小于 6μs、精度达 0.01%，其典型应用电路如图 3-44 所示。

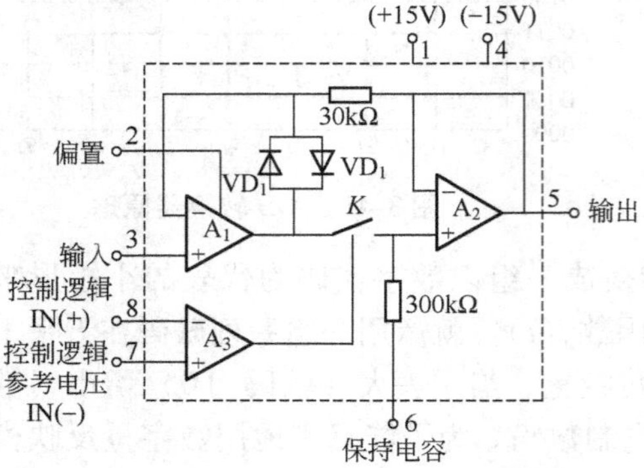

图 3-43　LF398 采样/保持器原理图

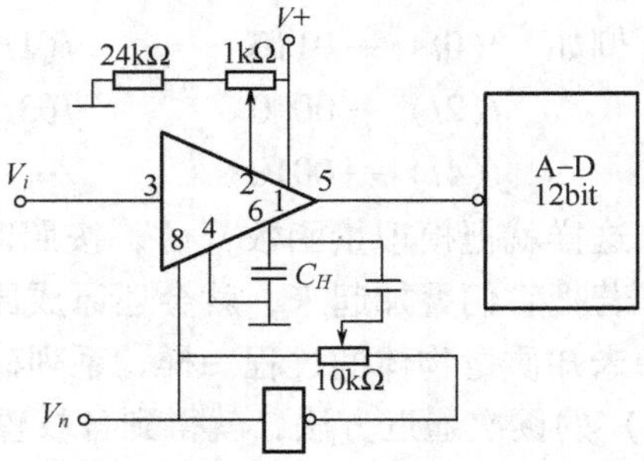

图 3-44　LF398 典型应用电路

2. 传感器信号的非线性补偿

在机电一体化系统控制与显示等设计时，总希望传感器线性好、灵敏度一致，以简化问题的处理。但是，很多检测元件如热敏电阻、半导体应变片都呈现出不同程度的非线性，尤其当测量范围较大时非线性还很大。非线性补偿是一个棘手的问题，过去多用硬件电路补偿，既复杂又很难补偿到位，而且只在某一范围内有效。随着计算机技术的发展，用计算机软件进行非线性补偿，使该难题变得更容易处理。通常有以下三种方法。

（1）计算法

当输出电信号与传感器参数之间存在确定的函数关系时，例如某陶瓷热敏电阻 NTC 在 0°～200℃ 范围内的电阻值与温度特性曲线函数关系式为：

$$R_T = R_0 e^{B\left(\frac{1}{T}-\frac{1}{T_0}\right)} \tag{3-19}$$

式（3-19）是以 e 为底的指数函数，显然该 NTC 是非线性负温度系数的热敏电阻传感器，其 R_T-t 特性曲线图如图 3-45 所示。式中 R_0 为 20°C 时的电阻值（Ω）；R_T 为温度为 T 时的电阻值（Ω）；T 为热力学温度（K）；B 为热敏电阻常数（与材料有关），可用实验求得。因而，依据以上公式编制一个计算程序，可以方便求得任意温

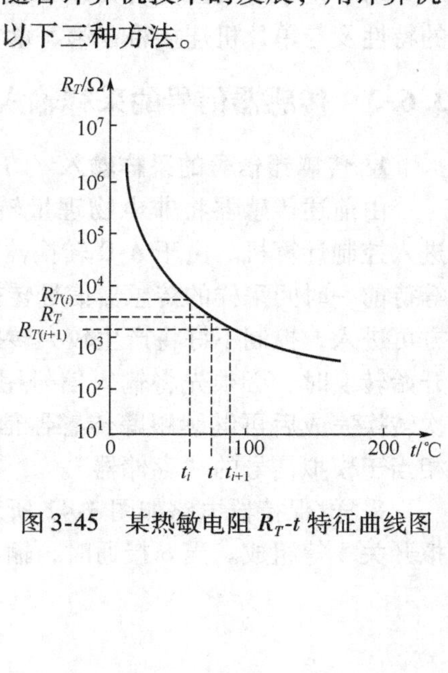

图 3-45　某热敏电阻 R_T-t 特征曲线图

度下所对应的 R_t 数值。在实际工程中，往往没有现成的函数表达式，可以通过先用实验或计算机实时采样方法，得到被测参数和输出电压信号的一组数据，再应用线性代数中的曲线拟合方法求得工程近似曲线，然后编出非线性补偿子程序。

（2）查表法

用计算机编制专用计算子程序的方法来解决非线性问题，虽然简单但当函数式比较复杂，例如包括三次方、开方、微积分等的运算时，用汇编语言编程就比较麻烦了。此时用查表方法就可以解决，只需把预先计算好或测得的各点数据按一定顺序制成表格存放在存储器中。例如将某陶瓷热敏电阻 NTC 的电阻值按顺序每隔 0.1℃制表放在存储器中，到时根据测得的电阻数值，查表逐一比较即得所对应的温度值。为提高温度测量精度，还可以进行插值运算处理，如图 3-46 所示为顺序查表法程序流程图。

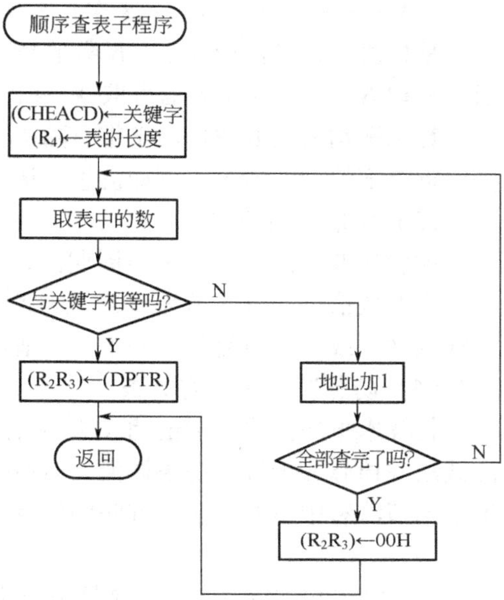

图 3-46 顺序查表法子程序流程图

（3）插值法

查表法虽简单但占用内存单元多，对于复杂工程因在数据量庞大、计算机内存紧张时不宜采用。此时可考虑充分发挥计算机的运算能力，使用插值计算法，以减少列表点和测量次数。

插值法基本原理是：把某一函数曲线（图 3-45）按精度需要等分成若干区间段，每个区间曲线可用一个小直线段来近似。把这些小区间相对应小直线段的斜率预先存放在存储器中，然后根据测量值看落在哪个小区间段内，将对应区间的小直线段斜率取出，由斜率与测量值具体区间位置值，用点斜式方程计算出其对应值。

3. 传感器信号的数字滤波

（1）数字滤波概述

在传输至计算机系统的传感器信号中，一般都含有各种噪声和干扰信号，主要来自被测信号本身及外界干扰。如果不采取滤波措施去粗存精、去伪存真，则会使控制器控制失灵，甚至引起灾难性后果。滤波方法有硬件方法与软件方法，硬件方法如用 R、L、C 器件构成 R 形、π 形滤波或噪声吸收电路；软件方法如算式平均值法、中值滤波法等数字滤波方法。数字滤波通过一定的计算或判断来提高信噪比，与硬件 RLC 滤波器相比具有以下优点。

① 软件滤波方法能用程序实现，不需要硬件，并且多通道共用，经济、可靠。

② 工业现场电磁波干扰频率很难确定，软件滤波可通过参数自动调整，具有方便、灵活、效果好等特点。而用硬件如阻容式或电感式滤波电路，则由于器件参数选择和调整困难，低频滤波效果差。

③ 灵活。有不同滤波数学模型的程序，可实现不同方法的滤波，或根据滤波效果灵活自动调整参数。

（2）算术平均值法

算术平均值法就是寻找一个 Y 值，使该 Y 值与各采样值间误差的平方和为最小，即：

$$Y = \frac{1}{N}\sum_{i=1}^{N} x_i \tag{3-20}$$

式中　x_i——第 i 次采样值；

Y——数字滤波器输出；

N——采样次数（4～12 次）。

采样次数视具体情况定，N 数值越大平滑度就越高，但灵敏度低，计算量大。一般对流量信号取 $N=12$，对压力信号取 $N=4$。

算术平均值法滤波适用于带有随机干扰的信号滤波，特别适用于信号本身在某一数值范围附近上下波动的情况，例如流量、压力等信号的测量。

（3）中值滤波法

中值滤波法是在三个采样周期内，连续采样读入三个检测信号 X_1、X_2、X_3，选数值居中的为有效信号，可表示为：若 $X_1<X_2<X_3$，则 X_2 为有效信号。中值滤波能有效滤去偶然因素波动，或误码引起的脉冲干扰，适用于缓慢变化的信号，不适用于快速变化的信号。

（4）防脉冲干扰平均值法

将算术平均值法与中值滤波法结合起来，便可得到防脉冲干扰平均值法。它是先用中值滤波法滤掉脉冲干扰的伪采样值，然后把余下的采样值进行算术平均。显然，此法兼顾了算术平均值法和中值滤波法两方法的优点。若 $X_1<X_2\cdots X_n$，则

$$Y=(X_2+X_3+\cdots X_{n-1})/n-2 \tag{3-21}$$

式中，$3<n<14$ 当 $n=3$ 时，就是中值滤波法。其他还有程序判断滤波法，如上、下限滤波法，限速滤波法等。

习　题

1. 什么是传感器检测？举例说明。

2. 传感器的三大组成部分是什么？各有什么作用？

3. 为什么霍尔传感器常用做无接触式测量机械位移的接近开关？其基本原理是什么？

4. 在一个连接在机床主轴的旋转圆盘上，贴有 2 个反射标签，当使用反射式光电传感器来测量主轴转速时，在 30s 内计数得 2000 个脉冲，问主轴转速是多少（r/min）？

5. 常用光栅尺来测量数控机床进给轴的位移，这是利用了指示光栅在随床身运动时，与主光栅产生的莫尔条纹，而莫尔条纹有放大微小位移的作用，试简述其工作原理是什么？

6. 增量式与绝对式光电编码盘，测量角位移有什么不同？绝对式光码盘为什么要用格雷码作编码？本章中图 3-22、图 3-23 各用了什么类型的编码器，为什么？

7. 增量式编码器的四倍频细分技术有什么作用？如果装在机床进给电动机同轴上的光电脉冲编码器选用了 2500 脉冲/每转，电动机驱动丝杠轴螺距为 10mm，求转角位置反馈精度能达到多少？

8. 传感器前期信号处理电路有什么作用？常用电路有哪些？

9. 什么是数字滤波？常有哪几种方法，各有什么特点？

第4章　伺服驱动技术

4.1　伺服系统概述

机电一体化系统中伺服驱动技术是指伺服执行系统以及与传动机构相匹配的一些技术问题。伺服执行系统简称伺服系统，也称为随动系统，它是一种能够跟踪并执行控制器输出指令信号，以实现位置、速度与转矩等控制目标的自动控制系统。

伺服（Servo）就是执行主人命令，这里主人就是计算机控制器。在控制指令的指挥下，使机械系统的运动部件按照指令要求运动。伺服系统主要用于机械运动位置和速度等动态控制，在数控机床、工业机器人、坐标测量机和运料导引车等设备中得到广泛的应用。例如以数控机床为代表的机电一体化产品，利用光电编码器或光栅尺等传感器检测并反馈位置与速度等信息，由数控计算机与预定的控制目标值进行分析、比较与运算处理，然后发出控制指令，经功率放大后驱动伺服电动机与传动机构转动，带动执行机构如工作台或自动刀架等运动，自动实现零件切削控制。

1. 伺服系统的组成

伺服系统的结构类型多种多样，其组成和工作状况也不尽相同。一般来说，其基本组成包括：伺服控制器、功率放大器、伺服执行装置和传感器检测装置等，如图4-1所示。

（1）伺服控制器

伺服控制器接收控制指令，与运动机构的实时位置、速度等参数进行比较，其偏差经PID（比例、积分、微分）调节校正处理，然后发出控制指令给伺服执行装置。

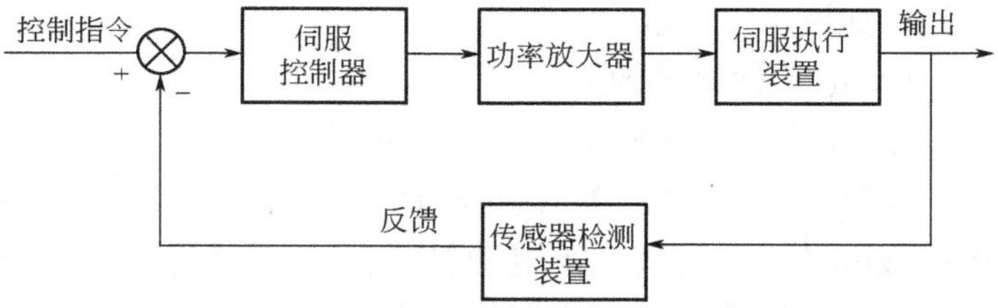

图4-1　伺服系统组成结构框图

（2）功率放大器

伺服控制器通常由电子电路或计算机构成，输出数字或模拟的弱电信号，不足以驱动电动机、电磁阀等伺服执行装置完成某种操作，必须进行驱动功率放大。在现代机电一体化系统中的功率放大器，主要采用的是各种电力电子器件。

（3）伺服执行装置

伺服执行装置主要由执行元件如伺服电动机、液动伺服驱动装置、气动伺服驱动装置和传动机构以及执行机构等组成。因为电动机取得电源及与控制计算机接口方便，所以目前在机电一体化系统中多采用电动机作为执行元件。伺服电动机包括步进电动机、直流伺服电动机、交流伺服电动机和直线电动机等。传动机构是传递伺服执行装置的能量机构，例如将电动机的电能转换为机械能，以改变机械运动部件的运动速度、方向、转矩和范围。常用的传动机构有：齿轮减速机构、同步带、滚珠丝杠、谐波齿轮及导向、支承结构等。伺服电动机与传动机构之间有功率、惯性转矩、动静态特性等匹配问题，设计时必须要整体考虑。

（4）传感器检测装置

传感器检测装置用来实时检测被控机械运动的位移、速度、转矩等参数，并反馈到伺服系统的控制器。如第 3 章所述，在机电一体化系统中常用来检测机械运动部件位移的有光栅尺、光电编码器、同步感应器、旋转变压器等，用来检测机械运动部件速度的有测速发电机、光电编码器等。传感器检测装置是决定机电一体化系统控制精度的重要因素，要求传感器检测装置不但精度高，而且线性好、响应快、可靠性高。

如图 4-2 所示的是具有 6 个自由度的机器人，该机器人各关节动作就是在机器人控制器控制下，由电动执行装置和齿轮减速传动机构来实现的。6 个自由度是：①手臂扫掠（腰左转或右转）；②肩旋转（肩向上或向下）；③肘伸展（肘缩进或伸出）；④俯仰（手腕上转或下转）；⑤侧摆（手腕左转或右转）；⑥回转（手腕顺时针转或逆时针转）。机器人各关节转动的位置与速度，由装于各关节伺服电动机内同轴安装的旋转变压器或光电编码器检测并反馈至机器人控制器，然后控制计算机控制手臂按程序预定轨迹运动。

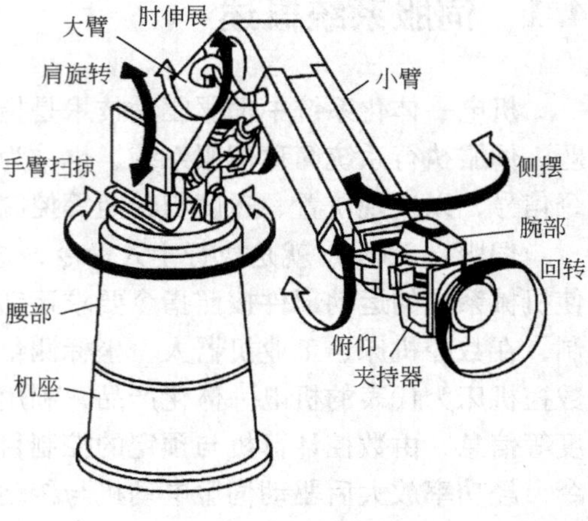

图 4-2　有 6 个自由度的工业机器人

2. 伺服系统分类

（1）按伺服执行装置类型分

伺服系统按伺服执行元件类型分，可分为电动执行装置、液动执行装置和气动执行装置三类，如图 4-3 所示。

1）电动伺服系统。

① 电动伺服系统执行元件如下：

实现回转运动的有步进电动机、直流伺服电动机、交流伺服电动机等；

实现直线运动的有直线电动机；

实现开关或继电逻辑动作的有电磁阀、继电器等。

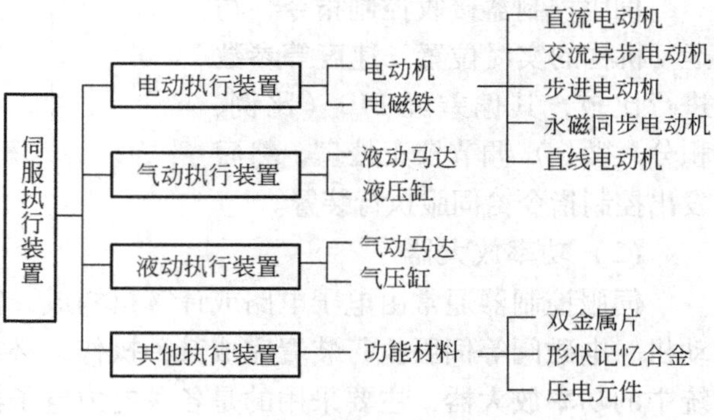

图 4-3　伺服系统按伺服执行元件分类

② 电动伺服系统特点　电动伺服系统获得能源容易，使用方便，与计算机接口方便。随着交流电动机变频调速与直线电动机新技术的发展，速度调整容易、响应快、范围宽。因不需要设置或较少设置齿轮、同步带等传动机构，大大简化了机械设计，使机械设计向轻、小、灵发展，因而在机电一体化产品中获得广泛应用。本章重点讲述电动伺服系统。

需要注意的是，机电一体化装置中所用各种电动机称为伺服电动机，它必须有驱动控制放大器，向上接收控制计算机的输出，向下驱动电动机运转，并且其转矩与转速可以按要求进行控制，这是与一般机床电气传动电动机所不同的。

2）液动伺服系统。

液动伺服系统如图 4-4 所示，液动执行元件主要有液压控制器、液压伺服放大器、伺服阀及液压执行机构。液压伺服装置如图 4-5所示，有液压油缸、液压马达和液压伺服调节阀等。常用于大功率推动机械，如压延机，轧钢机，工程机械等。液动伺服系统缺点是：易漏油、占地面积大，动态响应不如伺服电动机。

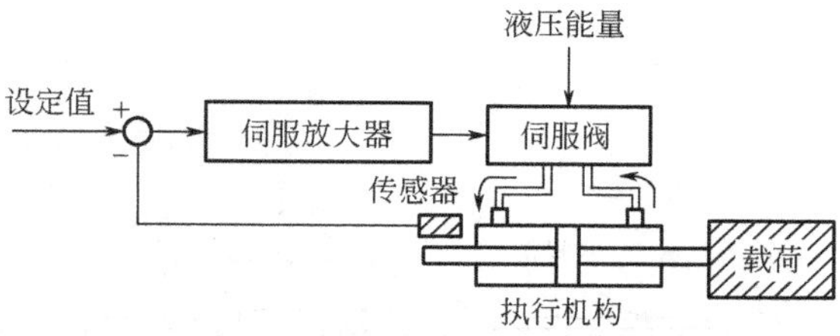

图 4-4　液动伺服系统

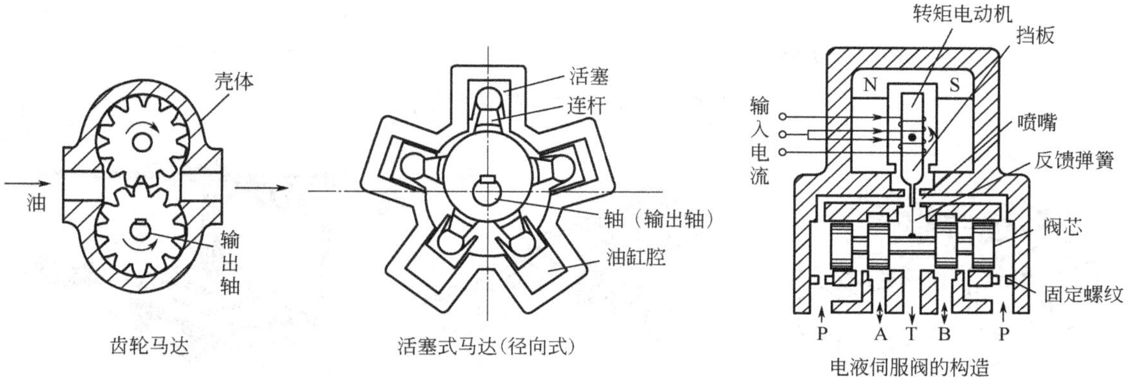

图 4-5　液压伺服装置

3）气动伺服系统。

气动伺服系统如图 4-6 所示，由电源、空气压缩机、过滤器、气动控制器和执行器构成。气动执行元件如图 4-7 所示，有气压缸、气动马达等。气动伺服系统突出优点是：气源方便、结构简单、动作快、不需要减速机构，适用于工件的夹紧、吸附、输送等自动化生产线上。图 4-8 给出了气动伺服系统在产品分拣、输送线、真空吸盘等的应用，在防燃、防爆要求高的地方获得广泛应用。气动伺服系统的缺点是：输出功率小、体积大、工作噪声大并且伺服控制难。

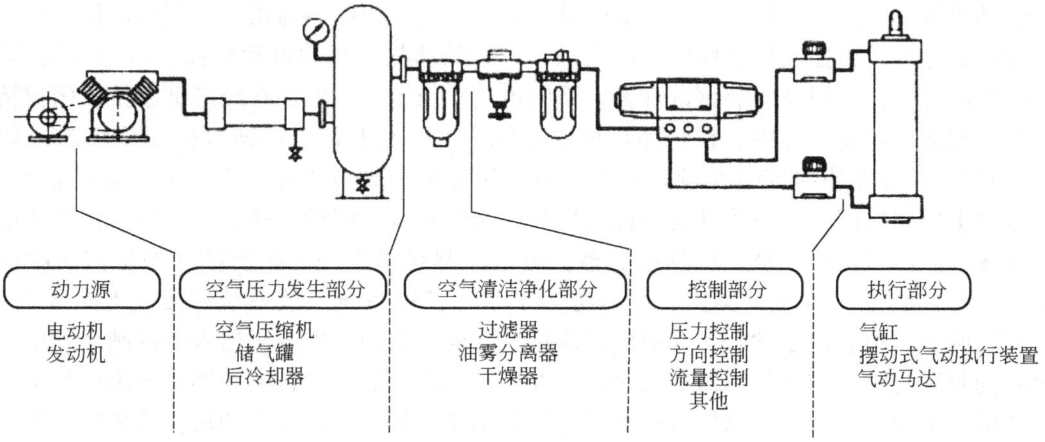

图 4-6　气动伺服系统

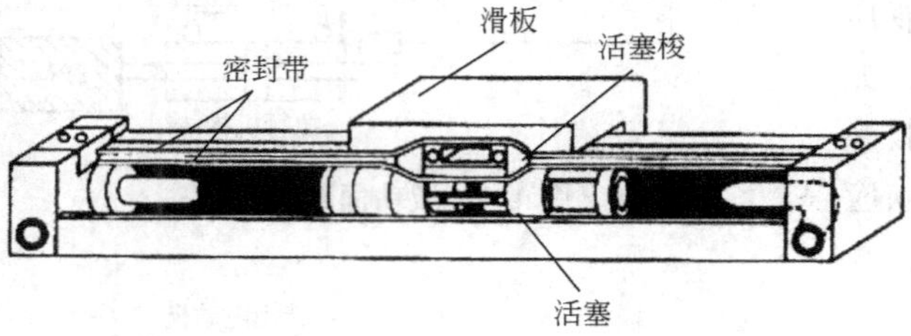

无杆气缸的结构

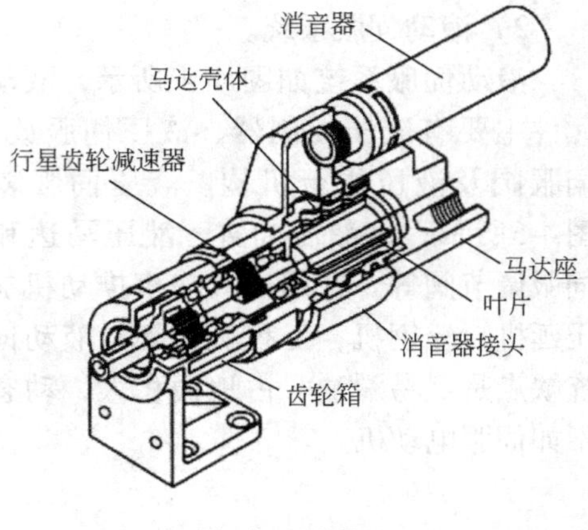

叶片式气动马达的结构

图 4-7　气动伺服装置执行元件

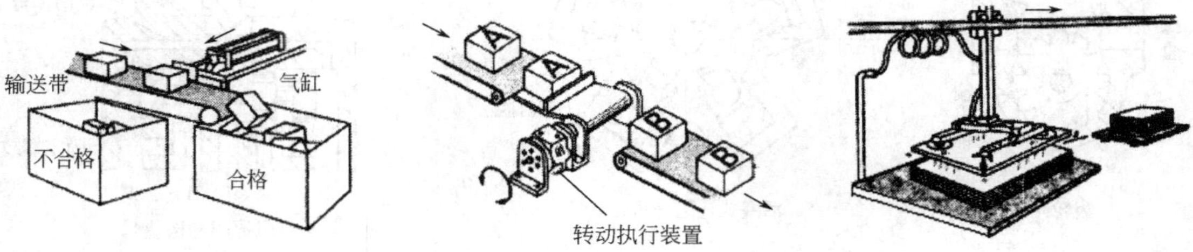

图 4-8　气动伺服系统系统的应用

a）物品的分检　b）输送线上的翻转装置　c）真空吸盘

（2）按检测反馈装置分类

伺服系统按有无检测传感器及传感器安装于何处来分类，可分为开环伺服系统、半闭环伺服系统、全闭环伺服系统三种，分别如图 4-9a、图 4-9b、图 4-9c 所示。

由图 4-9a、b、c 看出三种系统的最主要区别，就是在于传动装置或运动机械上有无安装以及在何处安装传感器的检测与反馈装置。在开环伺服系统中，没有安装位置或速度传感器，运动机械的位置或速度增量不能实时被检测并反馈至控制器与指令值进行比较，而只是根据给定目标值发出控制数字脉冲，经功率放大后驱动数字脉冲电动机如步进电动机运转。该系统控制精度差，但是安装调试容易，系统也比较稳定，一般用在经济型数控机床或精度要求不高的数控机械产品中。在半闭环伺服系统中，安装有位置或速度检测传感器（如光电编码器），但是不直接安装在运动机械如数控机床的刀架或工作台上，而是安装在与交、直流电动机内尾端同轴上或传动机构如滚珠丝杠副的末端，间接反映了运动机械位置或速度的变化量。该信号虽然也被反馈到控制器，但是控制环路以外的扰动量（如机械间隙造成的空回误差）并未包含在环路内，所以称为半闭环控制系统。该系统精度比开环系统高，系统安装调试简单、稳定性好，现被广泛应用在普通型数控机床或机器人等控制系统中。在全闭环伺服系统中，位置传感器如光栅尺是安装在运动机械工作台上而不是安装在与交、直流电动机内尾端同轴上，所以能直接检测与反馈运动机械的实时位置和速度等参数，能将环外扰动量一并反馈至控制器直至误差消除。全闭环伺服系统精度高，但是由于传动机构与运动机械扰动大，安装调试复杂，一般用于精度要求很高的系统中，如三坐标测量机以及高精度的数控机床等产品中。

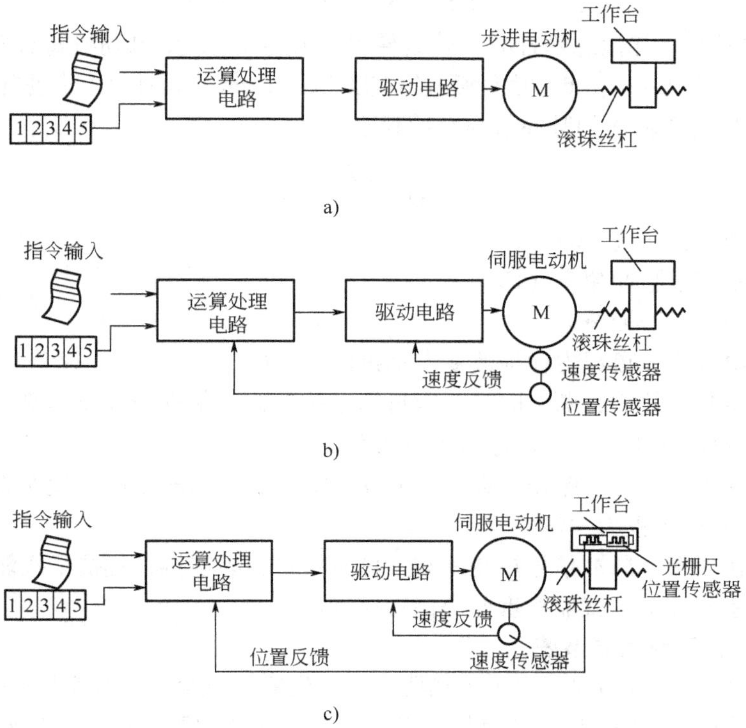

图 4-9　伺服系统按检测反馈装置特点分类

a）开环伺服系统　b）半闭环伺服系统　c）全闭环伺服系统

4.2　步进电动机伺服系统

4.2.1　步进电动机概述

1. 步进电动机定义

步进电动机是将电脉冲控制信号，转换成机械角位移的伺服驱动执行装置，所以步进电动机又称为数字脉冲电动机。每当给步进电动机定子输入一个脉冲信号时，步进电动机转子就旋转一个固定角度，称为步距角（如 1.5°/0.75°）。由于定子与转子的分度是在 360°圆周上闭合的，因此累积误差理论上为“零”。所以，可以认为步进电动机本身隐含了一个位置传感器，能获得一定的位置控制精度（如 0.01mm）。

2. 步进电动机特点

1）转过的角度与输入脉冲数成正比，转速与输入脉冲频率成正比。

$$\theta = N \cdot \beta \tag{4-1}$$

式中　θ——转过的角度（°）；

　　N——控制脉冲数；

β——步距角（°）。

若 $\theta=360°$，$\beta=0.9°$，电动机旋转一圈所需的控制脉冲数 N 为：

$$N=360°/\beta=360°/0.9°=400\text{p/r}\ （脉冲/转）。$$

当用步进电动机连接滚珠丝杠时，若其导程为 L_0(mm)，则电动机每旋转一圈时丝杠螺母就直线位移一个导程 L_0。由此，由伺服进给速度 F(mm/min) 可计算出步进电动机转速 $n=F/L_0$，并得到控制器需要输出的脉冲数与脉冲频率。

$$n=\frac{\beta}{360°}\times 60f=\frac{\beta f}{6} \tag{4-2}$$

式中 n——电动机转速（r/min）；

f——控制信号脉冲频率（Hz）；

$60f$——p/min（脉冲/分）。

2）改变通电顺序，可以方便地改变电动机转动方向。

3）电动机有自锁能力，断电时有一定自锁定位转矩，能保持既定位置（永磁与混合式有定位转矩，而反应式则没有，断电时可自由转动）。

4）无累积误差。虽然步距角有误差，但在一周内定子与转子的分度是在360°圆周上闭合的，理论上累积误差视为“零”。

5）因可直接用数字脉冲信号控制，与计算机接口容易连接，且抗干扰能力强。

6）无需传感器反馈，就能实现开环位置控制。

3. 步进电动机开环伺服系统

步进电动机伺服系统一般不安装传感器，没有位置或速度的反馈控制电路，也就没有运动位置偏差的检测反馈和自动纠偏调节过程，所以是开环伺服系统，工作原理如图4-10所示。由控制计算机发出的指令脉冲，通过脉冲环形分配器和功率放大器，按一定A、B、C……相序和节拍（频率）给步进电动机定子的各相电磁绕组轮流通电，驱动步进电动机旋转，再通过齿轮箱、滚珠丝杠等传动机械驱动执行机构如机床工作台或刀架运动。工作台或刀架运动的位移量与指令脉冲个数 n 成正比，运动速度与脉冲的频率 f 成正比，而改变步进电动机定子各相绕组的轮流通电的顺序，就能控制工作台或刀架运动的方向。由于控制系统结构简单、稳定性好、成本低、维护检修方便，因此被广泛用于机电一体化的开环位置伺服系统中，如经济型机床数控系统、电脑绣花机等。

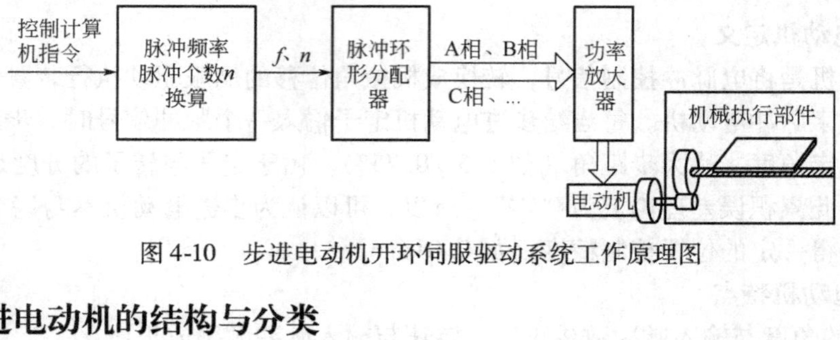

图4-10 步进电动机开环伺服驱动系统工作原理图

4.2.2 步进电动机的结构与分类

步进电动机构造如图4-11所示，按其工作原理可分为如下几种。

1. 永磁式（PM）

定子凸极上绕有励磁绕组，转子是永久磁铁。当定子绕组通脉冲电流时，就像同步电动机那样，产生的电磁力吸引或排斥永磁转子，驱动转子转动。断电时，有自锁转矩。

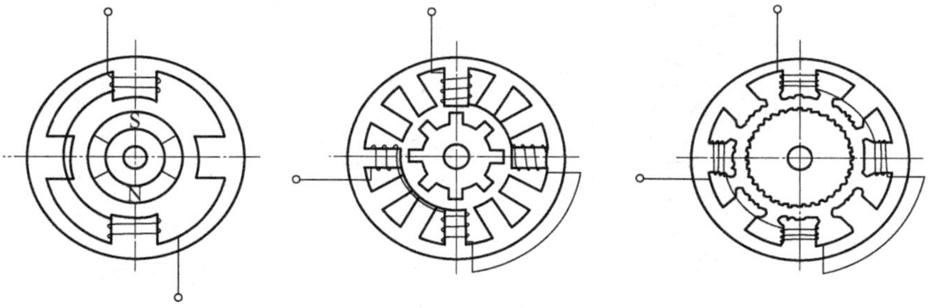

图 4-11　步进电动机构造图

2. 反应式（VR）

定子凸极上绕有励磁绕组，转子是齿轮状导磁体铁心。当定子绕组通脉冲电流时，由于转子产生感应电势而产生电磁力，定子电磁铁与转子铁心之间的吸引力驱动转子转动，转子始终转向磁阻最小的位置。当定子绕组断电时转子失磁，定子与转子之间吸引力消失，自锁转矩也就消失。

3. 混合式（HB）

定子与反应式相同，转子与永磁式相同，所以称为混合式。在永磁体转子和电磁铁定子表面上加工了许多轴向齿槽，产生转矩的原理与永磁式相同。断电时，有自锁转矩。

4.2.3　步进电动机工作原理

以三相反应式步进电动机为例，说明步进电动机的工作原理。电动机结构简图如图 4-12a所示，通电工作图如图 4-12b 所示，其工作过程用图 4-12c 来说明。

步进电动机定子有 6 个均匀分布的磁极，每两个相对的磁极组成一组，即 U-U、V-V、W-W三相，磁极上有励磁绕组，如图 4-12a 所示。为简化分析，假设转子只有 4 个均匀分布齿距为90°的齿，分别称为 1、2、3、4 齿。三对定子磁极的 6 个齿与转子齿在圆周方向依次错过 1/3 齿距（30°）。直流电源通过开关分别给 U、V、W 相绕组通电，并按单三拍规律通电（“拍”是指步进电动机从一相通电状态，切换到另一相通电状态）即 U→V→W→U →…，如图 4-12b 所示。设开始 U 相通电，U 相绕组的磁力线为保持磁阻最小，给转子施加电磁转矩，使转子离 U 相磁极最近的 1、3 号齿极对齐，V 磁极上齿相对于转子齿在顺时针方向错过 30°，W 磁极上齿错过 60°，如图 4-12c 的左图所示。接着当开关切换至给 V 相通电，在磁引力作用下，使转子与 V 相磁极最靠近的 2、4 齿与定子 V 相磁极对齐，由图 4-12c 中图看出，转子顺时针方向转过了 30°。接着当开关切换至给 W 相通电，同理转子 1、3 齿与 W 相磁极对齐，转子顺时针又转过 30°如图 4-12c 的右图所示。照此按 U→V→W→U →…的顺序通电，转子则按顺时针方向一步步地转动，每步转过 30°，这个角度称步距角。如果按照相反顺序 U→W→V→U→…通电时，则步进电动机将按逆时针方向一步步地转动。

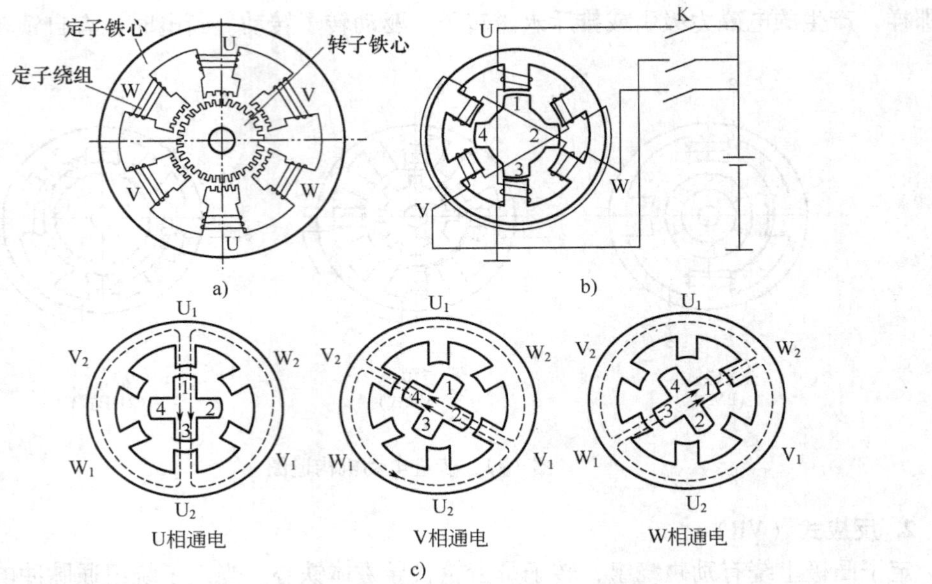

图 4-12　三相单三拍反应式步进电动机工作原理图

a）步进电动机结构简图　b）三相单三拍步进电动机控制电路原理图　c）三相单三拍步进电动机的步进过程图

4.2.4　步进电动机特性参数（静态与动态主要参数）

1. 运行相数

步进电动机的运行相数是指产生不同对极 N、S 磁场的励磁线圈对数。以感应步进电动机为例，有二相、三相、四相电动机等，相数与电动机机座号不同，所通的相电流、输出转矩（N·m）也不同。

2. 运行拍数

步进电动机的运行拍数是指在一个磁场周期内，定子绕组上所需的通电相序和脉冲数。如三相双三拍正转运行方式的通电相序是 AB→BC→CA→…。三相六拍运行方式的通电相序是 A→AB→B→BC→C→CA→…，反转通电相序则相反。

3. 步距角与脉冲当量

步进电动机的步距角是指每通电一个脉冲所转过的角度。步距角与步进电动机的齿数 Z、通电定子绕组相数 m 和通电方式系数 k 有关（当以单拍、双拍方式通电时 $k=1$，当以单双拍方式通电时 $k=2$）。若齿数为 30，运行拍数为三相六拍，则步距角由下式计算出为 2°。显然，齿数越多、运行拍数越多，步距角就越小。

$$\beta = 360°/(Z \cdot m \cdot k) = 360°/(30 \times 3 \times 2) = 2° \tag{4-3}$$

步进电动机的脉冲当量 δ 是指每通电一个脉冲所移动的直线位移，它还与步进电动机传动机构有关，例如用滚珠丝杠直接驱动运动机械，当导程为 L_0 时，则有

$$\delta = \frac{L_0}{360°/\beta} \qquad (\mathrm{mm/p})$$

4. 最大空载起动频率与起动转矩

步进电动机最大空载起动频率与起动转矩是指在空载时，由静止突然起动并进入不失步运行状态时，所允许的最高频率及允许的负载转矩。

5. 定位转矩

由于永磁式与混合式步进电动机的转子或定子是永久磁铁构造，在不通电状态下，电动机本身有自锁定位转矩。而感应式步进电动机因为转子不是永久磁铁而是导磁体，因此只有当定子绕组通电时，在转子上由于产生感应电动势而生磁，对定子有吸引力才保持有一定的自锁转矩。显然当断电时，自锁转矩随着转子感应电动势消失而消失。

6. 最大静转矩与失调角

步进电动机最大静转矩是指在处于通电状态下，转子不转时的电磁转矩。若施加一个负载转矩，转子会转过一个角度，撤销此负载转子又会回到原静止状态位置。此时施加的转矩称为静转矩，所转过的角度称为失调角。为有良好起动能力，一般选负载转矩为最大静转矩的1/2使用。

7. 运行矩频特性

步进电动机在某种测试条件下，测得运行中输出的转矩与频率的关系曲线称为运行矩频特性又称为动态特性，它一般由电动机制造商给出。如图4-13所示的是国产85BYGH型步进电动机运行矩频特性曲线与负载特性曲线，它是设计者选用步进电动机的重要依据。

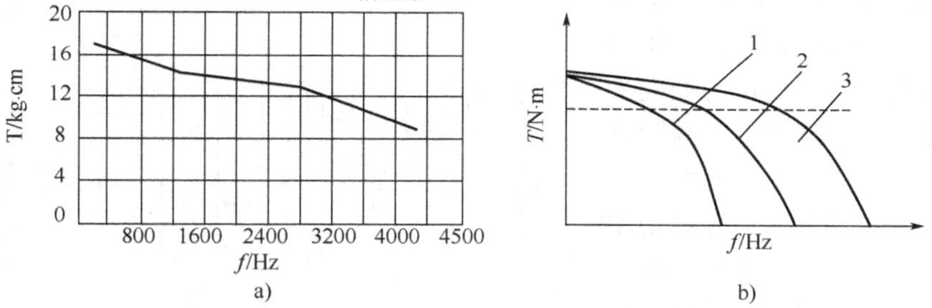

图4-13 85BYGH型步进电动机运行矩频与负载特性曲线

a）矩频特性曲线 b）负载特性曲线

从图4-13a看出：曲线平坦部分是较理想的运行区域，频率从1.2kHz变化到2.8kHz时，转矩变动不大；当运行频率升至2800Hz时，转矩急速下降。显然，该段不能成为正常工作运行区域。由图4-13b负载特性曲线看出，相平均电流越大，电动机输出转矩越大，电动机频率特性越硬。图中曲线3电流最大，曲线1电流最小，矩频曲线与负载转矩的交点为负载可运行的最低与最高频率区间点。

8. 加减速控制

步进电动机在起动和停止时，要按一定规律进行加减速控制，如图4-14所示，以保证不失步，能准确定位与稳定运行。

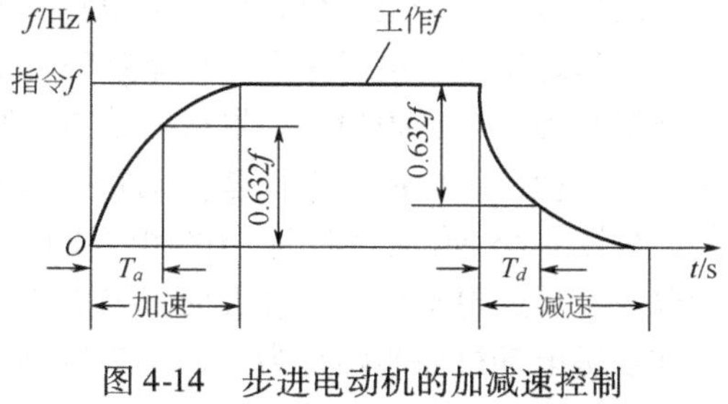

图4-14 步进电动机的加减速控制

4.2.5 步进电动机驱动控制电路与应用

1. 步进电动机驱动控制电路

（1）中小功率步进电动机驱动电路要求

对驱动电路要求：要能够提供足够幅值、前后沿较陡的励磁电流，而且功耗小，效率高，运行稳定可靠、易于维护。

电动机相数：三相、四相、五相；

电动机相电压：DC24/36/40/80V 或 AC220/110V 等；

电动机相电流：几百毫安到几安，根据所要求的转矩进行选择；

电动机驱动运行通电方式：绕组励磁方式，以三相步进电动机为例。

① 三相三拍运行时，正转：A→B→C→A→…；反转：A→C→B→A→…。

② 三相双三拍运行时，正转：AB→BC→CA→AB→…；反转：AB→CA→BC→AB→…。

③ 三相六拍运行时，正转：A→AB→B→BC→C→CA→A→…；反转：A→CA→C→CB→B→BA→A→…。

如果是四相与五相步进电动机，则绕组励磁方式有：四相八拍、五相十拍运行等。西门子 802S 数控系统就采用了五相十拍步进电动机。

（2）步进电动机驱动控制电路

以四相步进电动机为例，驱动控制电路如图 4-15 所示。由控制器输出 CP 序列脉冲，通过控制 CP 脉冲的频率，来改变步进电动机运行的速度；通过控制 CP 脉冲个数，即电动机运行步数而改变电动机的旋转角度；而控制 DIR 驱动脉冲信号的高、低电平，改变步进电动机定子绕组通电循环顺序，从而控制电动机的旋转方向（即 DIR 为高电平时电动机正转，DIR 为低电平时电动机反转）。控制器输出的脉冲信号，经环形分配器进行判断、分配（如通电次序、节拍），再经功率放大，按励磁通电次序给步进电动机绕组分别通电，使步进电动机按要求的位置、速度和方向运行。完成这一功能的控制电路称为步进电动机驱动器。图 4-15 驱动控制电路中的环形分配器与功率放大电路将在第 5 章 5. 3. 8 节“步进电动机功率驱动器接口”讲述。

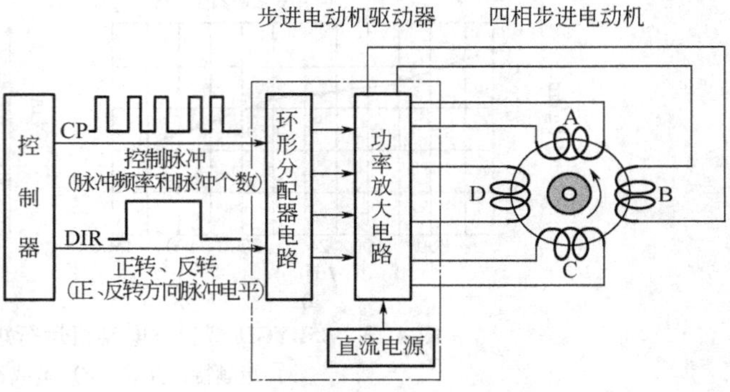

图 4-15　步进电动机驱动控制电路原理图

近年来，步进电动机细分技术得到发展并日趋成熟，获得了广泛的应用。前述的各种驱动电路，都是按电动机工作方式轮流给各相绕组通电，每换相一次，电动机就转动一步，即每拍电动机转动一个步距角。如果在一拍中，通电相绕组的电流不是一次达到最大值，而是分成多次，每次使绕组电流增加一些，则每次增加都使转子转过一小步。以 A、B 两相绕组电流为例，如图 4-16 所示，将每一拍绕组通的正弦波相电流分成若干等份，显然步距角变小了，这种以改变步进电动机电流波形而获得更小步距角的方法，称为步进电动机的步距角细分技术。例如步进电动机原步距角为 1. 5°，齿数不变，若取步距角 20 细分，则步距角将减小为 1. 5°/20 =0. 075°。这不但使步进电动机大大提高了分辨率，改善了低频噪声与振荡，使电动机运行更平稳，而且增大了转矩，比不细分要提高 30% ~40%，从而使步进电动机获得更广泛的应用。

当然也不能无限制细分，一般按实际需求取 2、5、10、20 等细分为宜。因为细分高了，必然使运转频率增高，而随之电动机反电势阻尼转矩也增大，转矩反而下降，电动机也要发热，所以细分必须要恰到好处。步进电动机相电流与细分数，可通过驱动器上的编码开关进行设置。

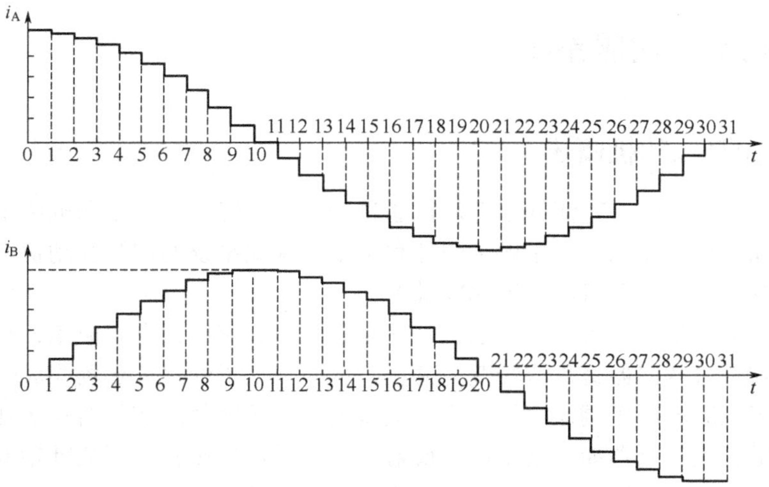

图 4-16　混合型步进电动机细分时控制相绕组电流波形图

2. 步进电动机在机电一体化设备中的应用

步进电动机是由数字脉冲控制的。由于不需要 D-A 转换，I/O 接口简单，特别适合单片机、PLC 及计算机的控制，为构成开环控制系统提供了方便条件，这就是由步进电动机构成的开环控制系统至今仍有生命力的原因。此外由于步进电动机独有的特性——通一个脉冲走一步，每一步的步距角基本恒定且无累计误差，因此只要注意动态矩频特性，传动机构设计得当不丢步，控制精度一般能达到 0.01mm 左右，并且不需要位置传感器反馈。由于系统简单、价格便宜、控制精度能满足一般机电一体化设备的要求，因而在机器人、经济型数控机床、办公设备、雕铣机等设备中得到了广泛应用。

我国与西门子合资公司生产的 STEPDRIVE C/C + 步进驱动器与 BYG55 系列五相十拍混合式步进电动机组成的步进电动机伺服系统，是西门子 802S 数控系统的配套产品，广泛用于经济型数控车床中。STEPDRIVE C/C + 系列步进驱动器由电源、控制和功率放大三部分组成。电源部分用来产生驱动器所需的 DC24V、DC5V 等控制电压及步进电动机定子绕组驱动用的 DC120V 电压，控制部分包括“五相十拍”环形分配、恒流斩波控制、过电流保护等环节，功率放大部分用来产生电动机定子绕组控制用的高压大电流信号。驱动器还设计有完善的保护电路如过电压、欠电压、过载、短路等。该驱动器额定电压为 120V，每相绕组最大输出：STEPDRIVE C 型为 DC120V/2.5A，可与 3.5 ~ 12N · m 的 BYG 系列五相十拍步进电动机配套，而 STEPDRIVE C + 型输出为 DC120V/5A，可与 18 ~ 25N · m 的 BYG 系列五相十拍步进电动机配套。STEPDRIVE C/C + 型步进驱动器与 BYG55 系列五相十拍混合式步进电动机产品图如图 4-17 所示。

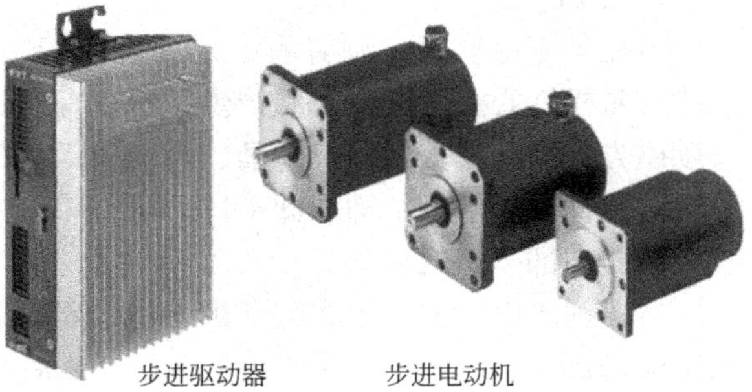

图 4-17　STEPDRIVE C/C + 型步进驱动器与 BYG55 系列五相十拍混合式步进电动机产品图

4.3 直流电动机伺服系统

4.3.1 直流伺服电动机概述

在机电一体化系统中，直流伺服电动机通过调节转子绕组的电流和电压很容易实现电动机转角、转速和转矩的控制，常用做半闭环和全闭环伺服系统的伺服驱动执行元件。位置和速度检测传感器常装于电动机内部尾端同轴上。

直流伺服电动机接上直流电就能运转，这是它的一大突出优点。但是，真正加到转子绕组上的电流必须通过换向器将直流转变为交流，从而与定子的永久磁场构成交链磁通以形成旋转磁场。直流伺服电动机调速容易，不像交流电动机还要使用变频器来实现。因而，在家用电器如照相机，汽车电器如自动车窗、反射镜以及数控机床各坐标插补轴的伺服驱动等得到广泛应用。此外，作为控制直流伺服电动机还具有以下特点。

1）起动转矩大。广泛用于宽调速范围和精确位置控制系统。输出功率从几十瓦到几十千瓦，电压由几伏、几十伏到110V、220V，转速可达2000～4000r/min。

2）可控性好。有良好的线性调节特性，转速正比于控制电压，转向取决于电压极性。当控制电压为零时，因转子惯量很小可立即停止。

3）响应快速。因具有较大的起动转矩和较小的转动惯量，当控制信号变化瞬间（增加、减小、消失），直流伺服电动机能迅速响应（增速、减速、停止）。

4）稳定性好。直流伺服电动机具有理想下降机械特性，能在较宽范围内稳定运行。

5）容易控制、控制功率低、损耗小。在调速要求较高，正反转和起动制动频繁、多单元同步协调运转的机械设备上，仍使用直流电动机拖动。

但是，因为直流伺服电动机为了形成旋转磁场，需要安装有电刷与机械换向器将供给转子绕组的直流电流换向，所以存在机械磨损大、寿命短、噪声大、维修工作量大等缺点。正因为如此，近年来电动自行车将原来机械换向器的直流电动机改为电子换向器的直流无刷电动机了。

4.3.2 直流伺服电动机的构造与工作原理

1. 直流伺服电动机构造

直流伺服电动机必须具有一定强度磁场，该磁场可由永久磁铁（铝镍钴、稀土钴等）或绕在磁极铁心上的励磁绕组产生，所以有永磁式与电磁式直流电动机。电磁式直流电动机按励磁方式不同又分他励、并励、串励和复励四种。

直流伺服电动机结构如图4-18所示。其结构是由永磁体定子、线圈转子（电枢）、电刷和换向器四部分组成。

直流伺服电动机定子在电动机工作中固定不动，定子磁极用于产生磁场。在永磁式直流伺服电动机中，磁极用永磁材料制成，充磁后即可产生恒定磁场。在他励式直流伺服电动机中，磁极由冲压硅钢片叠成，外绕线圈，靠外加励磁电流才能产生磁场。电枢是电动机转动部分，要连接驱动负载运动，故称为转子。它由硅钢片叠成，表面嵌有线圈，通过电刷和换向片与外加直流电源相连。

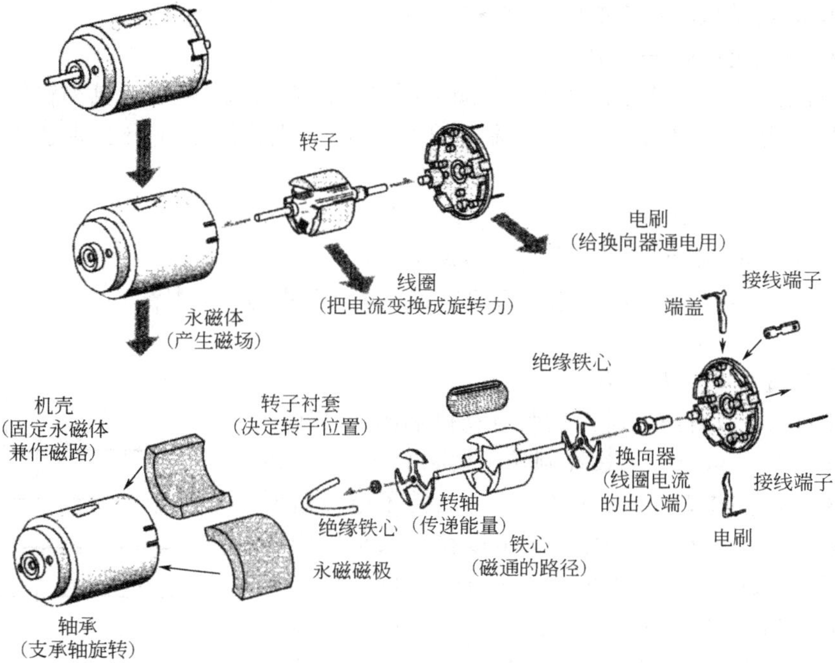

图 4-18　直流伺服电动机结构图

2. 直流伺服电动机工作原理

直流伺服电动机工作原理如图 4-19 所示。直流电流 I 通过电刷 A 和换向器 B，流入处于定子永磁体磁场（方向向下）中的转子线圈时，就会在图中所示的方向上产生电磁力 F，上线圈电磁力向左、下线圈电磁力向右形成转矩，从而驱使转子逆时针转动。为了得到电动机的连续旋转运动，就必须随着转子转动角度的变化不断改变电流方向，即所供直流电流要不断换向流动，这就需要设置电刷和换向器。

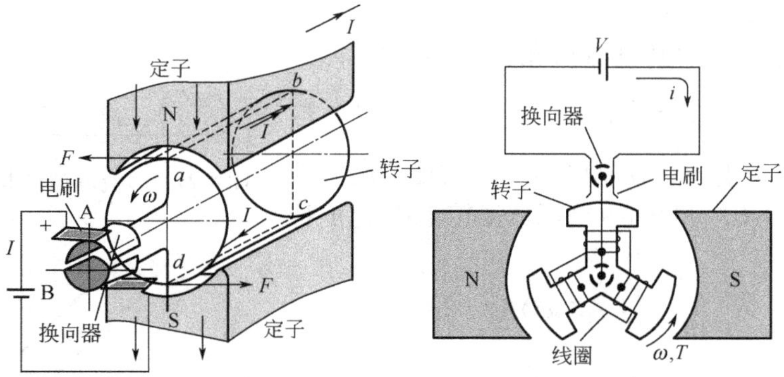

图 4-19　直流伺服电动机工作原理图

4.3.3　直流伺服电动机的驱动控制

这里以机电一体化设备中常用的永磁式（枢控式）小功率直流伺服电动机为例，通过控制电枢（转子线圈）的电流 i 和电压 V，控制直流电动机的转矩 T 与电动机的角速度 ω。

1. 直流伺服电动机驱动控制的两种方式

(1) 电枢的电流控制——恒转矩控制

永磁式直流伺服电动机是通过转子线圈电压 V 和线圈电流 i 来进行电动机控制的。设转子线圈有效长度为 L，磁场强度为 B，流过的电流为 i，则作用在线圈上的电磁力 F 可以用下式来表示：

$$F = BLi \tag{4-4}$$

若线圈半径为 r，则在线圈上产生的转矩 T 为：

$$T = Fr = BLir\text{(电动机输出转矩 }T = \text{电磁力 }F \times \text{力臂 }r\text{)} \tag{4-5}$$

即：

$$T = K_T i \tag{4-6}$$

式中 K_T——转矩常数，$K_T = BLr$。 (4-7)

从式 (4-6) 可以看出，直流伺服电动机输出的转矩与电流的大小成正比。可见，通过控制转子线圈电流 i 可以得到恒转矩特性。由图4-20可以看出，一定的转子电流就对应一定的转矩，而电动机角速度 ω 则可以在较大范围内变化。因此当用于数控机床进刀的进给伺服电动机驱动时，尽管电动机转速在变化，只要电动机电流保持恒定就能保持恒转矩，从而保证机械加工件的切削质量。这就是数控机床恒转矩切削控制。

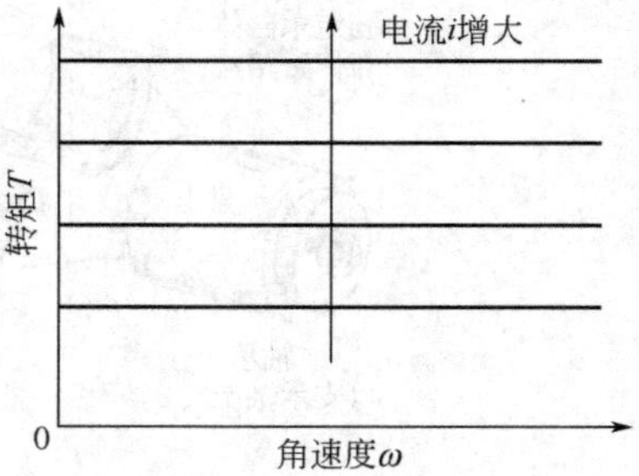

图4-20 电流控制的直流电动机转矩-转速特性

(2) 电枢的电压控制——恒功率控制

永磁式直流伺服电动机，在正常状态下电枢电路（转子线圈）电压平衡方程式为：

$$V = Ri + K_E\omega \tag{4-8}$$

式中 R——电枢电路总电阻；

K_E——电动势常数；

ω——电动机角速度。

根据式 (4-8) 可得到电动机角速度的表达式为：

$$\omega = \frac{V - Ri}{K_E} \tag{4-9}$$

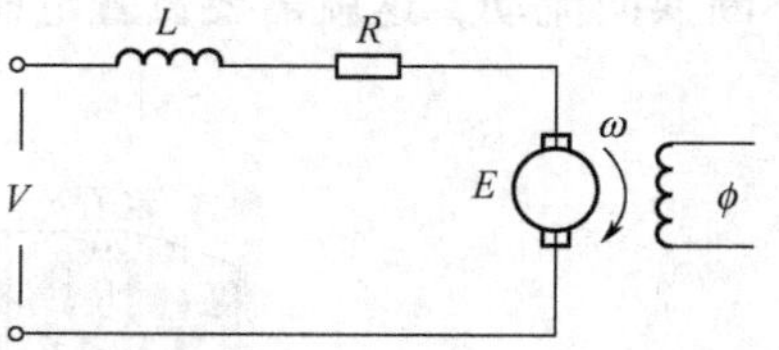

图4-21 直流电动机电枢电路等效电路

从图4-21可以看出，控制电枢电压就可控制电动机转速，由式 (4-6) 和 (4-9) 可求得转矩-角速度特性表达式：

$$T = \frac{(V - K_E\omega)K_T}{R} \tag{4-10}$$

由式 (4-10) 可知，最初随着电枢电压 V 增加，转矩 T 与角速度 ω 都增加。由于反电动势 $K_E\omega$ 的存在，到一定转速后，转速再上升，转矩反而下降，即得到电动机的理想下降机械特性，如图4-22所示。因为转速×转矩=功率，对电压控制的直流伺服电动机的转矩-转速特性，若转速增加，转矩也增加时，功率势必加大，当超过额定功率电动机就要发热

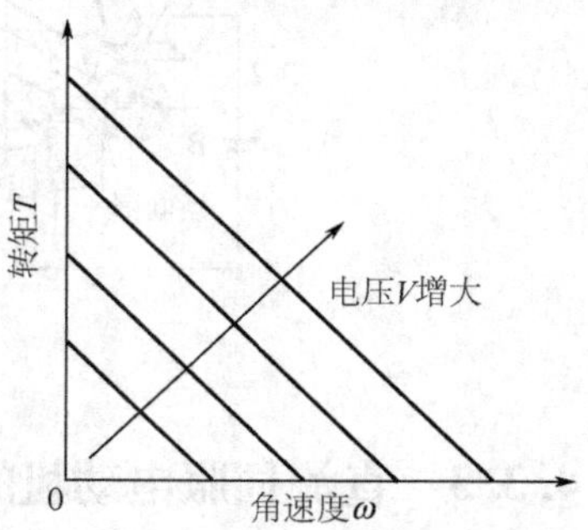

图4-22 电压控制的直流电动机转矩-转速特性

烧毁，所以应该是恒功率控制，常用于数控机床的主轴驱动控制。

综上所述，直流伺服电动机的基本控制是转矩和转速控制，改变直流伺服电动机转子线圈的电流和电压，就能成比例地控制其转速与转矩。

2. 直流伺服电动机驱动控制的两种电路

直流伺服电动机是用直流电源供电，为控制电动机的转矩、转速和旋转方向，需要对供电直流电流的大小与方向进行控制。通常，驱动控制电路有两种方法。

（1）线性驱动方式

利用运算放大器推动大功率晶体管组成的线性驱动电路，对控制器传来的弱电信号指令（几伏、几毫安），进行功率放大，输出足够大的电压与电流。例如图 4-23 中运算比例放大器就是将控制器输出的弱电信号 V_{in}，放大为几百毫安的电流，以直接驱动控制小功率直流伺服电动机的转速与转矩。

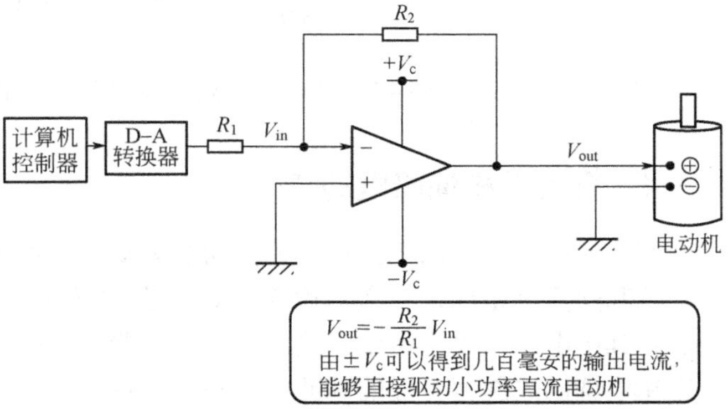

图 4-23　直流伺服电动机线性驱动电路原理图

（2）晶体管脉宽调制（PWM）开关驱动方式

如图 4-24 中开关 S 周期性地开和关，二极管 VD 周期性地导通与截止。占空比 μ（$\mu=\tau_i/t$）不同，输出到直流电动机转子绕组中的平均电压 U_{VD} 也不同，如图 4-25 中所示的 $\mu=1:2$ 和 $1:4$ 时，$U_{VD1}>U_{VD2}$（$U_{VD}=\mu U$）。

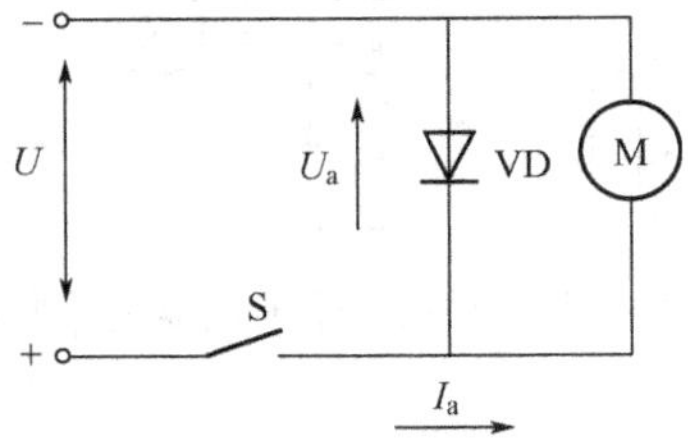

图 4-24　PWM 直流调速驱动系统原理图

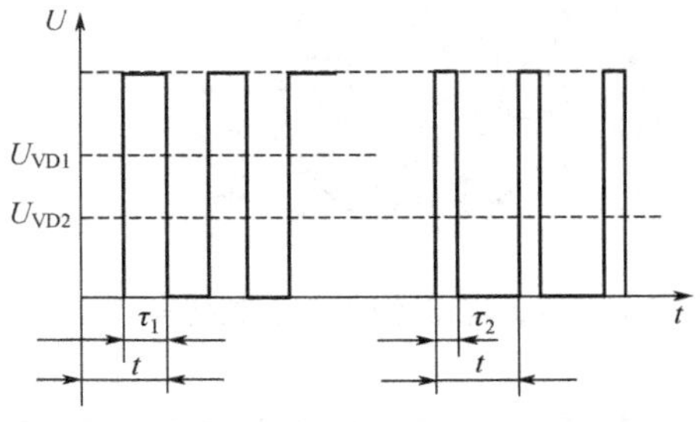

图 4-25　PWM 直流调速驱动系统不同占空比图

目前常用 PWM 晶体管脉宽调制电路，作为开关驱动电路。PWM 电路主要是由比较运算放大器、三角波或锯齿波发生器及大功率晶体管组成，以代替开关 S，如图 4-26 所示。当计算机控制器传来的弱电控制信号 V_{in} 与标准三角波信号（脉冲周期相等）经过比较运算放大器叠加后，随着 V_{in} 的变化切割三角波得到占空比也随之变化的脉冲方波信号，从而控制如 MOSFET 场效应型大功率晶体管开关的时间，输出随计算机控制器控制信号的变化，直流电动机转速与转动方向也随之变化。

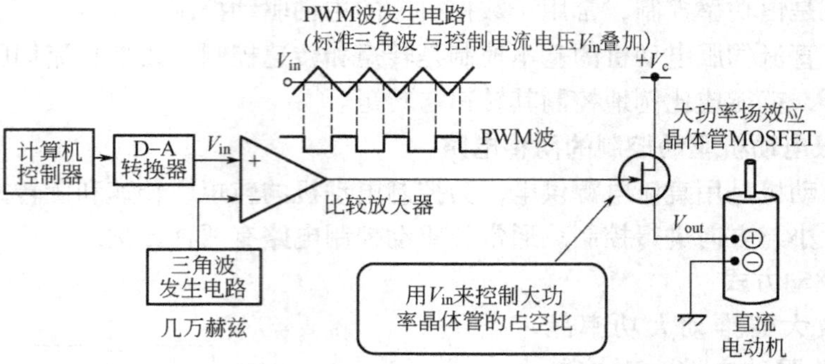

图 4-26 PWM 晶体管脉宽调制开关驱动方式电路原理图

4.3.4 直流无刷伺服电动机

直流无刷伺服电动机又称为无换向器电动机，使用电子换向器替代机械换向器，由同步电动机和逆变器组成，逆变器由装在转子上的转子位置传感器控制。电动机结构如图 4-27 所示，其中电子开关为霍尔开关，电子换向器电路原理如图 4-28 所示。在换向开关作用下，将直流电调制成脉宽可控的脉冲电流轮流加在电动机的电枢线圈上，起电子换向作用，使直流电动机转动。从转子往外看，无刷直流伺服电动机实质上是一种交流调速电动机，由于其调速性能可达到直流伺服电动机的水平，又取消了换向装置和电刷部件，因此大大地提高了电动机的使用寿命。

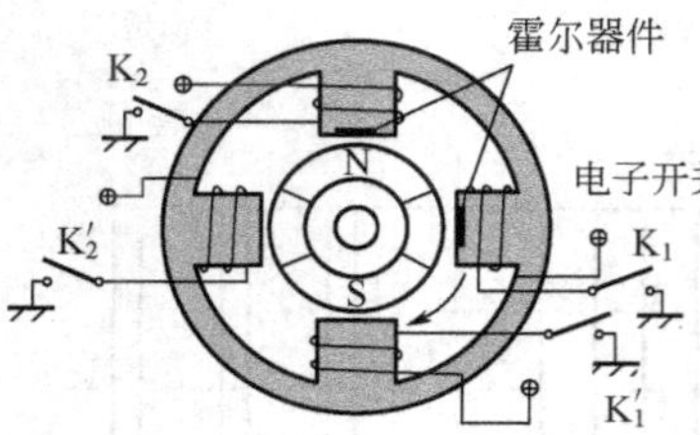

图 4-27 无刷直流伺服电动机结构

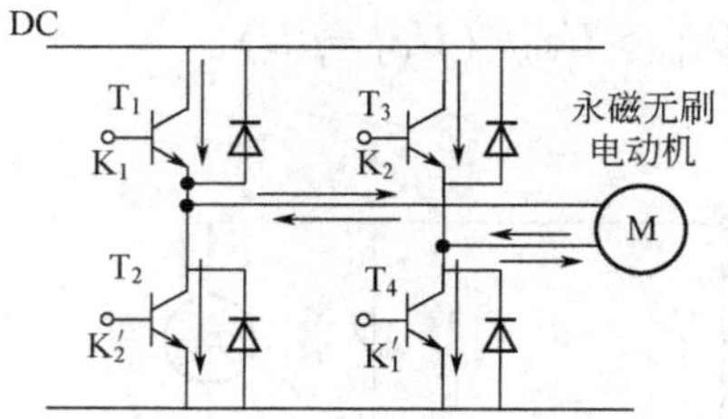

图 4-28 无刷直流伺服电动机电子换向器电路原理图

4.3.5 直流电动机伺服系统在数控机床中的应用

直流电动机伺服系统在上世纪八、九十年代曾在数控机床中获得广泛应用。典型的直流电动机伺服系统包括速度调节器，电流调节器及 PWM 功率放大器等环节，系统原理如图 4-29 所示。

从图 4-29 可以看出，该系统采用了双环调节器控制，由速度环调节器和电流环调节器组成。前者是采样测速电动机的输出电压，后者则采样控制直流电动机转矩的 PWM 功率放大器输出电流，以调节直流电动机的转速与转矩。双环调节是为了既能达到数控机床切削刀具的进给速率又能做到恒转矩切削，从而保证零件轮廓切削表面的质量。

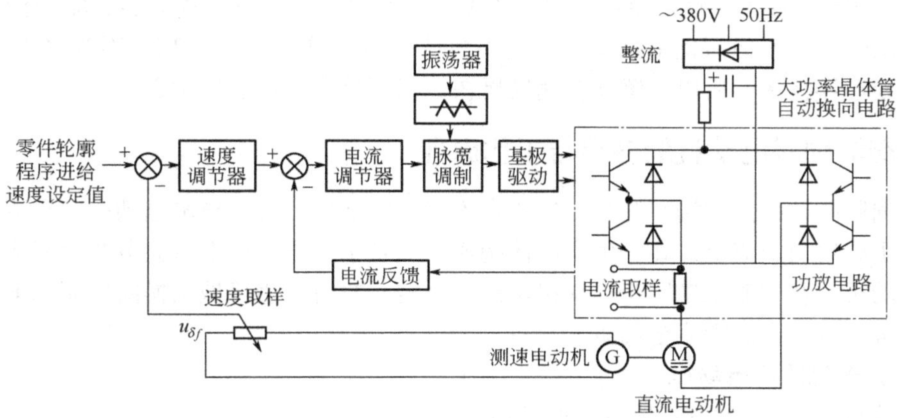

图 4-29 数控机床中的典型直流伺服系统原理图

4.4 交流电动机伺服系统

4.4.1 交流伺服电动机概述

交流伺服电动机相对直流伺服电动机具有以下优点：交流电动机是交流供电，没有电刷与换向器，因而维护少，也不易产生火花；体积小、重量轻、过载能力强，适宜高速、高精度、频繁起动场合。它与直流伺服电动机相比的缺点是：驱动控制电路复杂、成本高。

交流伺服电动机与一般交流电动机是不同的，一般交流电动机多用在一般机械设备中，采用有触点的继电器电路系统或 PLC 控制系统进行固定负载的起、停或有限挡调速等。但是交流伺服电动机则要通过伺服驱动控制器将数控计算机传来的指令变成所期望的机械运动，实现可变负载的定位、转矩与速度的精密控制。因此，交流伺服电动机是经过特别设计的。定子铁心较一般电动机开槽多且深，围绕在定子铁心上，绝缘可靠、磁场均匀。可对定子铁心直接冷却，散热效果好，因而传给机械部分热量小。转子采用具有精密磁极形状的永久磁铁，因而可实现高转矩惯量比，动态响应好，运行平稳。在转轴同轴上安装有高精度的光电脉冲编码器、旋转变压器等作转子磁极位置检测，可实现电动机的转角、转速及转矩的精确控制。

自上世纪八十年代中期，随着精密位置传感器检测、计算机控制、大功率晶体管、交流矢量变频等技术的发展，已实现了交流异步电动机的磁场矢量控制，即对交流异步电动机定子电流的励磁分量和转矩分量进行分别控制，就像通过控制直流电动机电枢电路的电压和电流那样，实现对转子转速与转矩的控制。目前交流异步电动机的转速和转矩控制性能，已经达到了可以与直流伺服电动机相媲美的水平，改变了过去对运动机械位置和速度的精密控制，只能依赖直流伺服电动机的状况，在数控机床、机器人、军用火控系统及智能家电、办公、医疗等机电一体化控制系统中得到了广泛的应用。

近年来，国外先进企业如日本三菱、富士，美国的 AB 公司、德国西门子公司等都已开发出了数字式交流伺服系统。计算机采样控制系统输出数字指令信号，该信号通过串行通信总线（例如 Profibus 工业现场总线，多用光缆）直接连接数字伺服放大器，驱动伺服电动机按指令要求运转，不但简化了接口、节约了电缆，可靠性也大大提高。因为采用了 DSP 等直接数字处理器技术，所以位置插补速度更快、精度更高、性能更优良。

4.4.2 交流伺服电动机的分类与工作原理

交流伺服电动机按结构可分为：交流永磁同步电动机、交流异步电动机。交流永磁同步电动机定子绕组通交流电，转子由永磁体构成。而转子在导磁体上由通电绕组形成电磁铁的是异步电动机。在交流永磁同步电动机基础上，定子绕组不用机械式换向器而用电子式换向器的电动机，就是永磁无刷电动机。

1. 交流永磁同步电动机

（1）交流永磁式同步电动机结构与特点

交流永磁式同步电动机（以下简称同步电动机）结构如图 4-30b 所示，从结构上看永磁同步电动机与直流电动机差别在于定子、转子倒置。

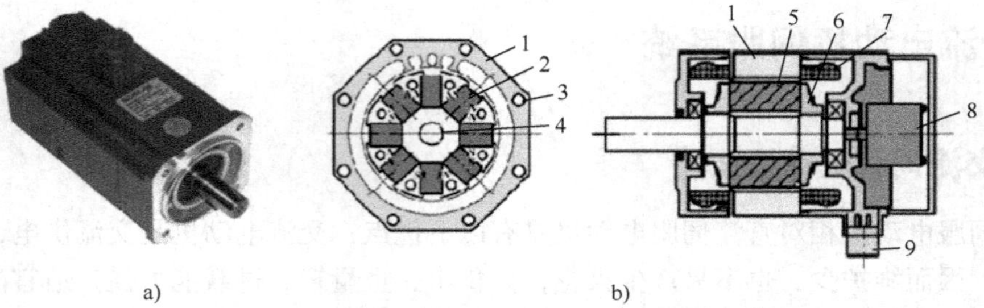

图 4-30　三相交流永磁同步伺服电动机内部结构图

a）产品外形　b）产品内部结构

1—定子　2—永久磁铁　3—轴向通风孔　4—转轴　5—转子　6—压板

7—定子三相绕组　8—脉冲编码器　9—出线盒

定子　同步电动机在导磁体上装有能产生旋转磁场的绕组线圈，三相交流电流通过定子绕组时，在定子上产生旋转磁场。

转子　直流电动机定子是永磁体，同步电动机则将永磁体（如钕铁硼、钐钴合金）装在转子上。

同步电动机优点是结构简单、运行可靠、效率高，缺点是体积大、起动特性欠佳。但现在采用高剩磁感应、高矫顽力的稀土类磁铁材料后，同步电动机在外形尺寸、质量及转子惯量方面都比直流电动机有大幅度减小。

（2）交流永磁同步电动机工作原理

如图 4-30b 所示，在电动机定子绕组上通三相交流电 U、V、W，产生空间旋转磁场。该旋转磁场与转子永久磁场的磁极之间产生相互作用，在电磁力推动下，驱动转子磁极同步运转，故称为同步电动机。显然，三相交流同步电动机的速度控制电路有两种方法，即他控换向和无刷自控换向。

他控换向与交流异步电动机变频器一样，用独立的变频器，通过改变供给定子三相绕组的交流电源频率来调节电动机转速，故称为他控换向调速。

无刷自控换向原理图如图 4-31 所示。三相交流市电 AC380V50Hz 经整流再经滤波变成直流，加在由三对 6 只大功率晶体管构成的逆变器上（将直流电又逆变为频率和电压可变的交流电的变压器称为逆变器），它们的通断是由装于电动机轴上的转子位置检测器 BQ 控制换向电路来控制的，从而实现加在定子上的三相绕组通电电流自动换向。例如用三个成 120°布置的霍尔开关，当转子转到 U 相绕组换向位置时，对应的霍尔开关接通，换向控制电路中的 u_{b1}、u_{b6} 发出高电平信号使 VT1、VT6 接通，逆变器上的直流电由“+”极→VT1 →U 绕组→V 绕组→VT6 回到“−”极；当转子转到 V 相绕组换向位置时，对应的霍尔开关接通，换向控制电路中的 u_{b3}、u_{b2} 发出高电平信号使 VT3、VT2 接通，加在逆变器上的直流电由“+”极→VT3 →V 绕组→W 绕组→VT2 回到“−”极；同理当转子转到 W 相绕组换向位置时，对应的霍尔开关接通，换向控制电路中的 u_{b5}、u_{b4} 发出高电平信号使 VT5、VT4 接通，加在逆变器上的直流电由“+”极→VT5 →W 绕组→U 绕组→VT4 回到“−”极，从而使电动机转动了一周。

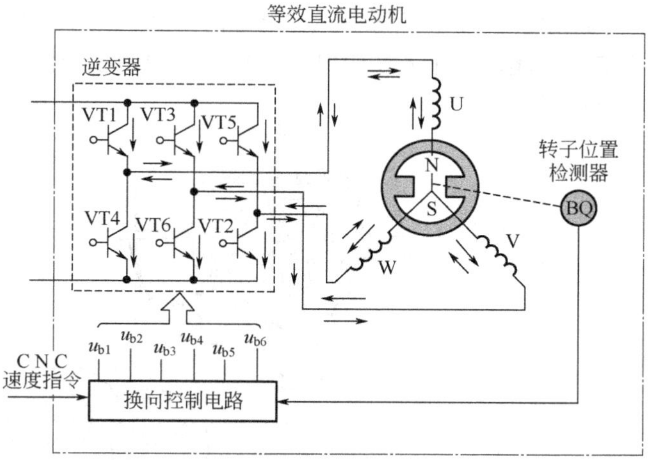

图 4-31　交流永磁同步电动机无刷自控换向原理图

无刷自控换向原理类似于直流电动机，转子绕组电流随定子磁场中由整流子、电刷构成的机械换向器，变换电流方向使直流电动机能持续转动，现在只不过是电子换向代替了机械换向，所以又称为交流永磁同步无刷电动机。从数控计算机来的速度控制指令变化时，PWM 控制逆变器脉冲宽度就随着变化，使 6 只大功率晶体管轮流导通的时间变化，也就改变了电动机定子绕组上的电压与频率，从而自动调节同步电动机的转速。显然，电子换向器具有无接触式、无火花、无磨损、少维修、寿命长等特点，在交流永磁同步电动机中得到广泛应用。

2. 交流异步电动机

（1）交流异步电动机结构与特点

交流异步电动机在定子与转子导磁体上（如硅钢片）都装有绕组，分别称为一次励磁绕组、二次电枢绕组。也有的转子线圈用铝合金等金属导体铸成笼型框架来代替，故称为感应式笼型异步电动机，其结构原理如图 4-32 所示，笼型交流异步电动机产品构造如图 4-33 所示。

交流异步电动机的特点是结构简单、制造容易，输出功率大、运行可靠平稳，转子惯量小、响应快。另外由于无电刷和换向器，因此维护量少，广泛用于中等功率的伺服驱动系统中。与直流电动机相比，交流异步电动机驱动控制电路复杂，价格高。但随着近年来新型大功率开关器件、专用集成电路和矢量变频控制算法等新

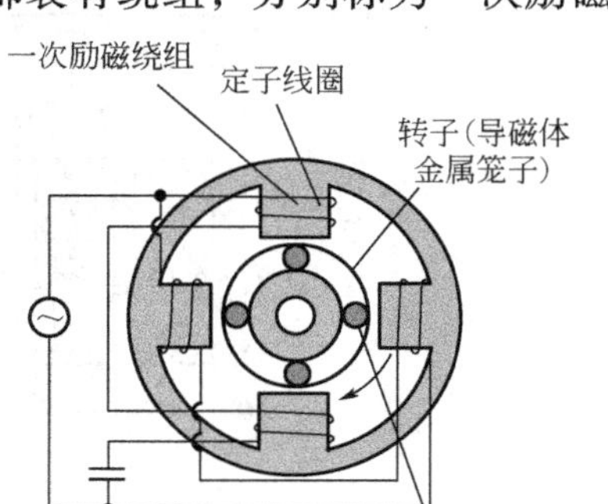

图 4-32　交流异步电动机构造原理图

技术的出现，推动了新型驱动电源的发展，使交流异步电动机调速性能更能适应伺服系统的要求，因此，近年来在机电一体化设备中如数控机机床上已用交流伺服电动机取代了直流伺服电动机。

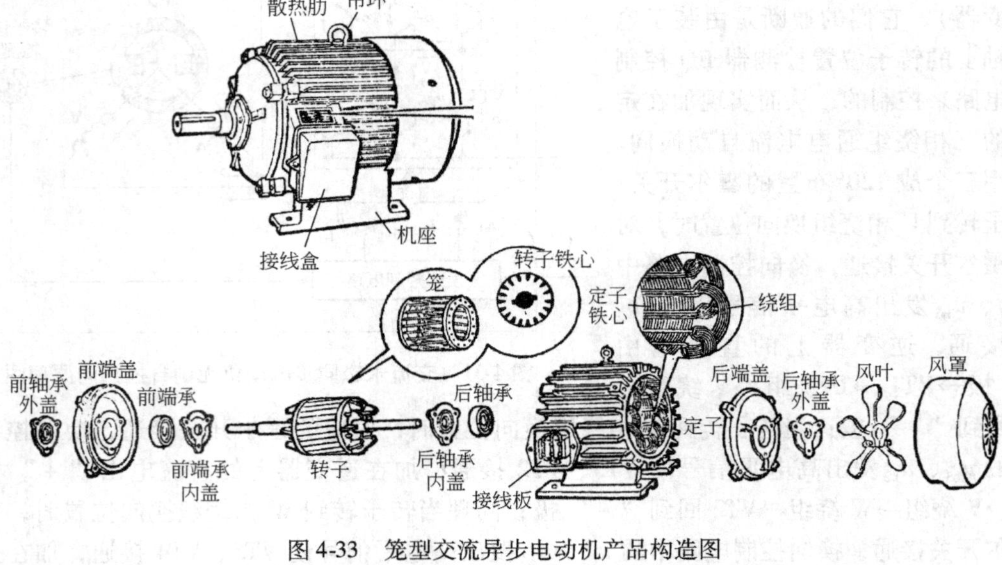

图 4-33　笼型交流异步电动机产品构造图

(2) 交流异步电动机工作原理

以笼型交流异步电动机为例，其工作原理模型如图 4-34a 所示。在一个马蹄形磁铁定子中，放入一个笼型导体的转子，当顺时针转动马蹄形磁铁时，笼型导体会跟着同方向旋转。这因为当定子磁铁顺时针转动时，就相当于转子导体在 f-f' 转矩作用下作逆时针运动，切割

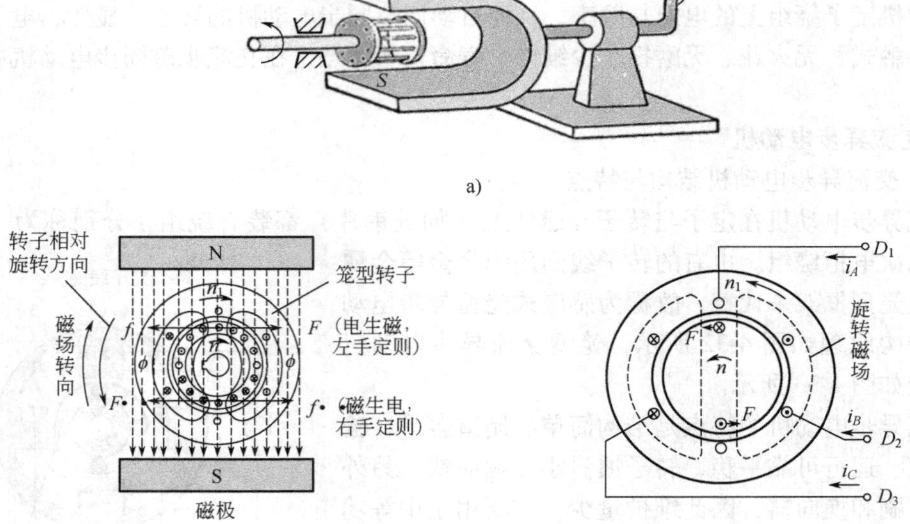

图 4-34　笼型交流异步电动机工作原理图

a）手摇旋转磁场模型　b）电磁关系图　c）三相旋转磁场异步电动机

磁力线，在转子导体中产生感应电动势。根据右手定则（磁力生电），可确定电动势方向：转子上半部分电动势方向朝外用⊙表示；下半部分则朝里用×表示，如图4-34b所示。由于笼形导体转子是短路的，在电动势作用下导体中有感应电流流过，其方向同感应电动势。带电转子导体在磁场中要产生力的作用，力的方向由左手定则决定（电生磁力），即在转子上半部分与下半部分力产生大小相等、方向相反的 $F\text{-}F'$ 转矩，驱动转子随着定子旋转磁场转动起来，这就是异步电动机工作原理。

实际异步电动机产品的定子，是在其三相绕组里通入了三相交流平衡电流，在电动机气隙中产生旋转磁场，如图4-34c所示。n_0 为同步转速即电动机空载转速（r/min），n 为带负载的异步电动机实际转速（r/min），它是由电源频率 f(Hz)、定子绕组磁极对数 p 来决定。即：

$$n = 60f/p(1-S) \tag{4-11}$$

式（4-11）说明转子实际转速 n 一定低于定子旋转磁场同步转速 n_0 的，即存在转差率 S：

$$S = (n_0 - n)/n_0 \tag{4-12}$$

这是因为只有当转子与定子磁场间存在相对运动时，转子导体才能切割磁力线，产生感应电流，进而才能产生转矩驱使转子运动，这就是“异步感应”电动机名称的由来。

4.4.3 交流伺服电动机的变频调速控制技术

1. 交流伺服电动机变频调速技术概述

对交流电动机实现变频调速的装置称为变频器，其功能是将电网电压提供的恒压、恒频的交流电变成为变压、变频的交流电，对交流电动机实现无级调速。

分析数控机床、机械手及机器人等对伺服电动机控制有两大要求。一是随各坐标轴进给插补运动的运动轨迹不断变化，要求电动机速度也紧紧跟随变化，以实现精密位置控制；二是负载转矩随刀具切削轨迹频繁变化，要求电动机输出转矩也要随之快速响应变化。

显然，这两者都要求系统的动、静态特性好。对于负载转矩调节特性要求不高的被控对象，例如主轴电动机，重点是要求电动机的调速特性，可通过普通变频调速技术例如变频、变压即VVVF技术来解决，本节将重点介绍电压型PWM变频调速控制技术。而对于既要求精密调速、高精度定位控制，又要求精密转矩控制的进给伺服电动机来说，目前常用矢量控制变频调速技术。注意这是两种不同的技术，后者技术要求更复杂，前者又是后者的基础。

矢量控制变频调速技术，简单来说就是通过转子磁通矢量坐标变换的方法，把对交流伺服电动机的控制变为像直流电动机那样，控制其电枢电流与励磁磁通，以达到控制交流伺服的目的。

2. 电压型PWM变频调速器

（1）变频调速控制原理

由交流异步电动机工作原理知，其转速 n 由以下公式求得：

$$n = \frac{60f}{P}(1-S) \tag{4-13}$$

式中 n——电动机转速（r/min）；

f——电源频率（Hz）；

P——电动机极对数；

S——转差率。

从式（4-13）可以看出，要改变交流电动机转速，有三种方法：①改变极对数 P，而极对数在电动机出厂时已定，很难改变；②改变转差率 S，改变励磁绕组电压，但速度改变范围小，约1：10，转子低速时，跟随定子磁场力不够，转矩要减小；③改变电源频率 f，即改变加在定子绕组上的三相交流电源的频率。

目前，交流电动机变频调速技术已得到广泛的发展与应用。当调节定子供电电源频率 f 时，异步电动机转速 n 大致随之成正比变化。为避免定子由于励磁绕组过励磁及欠励磁对电动机产生不利影响，在变频调速过程中常采取既变压又变频的方式，即在变频同时协调改变电动机的供电电压，以保持主磁通的恒定，这就是 VVVF 变压变频技术（Variable Voltage Variable Frequency），简称 V/f 控制方式变频调速。V/f 控制方式变频调速的优点是结构简单，成本低，机械特性硬度好，可满足一般传动平滑调速的需要；缺点是低频运行时，电动机容易出现输出转矩不足，必须进行转矩补偿；此外在开环运行时，控制性能相对较差。V/f 控制方式变频调速多用于通用变频器，进行风机、泵类、生产线的工作台传动等的控制。

V/f 控制方式变频调速通常通过“交-直-交”电路来实现。其实质是把工频50Hz 的三相交流电转换成频率和电压可调的交流电，通过改变交流异步电动机定子绕组的供电频率，同时也改变电压，从而达到调节电动机转速的目的。

（2）VVVF 的 V/f 方式变频调速控制

1）交-直-交 V/f 控制方式的变频调速电路原理。

交-直-交 V/f 控制方式的变频调速电路原理图如图 4-35 所示。主电路由整流器、滤波器、能耗电路和逆变器组成。将电压380V，频率50Hz 的三相市电交流电，通过 VD1 ~ VD6 二极管组成的三相不可控整流桥，将交流电变成直流电。经 L 型或 C 型滤波器滤去整流后的脉动电压，使交流电压变成直流高电压 U_D（$U_D = 1.35 \times 380 = 513V$）。在这里滤波电容器 C_{F1} 有两个功能：一是滤平全波整流后的电压纹波；二是当负载变化时，使直流电压保持平稳。当用电感器 L 滤波时，输出电流恒定，称为交-直-交电流变频器；而当用电容器 C 滤波时，输出电压恒定，称为交-直-交电压变频器。该直流高压加在由 6 只大功率晶体管 VT_1 ~ VT_6 组成的逆变器上。逆变器的作用与整流器相反，将直流电又逆变成频率、电压都可调的新的交流电。由数控计算机根据零件轮廓程序位置或速度给定指令信号与编码器或光栅尺实时反馈信号的比较，而发出模拟电压调节信号或数字调节信号，通过 PWM 正弦波脉宽调制器，控制逆变器中 6 只大功率晶体管轮流导通的频率。把原来供电电压为 380V、频率为 50Hz 的固定的三相交流电，改变为电压幅度可变、频率可调新的交流电，加在交流异步电动机定子的三相励磁绕组上。从而使交流电动机速度可调，并具有良好转矩特性。常用大功率晶体管开关模块有：MOSFET 金属氧化物半导体场效应晶体管和 IGBT 绝缘栅双极型等大功率晶体管。与 6 只大功率开关晶体管分别并联的二极管是续流二极管，在大功率晶体管通断时为产生的反电势提供旁通路，以保护大功率晶体管。

在图 4-35 所示的电路中还设计有能耗电路，其作用是当电动机在工作频率下降中，异步电动机的转子转速将可能超过此时的同步转速（$n = 60f/P$）而处于再生制动（发电）状态，拖动系统的动能将反馈到直流电路中，使直流母线（滤波电容两端）电压 U_D 不断上升（即所说的泵升电压），这样变频器将会产生过电压保护，甚至可能损坏变频器，因此需将反馈能量消耗掉，制动电阻就是用来消耗这部分能量的。制动单元由开关管 VT_B 与驱动电路构成，其功能是用来控制流经 R_B 的放电电流 I_B。

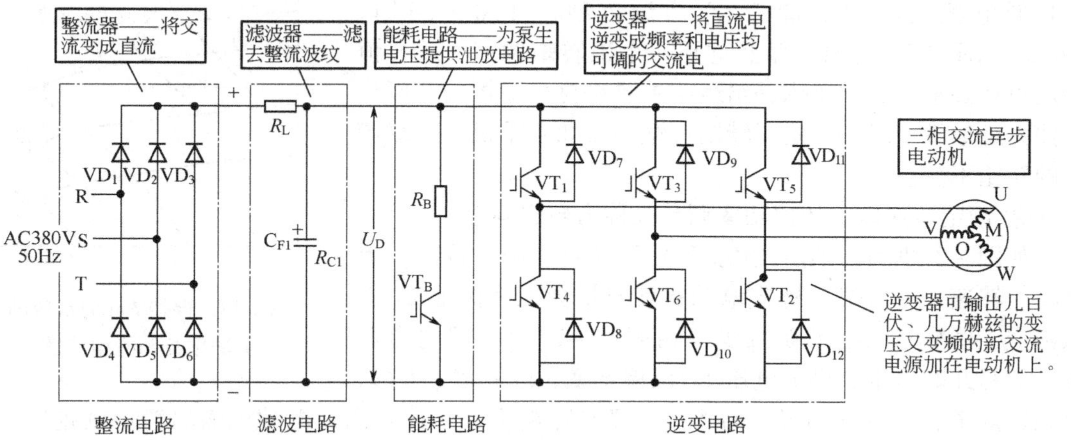

图 4-35　交-直-交变频器电路原理图

2）U/f（E/f）协调控制变频调速系统

由三相交流异步电动机每相电路等效图 4-36 可以看出，设 $U_1(u_i)$、f_1 为加在电动机定子上的电源的电压和频率。由电工学有关内容可知，如果忽略定子每相绕组的电阻与漏抗上的压降，则每相绕组中产生的感应电动势 $E_1(e_1)$ 与电源电压 $U_1(u_i)$ 近似相等，则有：

$$U_1 \approx E_1 = 4.44 f_1 N k_1 \Phi_m \tag{4-14}$$

电磁转矩 T 为：

$$T = K_T \Phi_m I_2 \cos\varphi_2 \tag{4-15}$$

式中　N——定子绕组匝数；

k_1——定子绕组系数；

Φ_m——每极气隙磁通（Wb）；

K_T——转矩常数；

I_2——转子电路电流；

$\cos\varphi_2$——转子电路功率因数。

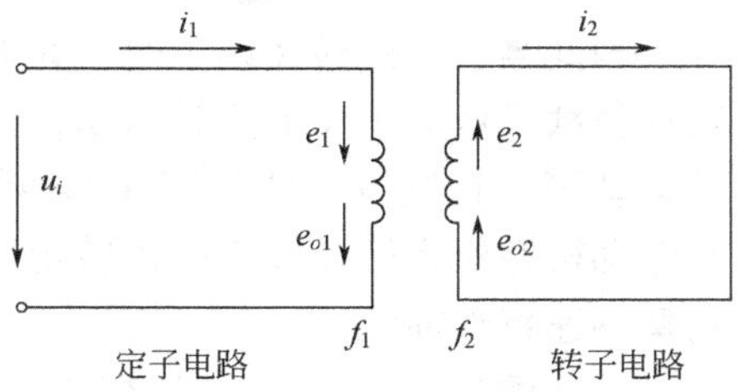

图 4-36　三相异步电动机每相等效电路图

在电动机调速过程中，使每极磁通 Φ_m 保持额定值是关键。在交流异步电动机中磁通 Φ_m 是定子和转子磁动势合成产生的，因此由式（4-14）可知，只要同时协调控制 $E_1/f_1 \approx U_1/f_1 =$ 常数，即加在交流电动机定子上的电压与频率同步变化，其比值始终为一个常数，就可达到控制 Φ_m 并使之恒定的目的。从而避免电动机因磁饱和（励磁电流过大，电动机绕组发热）或欠励磁（影响电动机输出转矩，带载能力下降）而呈现不好的运行状态。对此，要考虑在额定频率以下与额定频率以上两种情况。

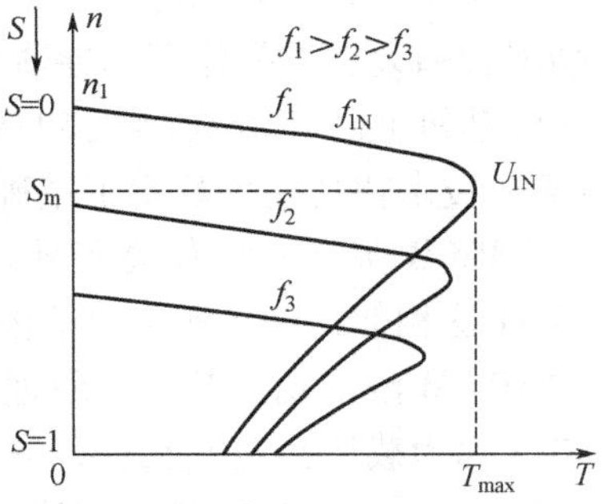

图 4-37　U_1/f_1 为常数的近似恒磁通控制机械特性

① 额定转速以下的恒转矩调节。

如图 4-37 所示，当从额定频率 f_{1N}（对应额定转速）下调时，转速 n 要降低，为此势必要增加磁通以维持转速，其结果就有可能使磁通饱和，导致电损耗增加而发热。因此只能降低电源电压 U_1，即 U_1/f_1 协调控制。由式（4-14）、(4-15)和图 4-37 看出，显然这是一个恒转矩调速，适合恒转矩负载要求。例如车床进给运动主要是克服摩擦力，而当摩擦力近似不变时，就是恒转矩负载。又如起重机，负载产生的转矩不变。

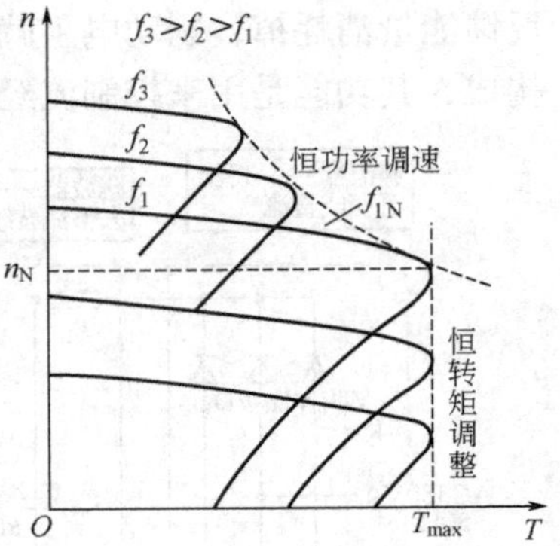

图 4-38　保持 Pm 为常数的恒功率控制机械特性

② 额定转速以上的恒功率调节又称为弱磁调速。

如图 4-38 所示，当从额定频率 f_{1N}（对应额定转速）上调时，转速 n 要升高，感应电动势就要增大，为保证 E_1 近似不变，主磁通 Φ_m 就要减少（由式（4-14）），即弱磁调速。但是此时若定子供电电压 U_1 保持不变，随着 Φ_m 下降，电磁转矩 T 将下降（由式（4-15））。显然 f_1 越大，转速越高，电动机输出转矩就越低。可以近似认为转矩与转速的角频率乘积不变，即功率 $P=T\omega=$ 常数，其中 $\omega=2\pi/60\cdot n_1$。故功率与转矩、转速关系近似表达为：

$$P=1/9550T\cdot n_1 \tag{4-16}$$

式中　P——电动机功率（kW）；

T——电动机额定转矩（N·m）；

n_1——电动机额定转速（r/min）。

因此当在额定转速以上时，为近似恒功率调速。适合恒功率负载，例如车床的主轴运动，龙门刨床工作台的进给切削运动等，其机械特性如图 4-39 所示。该图示出了交流异步电动机在额定转速以下的恒转矩调速与额定转速以上的恒功率调速特性曲线。

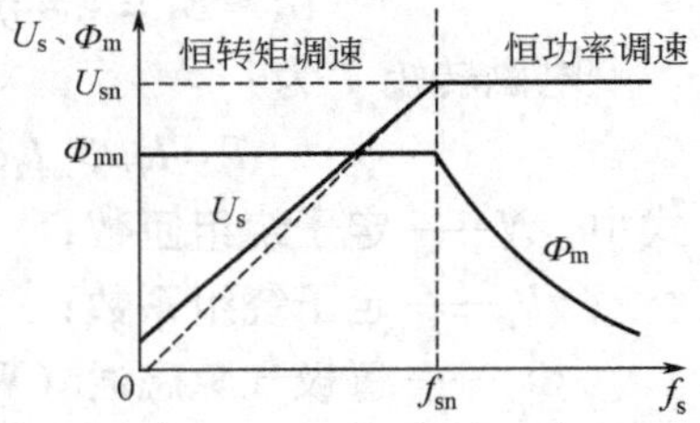

图 4-39　异步电动机变频调速控制特性

例如西门子 1PH5101-4CF4 型交流主轴电动机，其功率为 3kW、额定转矩为 19N·m、额定转速为 1500r/min、恒功率转速范围为 1500～8000r/min。

3. PWM 晶体管脉宽调制技术

在 VVVF 变频调速技术中，逆变器是关键。如何实现变压、变频，其关键在于如何控制晶闸管和大功率晶体管的导通与截止，也就是将直流调制成频率、电压可变的新交流电源加在电动机上。随着新型大功率、快速半导体开关管 GTO、IGBT、MOSFET 等的出现，为 PWM 技术快速发展奠定了基础。

PWM 调制电路有很多种，SPWM 正弦波脉宽调制法是最常用的一种。与直流电动机 PWM 法相似，SPWM 法分单极式、双极式两种工作方式，如图 4-40、图 4-41 所示的是单极式 SPWM 波形图。其基本原理是以正弦波作为基准波（称为调制波），再用一列等幅的三角波（称为载波）与其相交，它们的交点确定了一系列等幅、等距、不等宽、频率可调的脉冲序列方波，用来控制逆变器中大功率晶体管开关。当正弦波高于三角波时，使相应开关器件导通；当正弦波低于三角波时，使相应开关器件截止。由于截取的脉冲方波宽度随正弦波而变化，中间宽、两边窄，显然它们的总面积与正弦波所围的面积等效，并且单位周期内脉冲数越多，等效的精度就越高，其谐波分量就越小。当改变三角波载波频率时（可利用计算机软件实现），可改变逆变器中大功率晶体开关管的导通与截止频率，从而使加在交流电动机定子上的频率与电压同时改变。

SPWM 的变频调速系统的组成和电路都比较复杂，读者可参考相关专著。现在已有专用集成电路可供选用，并且功能齐全，设计就更方便了。

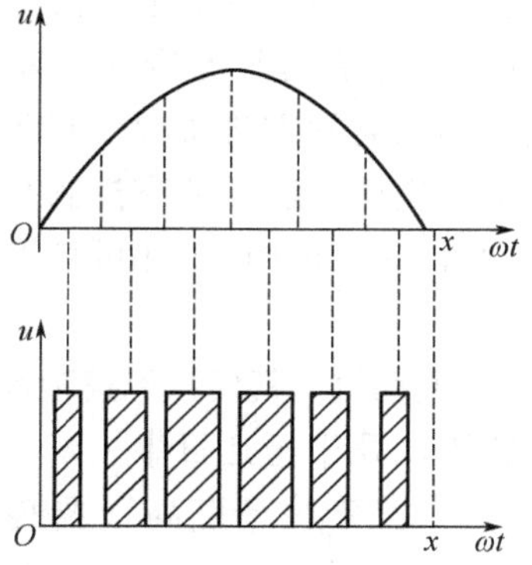

图 4-40　与正弦波等效的矩形脉冲波

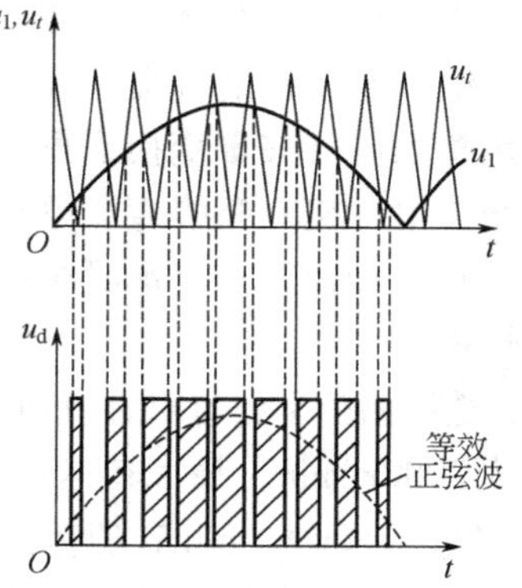

图 4-41　单极式 SPWM 波形

4. 矢量控制变频器

由前所述，直流电动机调速性能好，在早期数控机床及其他要求高精密位置控制的机电一体化设备中获得了广泛应用。其原因是，它能通过改变电枢电压或改变励磁磁通（如减小励磁电流）直接实现平滑调速。例如对他励直流电动机来说（图 4-42），可分别独立调节电枢电压与调节定子励磁电流以变化磁通，它们是互不干扰的。而对于交流异步电动机来说，则不能这样独立控制。因为交流异步电动机调速是通过调节定子供电电压、频率与转差率 S，是由空间感应磁场间接地影响转子感应电流及交链磁通的。当改变电源电压调速时，其定子旋转磁场磁通 Φ_m 和定子电流 i_1 也同时被改变了（图 4-43），二者互相影响，不能进行独立控制，电动机调速控制的动、静态特性差。

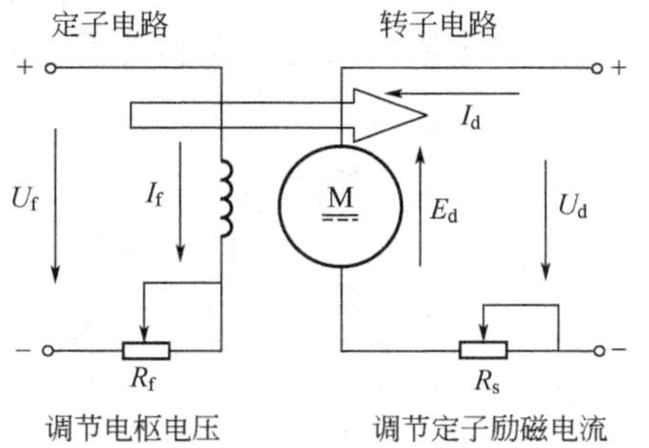

图 4-42　他励直流电动机直接控制原理图

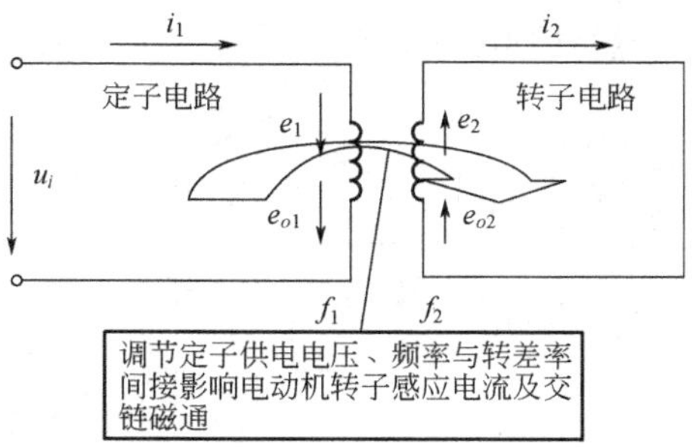

图 4-43　三相异步电动机间接控制原理图

这个问题直到上世纪 70 年代，才由德国西门子公司的 F. Blaschke 与美国的 P. C. Custman 等人解决。他们提出了感应电动机磁场定向控制与感应电动机定子电压坐标变换控制原理，即矢量控制原理。其基本出发点是，交流异步电动机是一个多变量、强耦合、非线性时变系统，很难通过外加信号准确控制电磁转矩。但若以转子磁通这一旋转空间矢量为参考坐标（观察者坐在转子坐标系上看定子旋转），利用从相对静止转子坐标系到相对旋转定子坐标系之间的矢量变换，就可以把定子电流分解为两个分量，一个是建立磁场的定子磁场电流分量；另一个是产生转矩的定子电流分量；这是两个正交矢量，互相独立，可以分别进行调节。这样通过坐标变换将交流异步电动机模拟等效成一台直流电动机，从而可像直流电动机那样进行转矩和磁通控制。

总之，矢量控制变频器就是通过坐标变换和电压补偿，巧妙地解决了交流异步电动机磁通和转矩的解耦及闭环的控制。用装在转轴上的高精度光电编码器等传感器来观测转子位置，然后用磁场旋转矢量变换运算，通过控制定子电流和磁通的方法实现控制转子的电流和磁通，在交流电动机上模拟直流电动机控制速度和转矩的规律，进而动态控制交流异步电动机的输出转矩和转速，使交流异步电动机具有直流电动机的全部优点，如可控性好、稳定性高、响应快速等。

例如，德国西门子公司产的1PH6型交流主轴异步感应电动机，其变频调速范围达1：1000，额定转速为2000r/min，最大转速达8000r/min，额定转矩从几十至几百牛·米，恒功率范围宽（如在2000～8000r/min转速范围内仍保持恒功率），并且定位精度高（要装高精度光电编码器），该电动机被广泛用于数控机床主轴电动机。伺服进给电动机则多用交流永磁同步电动机，例如西门子公司产的1FK6系列交流永磁同步电动机，其调速范围可达1：10000，额定转速2000～4000r/min，额定转矩几至几十牛·米。这两种电动机由于性能优良，价格也较高，多用于要求高精度、高响应、宽广调速范围的伺服系统中。

4.4.4 交流伺服电动机调速系统在数控机床中的应用

如图4-44所示的是交流伺服系统应用于机床数控系统控制原理图。该系统由位置环、速度环、电流环组成。与前述直流伺服电动机控制系统一样，机床数控系统中的交流伺服电动机调速控制系统也是一个双环控制，即外环是速度环，保持速度稳定；内环是电流环，保持转矩恒定；中间是磁场矢量变换单元，目的是把交流电动机速度与转矩控制变换为像控制直流电动机那样，通过分别控制定子电流的励磁通分量和转矩分量，达到控制转子驱动负载的输出转矩与转速的控制。电动机磁极位置由装于电动机同轴上的光电编码盘精确测量，一方面给矢量处理电路计算定子电流矢量值，作为电流环的给定值，以达到控制转子电流进而

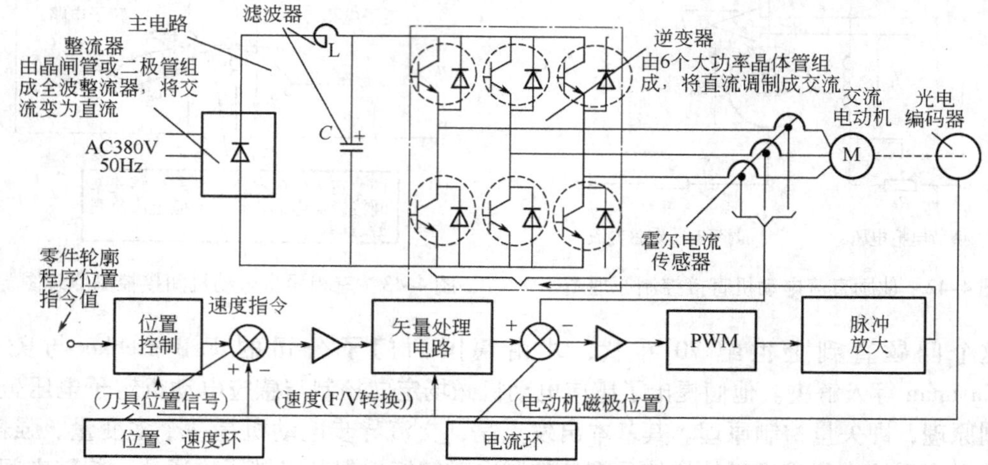

图4-44　交流伺服系统应用于机床数控系统控制原理图

控制转矩的目的；另一方面通过 F-V（频率转换成电压）转换，获得电动机速度实时值。

在该控制系统中，位置环调节器将接收的刀具或工作台上工件进给实际位置（用光电编码盘与光栅尺等传感器测量）与零件轮廓编程指令位置比较，然后将偏差进行放大、运算处理。并进行 PID 自动调节，输出新的速度控制信号至伺服系统中的速度调节器。新的速度控制值与电动机转速信号实时值比较后，经放大并综合电动机转子磁极实时位置信号进行矢量运算处理，结果送至电流环与实时测量的电动机电流值比较后（可用霍尔电流传感器测量），其偏差控制 PWM 脉宽调制器，以输出幅度不变、宽度可变的开关脉冲，去控制主电路上的 6 只大功率晶体管的通断。从而将原先频率与电压都固定的三相交流电源输入，经整流、滤波加在大功率晶体开关管上的直流电压，又逆变成电压与频率皆可变的新的交流脉冲电压，加在电动机定子绕组上，以控制电动机转速（通过速度环自动调节）与转矩（通过电流环自动调节），并达到精确控制刀具或工作台工件位置的目的（通过位置环自动调节），使电动机驱动刀具或工作台上工件跟随数控系统零件轮廓编程位置指令变化，从而精确加工出所需要的机械零件。

如图 4-45 所示是西门子 802S 和 802C 经济型数控系统分别与步进电动机伺服系统和交流伺服电动机伺服系统接线的原理图，因 802S 和 802C 数控计算机控制面板、显示屏、键盘以及背面通信接口是同样形式，故两张图合一。802S 从 X7 相关芯线输出的零件轮廓插补指令是数字脉冲量，经步进驱动器功率放大后，驱动五相十拍步进电动机运转。从 X7 另一组芯线输出 -10V ~ 10V 模拟电压经变频器交-直-交变频与功率放大后，驱动笼型异步主轴电动机运转。而 802C 输出的零件轮廓插补指令是 0 ~ 10V 模拟电压，经西门子 611U 伺服驱动器功率放大后，驱动 1FK6 交流永磁同步进给伺服电动机运转，主轴则与 802S 一样，输出 -10V ~ 10V 电压经矢量变频器驱动 1PH7 型主轴电动机运转。

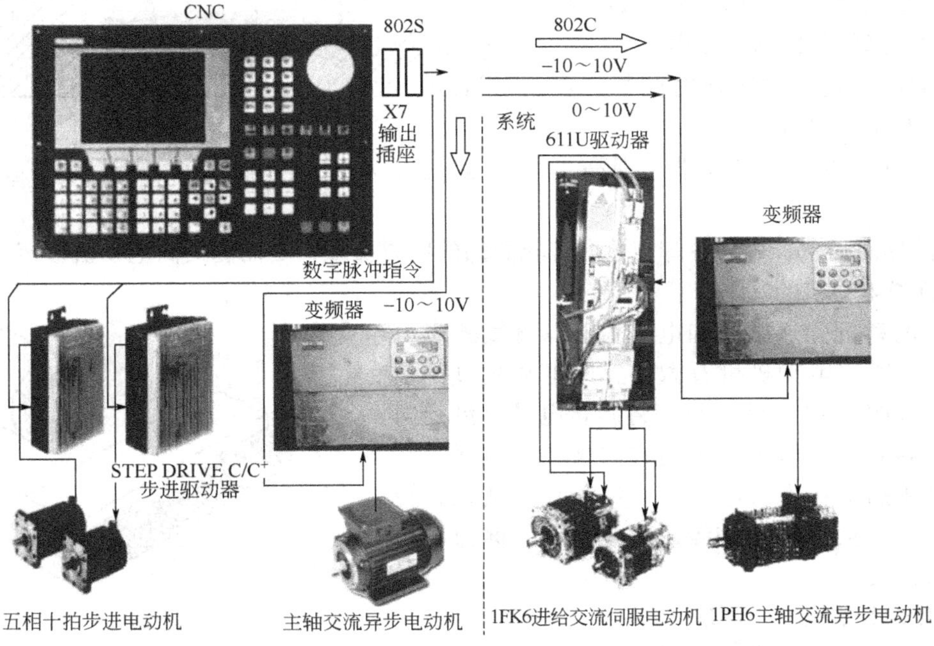

图 4-45　与西门子 802S/C 经济型数控系统配套的伺服系统产品图

4.5 直线电动机伺服系统简介

1. 直线电动机特点与应用

直线电动机是新型进给驱动装置，是近年来应用于数控机床、机器人直线进给驱动装置的新型电动机之一，如图4-46所示。

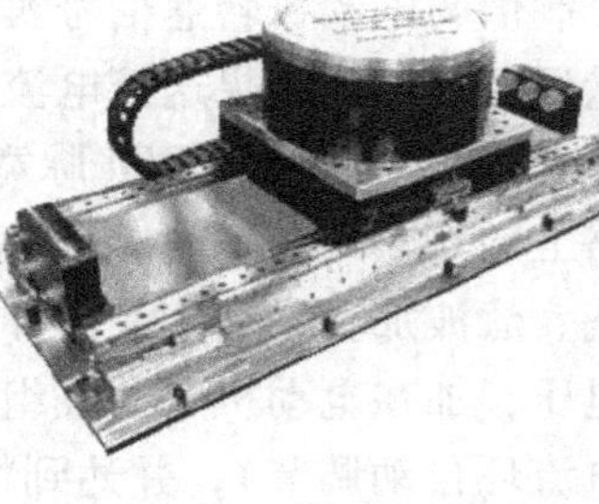

图4-46 直线电动机

过去需要用连杆、齿轮齿条、丝杠等传动机械，才能将电动机旋转运动变为工作台直线运动。如图4-47所示的直线电动机进给系统，不需要中间传动机械装置，就能直接驱动机床工作台作直线运动，即把进给传动链长度缩短为零，称为零级传动。

显然，直线电动机驱动实际上是将过去的“旋转伺服电动机+滚珠丝杠”构成的直线运动传统进给驱动模式，变成了“直接驱动”方式，也称为“零驱动”。丝杠与电动机合一后使传动更直接，避免了机械摩擦、黏滞、间隙等影响；响应更快，传动精度更高，适应了当前数控机床向高速进给（60～200m/min）、高加速度（1～10g）、高精度（纳米插补）方向发展的需要。直线电动机特点如下。

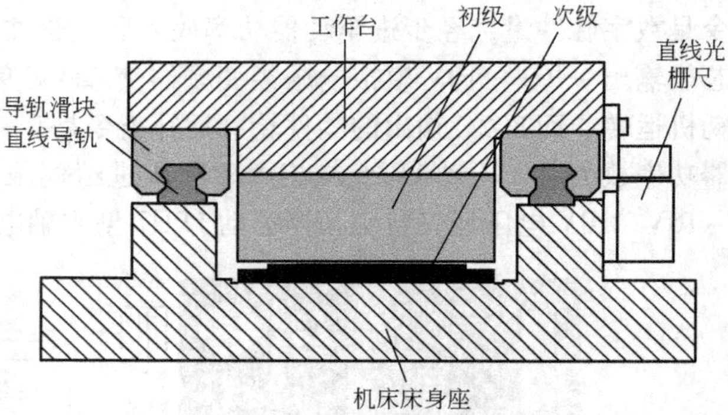

图4-47 直线电动机直接带动工作台—零级传动图

① 简化了机械设计，并可将电动机与丝杠合二为一，因而装配灵活、提高了精度、降低了振动与噪声。

② 响应快速、加减速时间短、可快速起动与正反向运行。

③ 可省去电刷与换向器，提高了可靠性。

④ 散热面积大，容易冷却，可允许较高的的电磁负载，因而能提高电动机额定容量。

2. 直线电动机的构造

直线电动机分永磁式和电磁式。以直线感应电动机为例，直线电动机可看做由感应电动机直接演变而来。如图4-48所示，只需将旋转电动机沿径向剖开，再将定子、转子沿圆周方向展开成直线，便成为最简单的平板直线电动机。定子称为初级，转子称为次级。可以固定初级，次级运动，称为动次级，也可以反之。

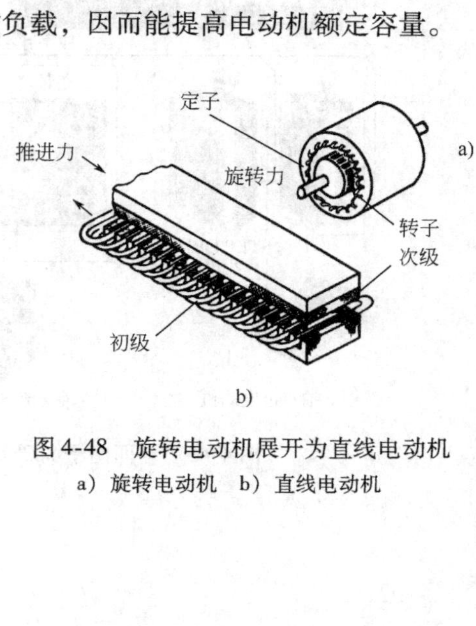

图4-48 旋转电动机展开为直线电动机
a）旋转电动机 b）直线电动机

3. 直线电动机工作原理

当直线感应电动机的初级通交流电流后，会产生直线移动的行波磁场 B_δ，如图4-49所示。显然，该行波的直线移动速度 v_s，与原定子在内圆表面上旋转的速度是一致的，称为同步速度。

$$v_s = 2f\tau \tag{4-17}$$

式中 τ——极距（mm）；

f——电源频率（Hz）。

式（4-17）表明改变直线电动机的极距与电源频率都能改变电动机速度。在行波磁场切割下，次级导条产生感应电动势和电流，它们相互作用，产生切向电磁力，如初级不动，次级就顺着行波磁场方向作直线运动。与旋转电动机一样，改变直线电动机初级绕组的通电相序，可改变电动机运动方向，从而可实现机械往复运动。

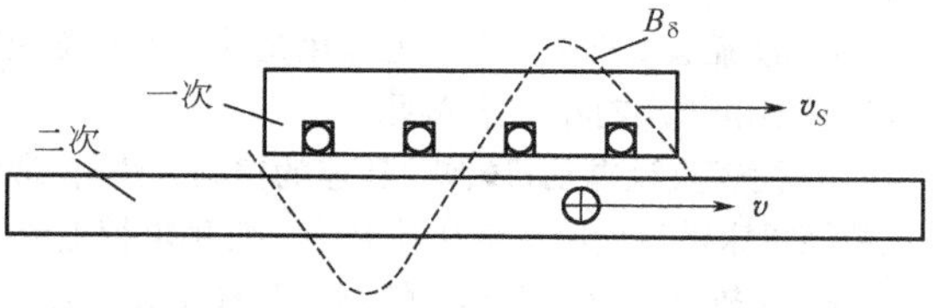

图 4-49 直线电动机工作原理图

4.6 伺服电动机的主要技术参数

各类伺服电动机是机电一体化中用得最广泛、最重要、发展最快的一种执行元件。为便于设计选型，对伺服电动机的技术参数应有所了解。以直流伺服电动机为例，主要有以下参数。

1）额定功率　是指电动机轴上输出功率的额定值，即电动机在额定状态下运行的输出功率。在额定功率下，允许电动机长期连续运行而不致过热。

2）额定电压　是指电动机在额定状态下运行时，励磁绕组和电枢绕组上应加的电压额定值。对永磁直流伺服电动机，只有额定电枢电压。

3）额定电流　是指电动机在额定电压下，驱动额定负载时绕组应加的电流。控制电流随输出功率大小而变化。额定电流一般指电动机在长期运行状态时，所允许的最大电流。

4）额定转速　有时也称为最高转速，是指在额定电压下输出额定功率时的转速。直流伺服电动机调速范围一般在额定转速以下，例如调速范围 1：1000，额定转速 2000r/min，则最小转速为 2r/min。

5）额定转矩　是指电动机在额定状态下，运行时的输出转矩。

6）最大转矩　是指电动机在短时间内可输出的最大转矩，它反映了电动机瞬时过载能力。直流伺服电动机瞬时过载能力较强，可达额定转矩的 5～10 倍。

7）机电时间常数和电磁时间常数　分别反映了直流伺服电动机两个过渡过程时间的长短。机电时间常数通常小于 20ms，电磁时间常数通常小于 5ms，两者之比通常大于 3，因而可将直流伺服电动机近似看成一阶惯性环节。

8）热时间常数　是指电动机绕组的温度上升到额定温度时所需时间。

9）阻尼系数　又称为内阻尼系数，其倒数为机械特性曲线的斜率。

对上述直流伺服电动机的各特性参数有了解后，就不难理解交流电动机、步进电动机等各产品参数含义，读者可上网查阅并熟悉制造商产品手册。

习　题

1. 什么是伺服系统？有哪几部分构成，各有什么作用？请画图叙述。
2. 按检测反馈装置分，伺服系统有哪几类？分别画出原理图并说明其特点和应用。

3. 为什么称步进电动机是脉冲电动机？它有哪些特点？为什么能用于经济型数控系统中？

4. 步进电动机按结构可分为哪几种，简述其结构特点。为什么反应式步进电动机没有自锁转矩？

5. 设某步进电动机转子有 80 个齿，采用三相六拍驱动方式，与滚珠丝杠直连驱动工作台作直线运动，滚珠丝杠导程为 5mm，工作台最大进给速度为 1440mm/min，求：①步进电动机的步距角 β；②此开环系统的脉冲当量 δ；③步进电动机的最高工作频率 $f_{最高}$；如果该电动机矩频特性如图 4-13 所示，能实现恒转矩切削吗？

6. 直流电动机中换向器的作用是什么？永磁无刷电动机的电子换向器与机械换向器相比较，有什么优点？画出电子换向器电路说明。

7. 简述直流电动机转矩/转速的控制方法有哪两种？驱动控制电路又有哪两种（列公式并画图说明）？在数控机床进给伺服电动机控制中，常用电枢电流控制（恒转矩控制），为什么？

8. 比较交、直流电动机性能，各有什么优缺点？可列表说明。

9. 交流伺服电动机调速有哪几种方法？什么是 VVVF 变频调速技术，用什么电路实现？画出电路原理图并简述其工作原理。

第5章　工业控制计算机与接口技术

控制器是机电一体化系统的中枢，它的主要任务是：按照编制的程序指令，完成机械工作状态或工业现场各种物理量状态的实时信息采集、加工和处理、分析、判断，作出相应的调节校正与控制决策，发出模拟或数字形式的控制信号，控制执行机构动作，实现机电一体化系统控制目标的动作。当今，最能胜任这个任务的控制器就是用于工业现场控制的工业控制计算机。

由于机械系统的各种检测反馈输入信号与输出到执行机构的信号，往往存在信号的性质、时序、格式以及能量、阻抗等差别，两者之间的联系必须通过接口进行变换、放大、隔离、缓冲和匹配。此外计算机控制系统也离不开人的操作、监控和管理，人机接口是必不可少的，因此计算机接口对机电一体化系统有着重要的作用。

5.1　工业控制计算机概述

工业控制计算机是用于工业现场的生产设备和工艺过程控制的计算机，如PLC、总线型工业控制机等都是专为在工业环境下应用而设计的控制计算机，简称“工业控制机”或“工控机”。它的最大特点是抗干扰性强、电磁兼容性好、可靠性高、适应工业环境能力强。

工业控制计算机按被控工业对象的控制要求，接收并处理来自被检测对象的各种物理参数，然后把处理结果输出至执行机构去控制生产过程，同时可对生产过程进行监督、管理。

5.1.1　工业控制计算机系统的组成

工业控制计算机系统与PC（Personal Computer）一样由硬件与软件两大部分构成。

1. 硬件系统

（1）计算机基本系统

如图5-1所示，其硬件结构和功能与PC相类似，由CPU、RAM和ROM、时钟电路、中

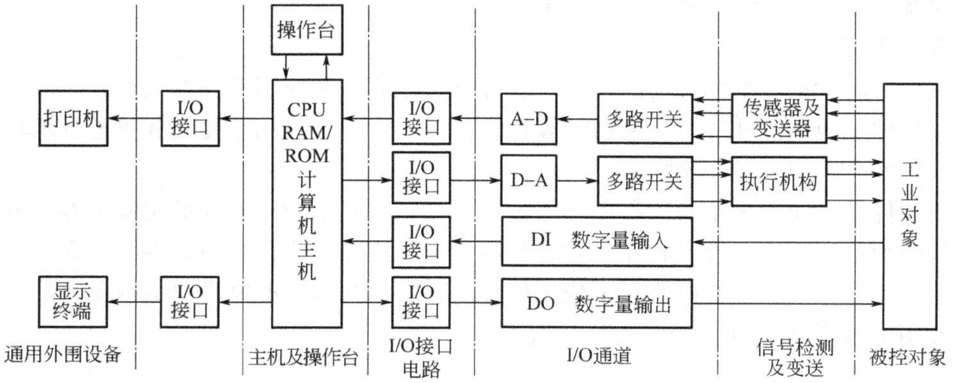

图5-1　典型工业控制计算机控制系统的组成框图

断控制器、DMA 控制器、总线与总线控制器等核心部件组成。实现数据采集、处理、判断、运算、报警等功能，并通过接口电路向系统各部分发出各种控制命令，指挥整个计算机系统协调工作。

（2）接口与输入/输出设备（I/O）

接口与输入/输出设备是计算机与被控对象进行信息交流的纽带，计算机输入数据或向外发送控制命令都是通过接口及输入/输出通道进行的。

① 输入设备：通过传感器与前期信号处理器如 A-D 模-数转换器、数字采样器、保持器等变换器，把被控对象的状态、参数、位置等信息转换为数字信号输入计算机；如果传感器输出的是数字开关量信号，则通过 DI 数字信号输入口，直接输入计算机。

② 输出设备：把计算机输出的数字信号，通过 D-A 数-模转换器转换为能驱动各种执行机构的模拟信号，当然为了能量匹配还需驱动功率放大。若执行机构用数字开关信号驱动如数字伺服驱动器，则可通过 DO 数字信号输出口直接输出。

（3）人机对话系统

计算机控制系统的人机界面是人-机对话的联系纽带，用于操作者与计算机间的信息交换。通过它可以发出各种操作命令，显示控制系统的工作状态和数据，并可输入各种数据。一般包括开关（如电源开关、控制方式选择开关等）、功能键（如启动键、显示键、打印键等）、图形或数码显示器（用于显示控制系统运行/停止等工作状态、各种被测参数、曲线、图表等）、声光指示器、语音提示器等。

（4）通用外围设备

通用外围设备如软盘、硬盘、U 盘、CF 卡、光盘驱动器、触摸屏、串行通信接口（如 RS-232 串行异步通信接口）和并行通信口（如打印机接口）等。

（5）系统总线与扩展总线

为使工业控制计算机控制性能机动灵活，系统总线规模可大可小，并要插接方便、扩展配套容易。这就需要各种标准功能模块板卡（如 CPU 板、电源板、采样板、运动控制板和其他各种 I/O 接口板等），借助于总线母板将它们连接起来，为此推出了 S-100、STD、Multibus 等系统总线。此外，为充分利用 PC 资源，近年来正在大力发展基于 PC 的工业控制机，为解决多种控制模块板卡与主板的连接，目前常用 ISA、PCI 局部扩展总线插槽。按该总线统一标准制造的各种功能模块，插入计算机主板上的相应 ISA、PCI 插槽内，这就解决了 PC 型工业控制机模块化设计的整合，方便了设计与应用。

2. 软件系统

软件是控制计算机各种程序的总称。软件分系统软件和应用软件两大类。

系统软件是通用的软件，一般由计算机设计者提供，专门用来使用和管理计算机。系统软件有：DOS、Windows、UNIX 等。

应用软件是面向用户本身的程序，是设计人员针对某个应用对象而编制的控制和管理程序。一般分为输入程序、控制程序、监控程序、输出程序、人机接口程序、打印显示程序和各种公共子程序等。其中控制程序是应用软件的核心，是基本控制理论的控制算法的具体实现。一般用汇编语言、VB、VC、C++ 等编成。

5.1.2 工业控制计算机的特点

工业控制计算机是面向工业现场的控制设备，与 PC 所面对的对象和任务大不相同，其特点如下。

（1）完善的过程输入/输出功能

要保证所面向工业现场的各种机电设备、测量与控制的仪器仪表、执行机构正常运转，必须有丰富的模拟量和数字量的输入/输出通道，以方便计算机系统数据采集，及时反映过程控制参数的变化，要求做到信息传递快速、准确、灵敏。

（2）实时控制功能

工业控制计算机应具有时间与事件驱动能力，在工况发生变化时，能实时进行监视与控制。当被控参数出现偏差时，能迅速响应与纠偏，因此必须要有实时操作系统与中断系统。

（3）高可靠性

工业控制计算机需昼夜不停地连续工作，系统要有高可靠性和自诊断系统。一般要求工控机的平均无故障时间（MTBF）不低于上万小时，现有的工控机无故障工作时间已到几十万小时。

（4）较强的环境适应性

工控机具有能在高温、低温、高湿、振动等恶劣环境工作和抗电磁干扰、电源波动等的能力。

（5）丰富的应用软件

工控机的控制软件正向结构化、组态化方向发展。在进行控制时，一般需建立能正确反映生产过程规律的数学模型，寻找生产过程的最佳工况，编制标准控制算法及控制程序。

5.2 工业控制计算机的类型

在设计机电一体化系统时，必须根据控制方案、体系结构、复杂程度、系统功能等具体情况，正确地选择工业控制计算机系统。按软硬件结构与应用特点，常用的工业控制计算机有三种类型：可编程序控制器、总线型工业控制计算机和单片机控制器或嵌入式单片机控制器。

5.2.1 可编程序控制器

可编程序控制器，简称 PLC（Programmable Logic Controller），它是将继电器逻辑控制技术与计算机技术相结合而发展起来的一种工业控制计算机系统。PLC 低端产品为继电器逻辑电路的替代品，而高端产品实际上就是一种高性能的计算机实时控制系统。PLC 以顺序控制为主，能完成各种逻辑运算、定时、计数、定位、算术运算和通信等功能，它既能控制开关量，又能控制模拟量。PLC 的最大特点是采用了无触点的存储程序电路代替传统的有触点继电器逻辑电路，将控制过程用简单的“用户编程语言”编程，并存入存储器中。运行时 PLC 一条一条地读取程序指令，依次控制各输入/输出点。目前，PLC 已广泛应用于数控机床、机器人和各种自动化生产线等顺序控制中。如图 5-2 所示为三菱公司出产的 FX_{2N}基本单元 + 扩展式和模块式 PLC 产品。

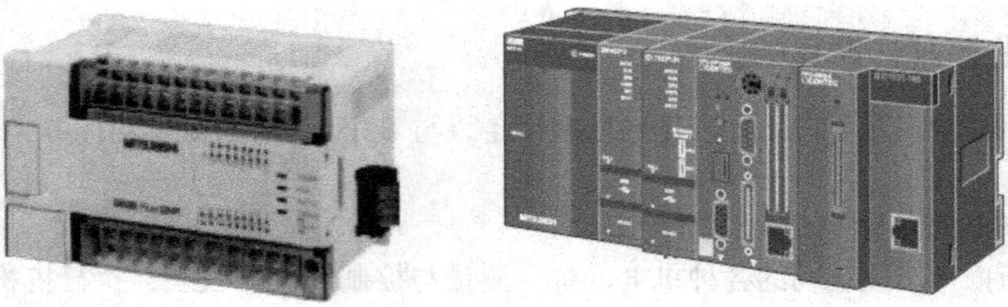

图 5-2　三菱公司 FX_{2N}基本单元 + 扩展式与模块式 PLC 产品

1. PLC 等效电路与典型控制系统构成

PLC 等效电路如图 5-3a 所示，它由输入电路、内部程序控制电路、输出电路构成。典型的 PLC 应用控制系统如图 5-3b 所示，它由编程软件和编程设备、PLC 控制器、外部控制电路（操作面板和电控箱、电动机或电磁阀伺服执行装置等电路）以及控制对象如机器人、数控机床等构成。

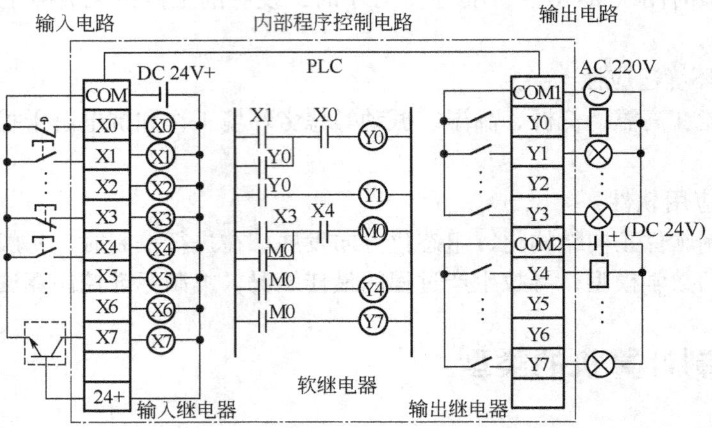

a)

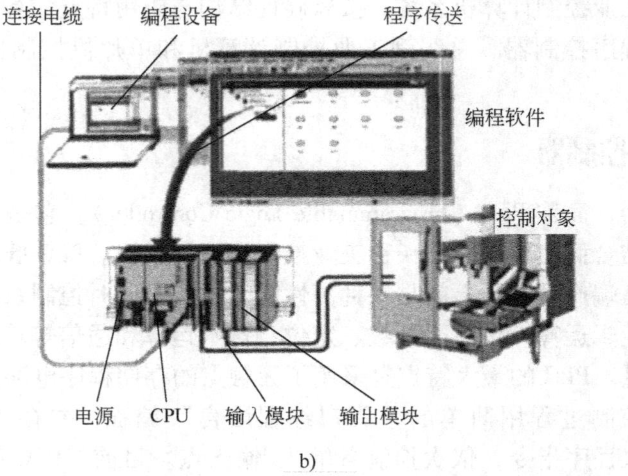

b)

图 5-3　PLC 等效电路和典型 PLC 控制系统构成图
a）PLC 等效电路图　b）PLC 控制系统构成图

PLC 是将传统的继电器硬布线逻辑控制的继电控制电气系统，与当今集成电路技术和计算机技术相结合，发展起来的一种新型工业控制计算机系统。用半导体晶体管触发器构成的各类寄存器即“软继电器”，代替有触点的继电器、接触器、时间继电器等物理继电器。用存储程序取代接线程序，以实现逻辑、顺序、定时、计数、算术运算和通信等控制功能，如图 5-4 所示。显然，与继电控制电气系统相比，PLC 控制器因程序编制修改方便，所以更能适应现代制造业对复杂多变用户市场快速响应能力的要求。

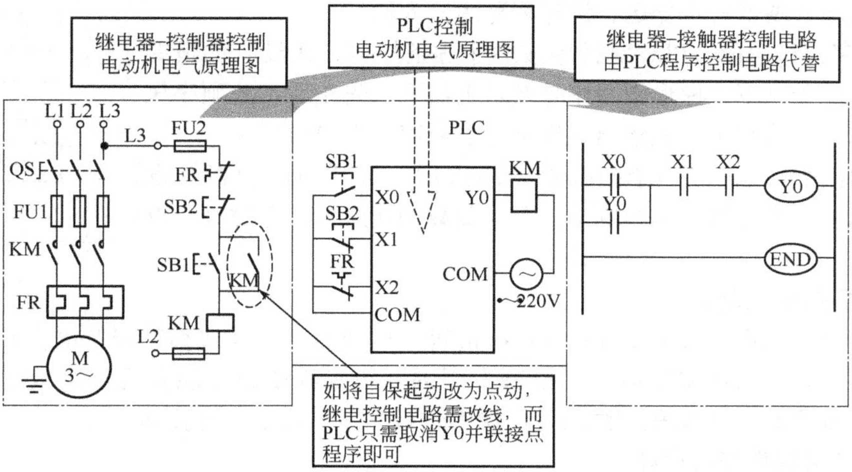

图 5-4　电气控制系统与 PLC 控制系统对比图

2. PLC 的基本构成

PLC 的硬件结构框图如图 5-5 所示，由基本单元、I/O 扩展单元及外部设备构成。其中基本单元包括：电源模块、CPU 模块（运算器、控制器、存储器）、输入模块（按钮、开关、传感器等）和输出模块（继电器、接触器、电磁阀等）组成。视外部 I/O 点数的多少，再用相应数量 I/O 扩展模块来扩展。外部设备则是指：编程设备、打印机、上位计算机等。

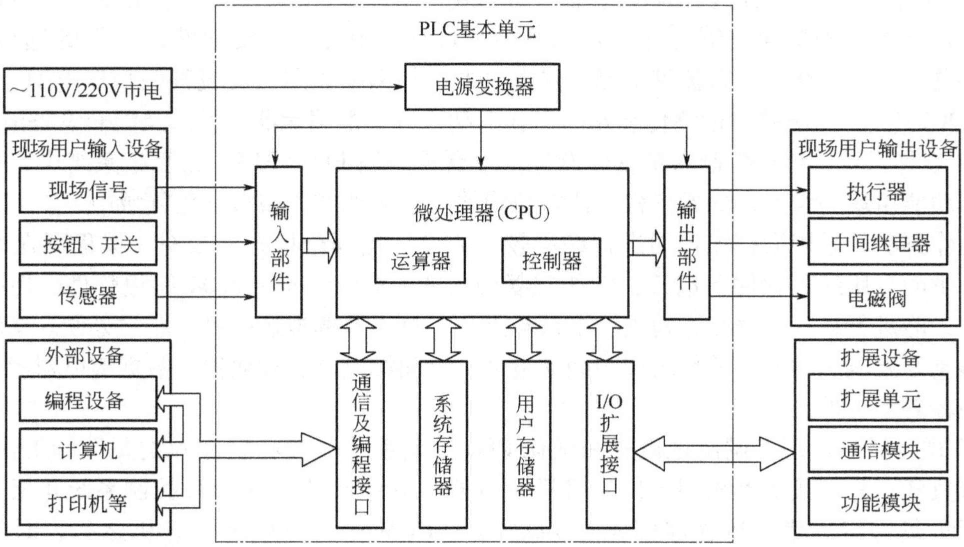

图 5-5　PLC 的硬件结构框图

3. PLC 的工作原理

PLC 是靠逐条扫描用户程序工作方式来实现控制的。扫描工作过程除内部处理、通信处理等准备工作外，对执行程序主要分 3 个阶段进行，如图 5-6 所示，即输入采样、程序执行和输出刷新。PLC 重复执行上述 3 个阶段，每重复一次就是一个扫描周期。

1）输入采样阶段。PLC 以扫描方式，按顺序将输入端的输入信号状态读入输入映像寄存器区，该过程称为输入刷新。

2）程序执行阶段。PLC 对程序按顺序逐条扫描，在没有如报警中断等的特殊干预下，梯形图程序是按自上而下、先左后右的顺序执行逻辑运算，且将结果存入输出映像寄存器或存入 RAM 区。

3）输出刷新阶段。一个扫描周期结束后，打开输出锁存触发器，将输出映像寄存器的内容输出，驱动负载如接触器、电磁阀、电动机等。

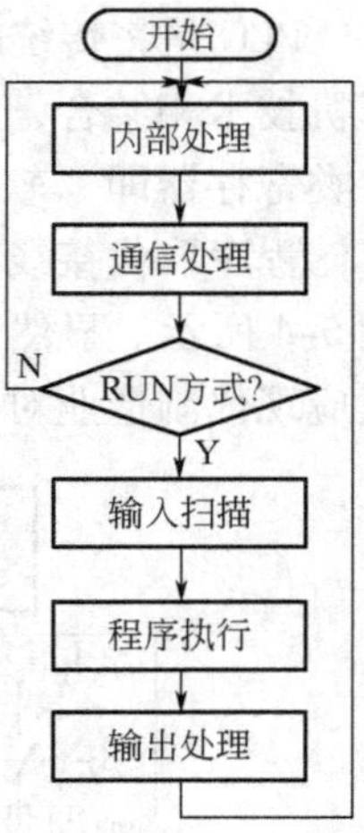

图 5-6　PLC 工作原理图

4. PLC 的编程语言

PLC 常用的编程语言主要有：梯形图语言、指令表语言（或称助记符语言）、顺序控制状态流程图语言和结构文本语言（一种专用的高级编程语言，能实现复杂数学运算）等。有关 PLC 的编程语言和编程方法由专门课程进行学习，这里不再赘述。

5. PLC 控制系统的设计

（1）PLC 控制系统的设计步骤

① 确定总体方案与系统设计。PLC 控制系统设计应首先充分了解和掌握：被控对象的控制要求和各项性能指标；工艺和工序动作的流程与时序；被控设备现场布置情况；对价格性能比的要求等并画出工艺流程与工序动作图。然后在此基础上确定系统结构类型和主要部件，如操作界面、PLC 类型与规模、输入/输出模块与点数等设备的型号与规格、抗干扰措施等。

② 硬件设计。在硬件设计阶段，需要完成电气控制原理图、系统连接图、控制箱（操纵台）面板布置和背面电器元件布置图等图样设计。要进行主要器件或部件的选型计算，如断路器、交流接触器、直流继电器、热继电器、隔离变压器、交流开关稳压电源（如 AC 220V/DC24V）、电磁阀、检测传感器、伺服电动机等，汇编元器件目录及配套设备清单等。

③ 软件设计。PLC 控制系统软件设计，主要是编制 PLC 程序。在复杂系统中，还要进行特殊功能模块的编程，如通信模块或定位模块。一般地在机械自动化领域中，工艺与工序顺序动作鲜明，采用顺控流程图进行编程较为方便，也利于检查、校对。编程可在 PLC 制造商提供的专用编程软件上进行，例如三菱公司的 GX Developer 8.34 编程软件。在此编程软件中，能进行编程、修改、检查、下载与上传、打印及模拟运行等，非常方便。编程前首先要编制好要应用的 I/O 地址表和中间继电器、时间继电器、计数器、数据继电器等编号表以及注释表等文件。

④ 现场调试。现场调试是检查和优化 PLC 控制系统硬件和软件的重要设计工作步骤。先不带负载，只带接触器线圈与信号灯进行分段、分级调试。待 PLC 控制系统正常后，再带实际负载运行，然后将程序固化在 PLC 的 EPROM 中。最后现场开机运行，时间大约 72h，主要考核 PLC 控制系统的稳定性和抗干扰性等。

⑤ 技术文件编制。在现场带载调试运行完成后，根据调试情况要及时修改程序、设计图样和文件，必须严格做到图样和实际一致以利于设备维修与技术改进。要备份 PLC 程序与各项参数，做好现场调试记录，并做好图样、文件的归档工作。

（2）PLC 的选用

1）PLC 容量估算

① 估算 I/O 点数（开关量与模拟量分别统计）。在实际点数基础上再加上 15% ~20% 的备用量，以备生产工艺的改进和功能扩充的需要。

② 估算存储量。小型 PLC 内存约 2KB，中型约 2KB ~ 8KB，大型则在 8KB 以上。内存容量经验估算方法如下：

开关量输入、输出——存储器字节数 = 输入点数 ×10；

定时器/计数器——存储器字节数 = 定时器/计数器数量输入点数 ×2；

模拟量输入——存储器字节数 = 模拟量通道数 ×100；

通信接口输入——存储器字节数 = 通信接口个数 ×300。

容量估算开始很难准确，因为用户程序编制与系统控制的复杂程度、算法、程序结构的优劣等都很有关系，一般要加大 15% ~20% 的余量。

2）PLC 功能选择

各公司生产的 PLC 功能配置不尽相同，应以够用为原则去选择，一般工业顺序控制只需要具有逻辑运算、定时器/计数器等基本功能就可完成任务。如果是工业过程控制或数控机床、机器人等控制，则需要选 A-D、D-A 转换模块、PID 控制模块或运动控制定位模块。这些模块位数越多，其分辨率与精度越高，价格也就越高。至于扫描速度、指令功能、内存储器容量及抗干扰功能等随着计算机技术的发展，对一般中小型工业控制都能满足要求，应根据需要选择。

3）选择 I/O 模块

I/O 模块要占到 PLC 价格的一半以上，不同的 I/O 模块的性能及电路均不相同，必须根据需要合理选择。

① 输入模块的选择。输入模块分为数字量和模拟量两种。数字量输入又分直流、交流和脉冲三种；模拟量输入则分为电压和电流两种。PLC 工作电压一般为 5V，以数字方式（二进制）工作。所以从外边输入的模拟信号必须先转成标准信号（0 ~ 10mA、4 ~ 20mA、0 ~ 10V），再通过 A-D 转换器模块转换成数字信号输入 PLC。如果模拟量点数多，还要通过扫描采样开关电路，再接入 A-D 转换器。

② 输出模块选择。输出模块分为三种：继电器输出、晶体管输出和双向晶闸管输出。要根据驱动的最终负载特性进行选择。例如一般电动机或电磁阀起停、开关的控制，控制频率不太高的则可选择继电器输出模块；若驱动的是变频调速有频繁正反转的伺服电动机，控制频率又较高，则需选择晶体管输出模块。对于需要模拟量输出如 4 ~ 20mA、0 ~ 10V 的通道，则需配置 D-A 数模转换模块。

（3）电气控制原理图及外部接线设计

电气控制原理图即 PLC 外部电路设计，主要指输入、输出设备（按钮、行程开关、限位开关、接触器、电磁阀、触摸屏、变频器、伺服电动机等）与 PLC 的连接电路；各运行方式、强电电路及连锁电路设计（自动、半自动、手动、连读、单步、单周期等）；电源电路（主电路供电、传感器电源、各负载电源等）；控制柜内电路及配线；外部接线、接地等设计、抗干扰设计与可靠性设计等。

这些电路的设计与敷设原则一般同机床电气要求。例如强电、弱电分开，高电压、低电压分开；交流电、直流电分开以及各设备单独接地、大电流通断的继电器、接触器线圈及接点要有灭弧吸收电路等，以避免控制器受到电磁波干扰。

设计案例见第 7 章 7.2 节工业搅拌机 PLC 控制系统的设计。

5.2.2 总线型工业控制计算机

总线型工业控制计算机，根据功能要求把控制器划分成具有一种或几种独立功能的电路模板，从内总线入手把各功能模块设计制作成“标准”的模块，像搭积木一样将硬件模板插入一块公共的称为“底板”的电路板插槽上，组成一个模块网络系统。每块模板之间的信息都通过底板进行交换，从而达到控制系统的整体功能，这就是所谓总线式模块化设计。例如 STD 总线和 Multibus 总线等工控机、PC 型的 ISA 和 PCI 总线扩展工控机等，常用于工厂过程自动化系统的主控制计算机。

1. 工业控制计算机总线概述

所谓总线，就是在器件与器件之间、电路板与电路板之间或者设备与设备之间传送数字信息的一组公用共享信号线。总线通常通过使用一组印制线、一定芯数的双绞线、带屏蔽套的同轴电缆甚至光缆和相应接口，在总线控制器指挥下遵照约定的通信协议，互相传输数字信号。总线型工业控制计算机是具有总线结构的计算机，它主要应用于工业过程测量、数据采集与控制。按功能总线可分为内总线与外总线。

（1）内总线

内总线是连接元器件内、电路板内等计算机内部各部件间信号的通道，完成信息的传递，这些信息包括地址、数据和控制信息，所对应的总线为地址总线 AB、数据总线 DB 以及控制总线 CB，这些总线常见于个人计算机设备，读者也比较熟悉。此外在总线型工业控制计算机机箱中，除主板外还有插入扩展槽中的各种功能卡，例如显示卡、声卡、MODEM 卡等模块电路板。为通用及扩展便利，对这些插槽每一引脚的信号名称及电气特性都要做统一规定，以便使这些板卡电路板能与主板电路连在一起，这就是总线型工业控制计算机。规定总线统一标准，有利于设计与制造。在总线型工业控制计算机领域中，有很多总线标准，例如 MultiBus、STD、PC/AT 等总线，以及目前流行的 PC-104 总线、1SA、PCI、USB 总线等。有的厂家还有自定义总线，如专业生产机床数控系统的 FANUC 公司、SIEMENS 公司等。

（2）外总线

外总线又称为现场总线。现场总线是将主站的主控计算机设备与现场各种从站设备，如传感器、变送器、执行器以及现场分控制器（如 PLC、调节器）等设备连接起来，进行数据传输与通信，形成一个完整的自动化网络控制系统，多用于化工、冶金、炼油等大型工厂自动化系统。常用的现场总线与通信接口主要有：

① RS-232C 与 RS-485 串行异步通信接口。用于近距离的外设与主控计算机之间传输数字信号；

② IEEE-488 仪器测量总线。用于连接现场测量仪器如变送器、调节器、调节阀等；

③ Profibus 过程现场通信总线。由西门子公司推出，用于工厂过程自动化；

④ CC-Link 控制与通信链路系统。由三菱公司推出，主要用于亚洲；

⑤ CAN 控制器局域网总线。由德国 BOSH 公司推出，最初用于汽车内部测量与执行部件间数据通信；

⑥ Lonworks 局部操作网络总线。由美国 Echelon 公司推出，最初用于楼宇自动化等。

关于现场总线更详细的知识与应用，请参阅书后参考文献。由 Profibus 现场总线构成的工厂三级计算机自动控制系统，如图 5-7 所示。

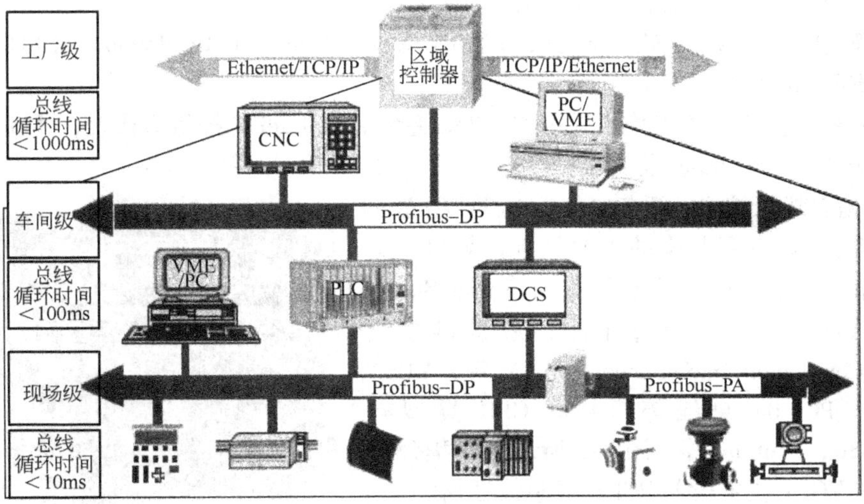

图 5-7　由 Profibus 现场总线构成的工厂三级计算机自动控制系统

工厂级。是系统核心部分，完成对工厂过程控制各部分的管理和控制，并实现厂级办公自动化。主要由主控制计算机、监控计算机、网络管理站、大型模拟显示屏以及办公自动化设备等构成。

车间级。是实现工厂自动化的关键，也是工厂级与现场级之间的枢纽层。主要由 CNC、分布式计算机、PLC 构成。

现场级。是实现工厂自动化的基础。主要由传感器、变送器、控制器、执行机构如气动调节阀、电动机等构成。

2. 现场对工业控制计算机的要求

现场对工业控制计算机的一般要求是：温度、湿度适用范围大，防尘、防腐蚀、防振动冲击能力强；较好的电磁兼容性、共模抑制能力和抗干扰能力强；平均无故障工作时间长，故障修复时间短等，以达到很高的运行效率。为适应工业现场的要求，总线型工业控制计算机已经普遍采用了如下措施。

（1）特殊设计的高可靠性电源装置，除了能适应较宽的电压波动范围外，还能承受瞬间冲击，保证能在电网不稳、电气干扰较大的环境中可靠地运行。

（2）高功率双冷风扇配置，解决高温下的散热问题，并使机箱内部空气保持正压，以减少粉尘侵入。

（3）全钢结构的标准机箱（带滤网）和减振，加固压条装置，在振动较大环境中仍能可靠运行。

（4）采用大母板结构，留给用户尽可能多的插槽以供 I/O 扩展使用。总线驱动能力强，一台工控机上可插入多达 10～12 块 I/O 模块。

（5）采用标准化部件，元器件经过严格筛选，确保整机质量。

3. 总线型工业控制计算机的分类

（1）按工业控制计算机的总线分类

① STD 总线工控机。该工控机采用 STD 总线，主机 CPU 类型有 80386、80486、Pentium 等，另外与 STD 总线相类似的有 STE 总线工控机。

② VME 总线工控机。该工控机采用 VME 总线，主机 CPU 以 Motolora 公司的 M68000、M68020、M68030 为主。

③ 多总线工控机。该工控机采用 Multibus 总线，以 Intel 工控机为代表，主机 CPU 类型有 80386、80486、Pentium 等。

④ PC 型总线工控机。近年来兴起的 PC 型总线工控机是基于 PC 发展起来的工业控制计算机。其总线类型有：工业标准结构总线（Industrial Standard Architecture，ISA）、周边元件扩展接口总线（Pedpherd Component Interconnect，PCI）等、VESA 局部总线、PC-104 总线等，主机 CPU 类型有 80386、80486、Pentium 等。图 5-8 所示为研华公司的 AIMB-766VG 工业主板上 PCI 扩展总线插槽。

图 5-8　研华 AIMB-766VG 工业主板上 PCI 扩展总线插槽

为了加快产品开发，缩短研制周期，充分利用 PC 资源，研发工业控制机成了目前的潮流。以研华公司、研祥公司为代表的 PC 型工控机制造商专业化大批量制造通用模块板卡，供用户根据需要选用。模块板卡有 CPU 板卡、PCI 总线电路板卡、多通道的 A-D 采样卡、D-A 板卡、数字输入/输出开关量板卡、继电器板卡等，以及控制直流、交流及步进电动机等的运动控制板卡等，然后将选定的各种板卡插入工业 PC 机箱内主板上的 ISA、PCI 总线扩展槽上。每个模块板制造厂都带有板卡驱动程序，标有板卡选通地址及初始化程序，按照说明书编制应用程序。最后就构成了个性化的专用计算机控制系统，从而使设计省事、省时、可靠。图 5-9、图 5-10 分别为研华公司的 16 路数据采集卡和 4 通道同步模拟输入卡。

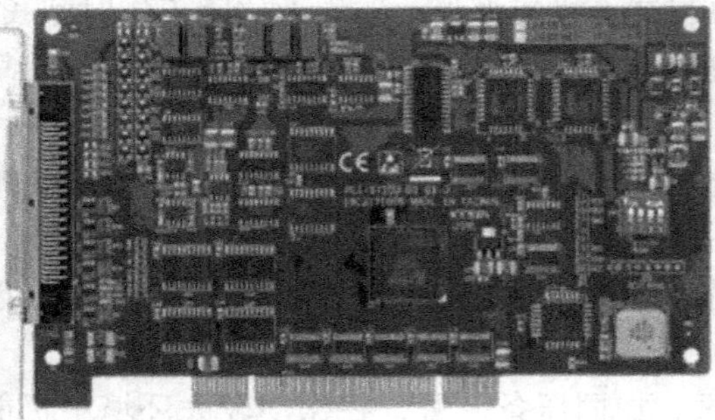
图 5-9　16 路数据采集卡

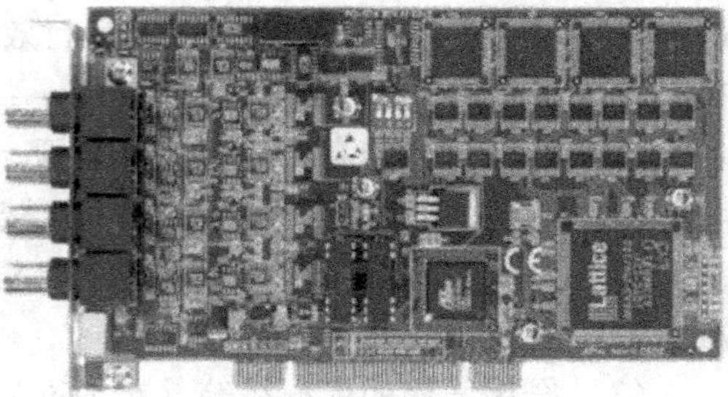
图 5-10　4 通道同步模拟输入卡

（2）按工业控制计算机结构形式分类

以研华公司、研祥公司为代表的 PC 型工控机按结构形式可分为以下几种类型。

① 普通结构工控机。普通结构工控机如图 5-11a 所示，类似卧式放置的 PC 结构。但是在主板的电磁兼容性和冗余设计、电源可靠性设计、接口和总线扩展槽设计等方面要远远高于 PC，价格也高得多。

② 盒式工控机。盒式工控机如图 5-11b 所示，具有体积小、重量轻等特点，可以挂在工厂车间的墙壁上或固定于台架上。

③ 超薄工控机。如图 5-11c 所示，超薄工控机是一种紧凑型的 IPC，它是将主机、触摸式显示屏与输入键盘、电源、软盘驱动器和串行接口集中在一起的一体化工业 PC，主机 CPU 为 80386、80486、Pentium 等。其显示器为超薄型彩色液晶显示器，通常采取 CPU 主板与液晶显示屏及手动数据输入键盘三者合一结构，可以很方便地安装到墙壁上或控制箱的面板上。

a)　　b)　　c)

图 5-11　研华各类 PC 型工控机

a）普通结构工控机　b）盒式工控机　c）超薄工控机

4. 总线型工业控制计算机的应用

总线型工业控制计算机在机械自动化上的应用，就是以 PC 型工控机为平台，插入 D-A、DIO、计数器等模块电路板，构成由伺服电动机驱动的控制系统。

这里要着重指出的是，用于工业现场控制的 PC 型工控机与普通 PC 是有区别的，在工业控制应用中不可用普通 PC 代替专业公司设计制造的工业控制机。工业控制机的机箱、电源、主板、通信接口等都经过特别电磁兼容性设计和冗余设计，抗干扰能力及可靠性得到大幅度提高，无故障工作时间可达几万小时，其 ISA、PCI 扩展总线插槽也比普通 PC 多。如图 5-12所示为三轴工业机器人专用控制器的应用，如图 5-13 所示为 PC 型工控机和 ISA、PCI 扩展槽模块卡的应用图。

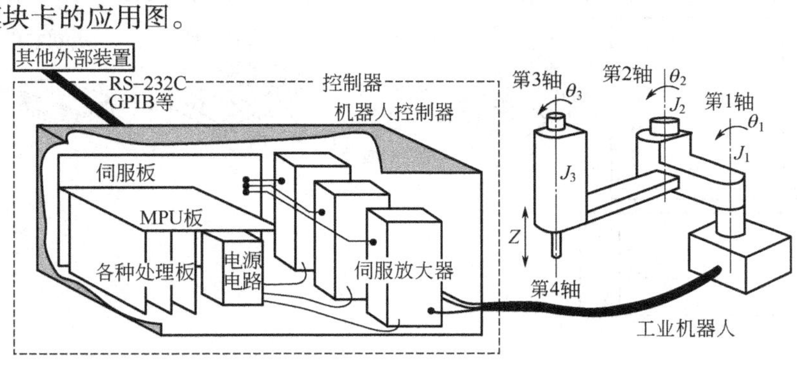

图 5-12　总线型工控机应用举例——三轴工业机器人专用控制器

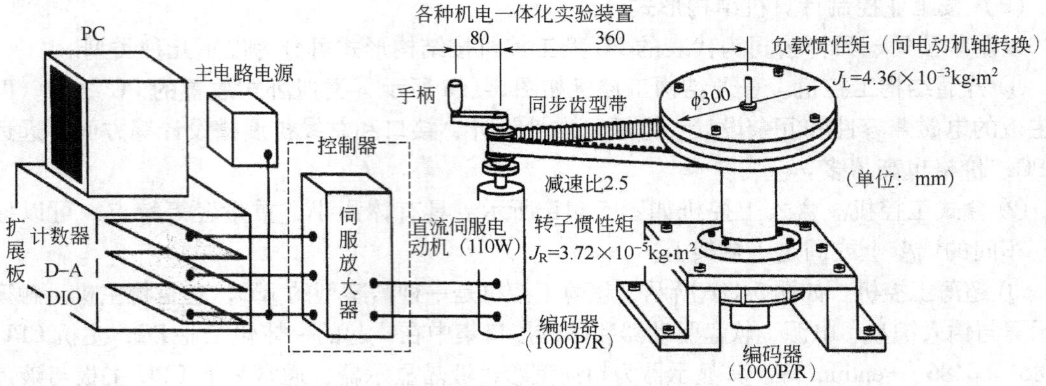

图 5-13　PC 机型工控机和 ISA、PCI 扩展槽模块卡应用图

显然，总线型工业控制计算机具有以下优点。

（1）提高设计效率，缩短设计和制造周期。在系统的整体设计时，将复杂的电路分布在若干功能模板上，可同时并行地进行设计，功能模板可以直接购得，从而大大地缩短了系统的设计、制造周期。

（2）提高了系统的可靠性。由于各通用电路模块均由专业制造厂以 OEM（Original Equipment Manufacture）产品形式专业化大批量生产制造。用户可以根据自己产品或装置具体需要，购买 OEM 产品，如中央处理器（CPU）、随机存取存储器（RAM）等，构成自己的计算机控制系统。

（3）便于调试与维修。由于模块是按照系统的功能进行分解的，维修或调试时只要根据功能故障性质进行诊断，更换损坏的模块，就可以方便地排除故障。

（4）能适应技术发展的需要，迅速改进系统的性能。当根据生产发展、技术改进或产品更新的需要，对原系统的某一部分或模块进行更新时，总线型工控机只需要更换模块和改进软件，不需要对整个系统进行重新设计，便能满足对系统提出的新的要求。

5.2.3　单片机控制器

1. 单片机控制器概述

计算机经历了三种应用发展形态，即 PC→单板机→单片机，如图 5-14 所示。在通用计

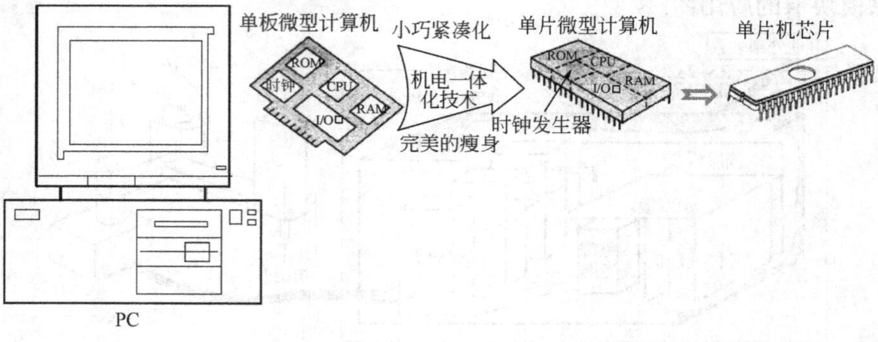

图 5-14　计算机的三种应用发展形态

算机系统中，硬件系统是由运算器、控制器、存储器、输入/输出设备五大部件组成的。这些部件由若干大规模集成电路芯片，在一块或几块电路板上安装，再用总线连接构成一台计算机。单板计算机是指在一块较大印制电路板上，安装了 CPU、RAM、ROM、I/O 口等集成电路，构成便于携带的各种大小不同的控制系统。而单片机则是在单板机的基础上发展起来的，利用大规模集成电路技术将核心电路集成到一块集成电路芯片中，即将 CPU、存储器（ROM/RAM）、多功能 I/O 接口电路（并行口、串行口、A-D 与 D-A 转换器）、定时/计数器、通信控制器、中断控制器甚至图形控制器、高级语言、操作系统等都集成在一块大规模集成电路芯片中，从而构成了单芯片的微型计算机系统。

单片机的研发初衷就是要解决工业设备控制问题。PC 虽然功能齐全，能进行海量信息处理，但是体积庞大嵌入设备中困难。单片机则因体积小、价格低、可靠性高，可方便嵌入家用电器、仪器仪表、工控单元、机器人、手机等设备中。特别是近年来根据不同的应用对象，发展了嵌入实时操作系统的 16 位、32 位高级单片机，更加拓展了其应用范围。目前，单片机已越来越广泛地应用于工业测控领域、嵌入式家电、医疗设备和军用火控系统中。因此单片机常被称为“嵌入到对象体系中的专用计算机系统”，简称嵌入式控制器。早期的单片机就属于低端的嵌入式计算机系统。由单片机组成的控制器系统具有以下特点。

（1）受集成度限制，片内存储量较小。一般片内 ROM 约为 4～8KB，片内 RAM 小于 256B。但可在外部扩展，如 MCS-51 系列单片机 EPROM、SRAM 可扩至 64KB。

（2）可靠性高。单片机芯片本身是按工业测控环境要求设计的，其抗工业噪声的干扰能力优于一般通用 CPU；常用信号通道均集成在片内，传输可靠，受干扰小；程序指令、常数、表格等均固化在 ROM 中，不易损坏。

（3）易扩展。单片机芯片外部有许多供扩展用的总线及并行、串行输入/输出口，很容易构成所需规模的计算机控制系统。

（4）控制功能强。为满足工业控制要求，其指令系统有丰富的条件转移指令、I/O 口逻辑操作及位处理功能。一般来说，单片机的逻辑控制及运行速度均高于同一档次的微处理器。

（5）一般片内无通用管理软件及监控程序，软件开发量大。单片机程序需开发者用汇编语言或 C 语言编制。但近年来，也出现了片内固化的 BASIC 及 C 语言解释程序特别是嵌入式单片机还嵌入了实时操作系统，方便了开发。

2. 单片机程序设计语言简述

单片机属微型计算机，其计算机程序设计语言是指计算机能理解和执行的语言。经不断发展，现可分为机器语言、汇编语言和高级语言。

（1）机器语言

计算机只能接受 0 和 1 组成的数字代码，按照代码的规定执行某种操作，这种代码称之为机器指令，所有机器指令的集合叫做机器语言。不管什么高级语言，最终都要通过编译程序，将其转化成机器语言，计算机才能接受与执行。例如 28H 这一十六进制代码就代表加法指令操作。

（2）高级语言

① BASIC 语言：初学者通用符号指令码，原用于计算机解题，是一种解释程序，运行慢，现发展为面向工程可视化的 VB 语言。

② FORTRAN 语言：适用于数值计算和解方程。

③ COBOL 语言：有大量事件和 I/O 处理功能，适用于企业商业数据处理。

④ PASCAI 语言：商业交易语言。

⑤ C 程序语言：C ++、VC、TURBO-C 等。C 语言通用性强、函数库丰富、生成目的代码质量高、执行速度快、效率高，仅次于汇编语言。因其不依赖硬件指令系统，可移植性好。

(3) 汇编语言

由于机器码是若干二进制码，不易记忆、查询和编写，因此就用有定义的符号来表示这种二进制码，这就是助记符，一般用英文缩写表示。如前述的机器码 28H 代表了加法操作，用英文缩写 ADD 表示。这种用助记符形式来表示的机器码指令，称为汇编语言指令。用汇编语言编写的程序称为汇编语言源程序。

汇编语言是面向机器的语言，具有易学、易记、易写、易改的特点。与高级语言相比，汇编语言执行速度快、节省内存、控制精细。通常为初学单片机者的首选语言，也是工程应用中的常用语言。但缺点是依赖微处理器芯片的指令系统，可移植性差，产品升级换代不方便。

(4) 汇编语言编程举例

用程序实现 $c = a^2 + b^2$，设 a、b、c 分别存于内部 RAM 的 DA、DB、DC 三个单元中。

① 编程说明：首先画出程序流程图，可以用调用子程序方法来实现。即先通过两次调用查平方表的子程序，然后再在主程序中相加得结果。

② 主程序清单如下：

$c = a^2 + b^2$ 的主程序清单

```
ORG     4000H      ; 目标程序起始地址 START;
MOV     A, DAH     ; 第一个数送 A;
ACALL   SQR1       ; 调查表子程序求 a²;
MOV     R1, A      ; a²暂存在 R1 中;
MOV     A, DBH     ; 第二个数送 A;
ACALL   SQR1       ; 调查表子程序求 b²;
ADD     A, R1      ; 求 c = a² + b²值;
MOV     DCH, A     ; 保存结果;
SJMP    $
```

子程序清单如下：

```
SQR1: INC   A                  ; 调整指针;
      MOVC A, @A + PC         ; 查平方表;
      RET
TAB:  DB  0, 1, 4, 9, 16, 25,  ; 平方表;
      DB  36, 49, 64, 81
      END
```

注：ORG 4000H 称为伪指令，又称为伪操作，在汇编时不产生机器语言指令，仅供汇编控制用。

3. MCS-51 系列单片机简介

单片机系列品种尽管很多，但目前 8 位机无论在速度、存储器容量及功能等方面，对一般控制已够用。而很多公司的 8 位机是在 Intel 公司的 MCS-51 系列单片机基础上发展起来的。例如现应用很广的美国 ATMEL 公司 AT89C51、AT89S51/52 单片机，就与原 8051 单片机的引脚与功能是兼容的。所以，学习并掌握 MCS-51 系列单片机是了解单片机结构、应用的基础。

MCS-51 系列单片机是 Intel 公司在 1980 年推出的 8 位机，典型产品是 8031、8051（无 ROM 是 8031）。其内部资源为 8 位 CPU；ROM 为 4KB；RAM 为 128B；4 个 8 位 I/O 接口电路；2 个 16 位定时器；1 个串行全双工异步通信接口；5 个中断源和 2 个中断优先级。

该器件从制造工艺分为 CMOS 和 HMOS（产品型号带 C 的为 CMOS，如 80C31；不带 C 的为 HMOS，如 8031）。CMOS 器件特点是电流小、功耗低，断电方式下只消耗 10μA 电流，但对电平要求高（高电平大于 4. 5V，低电平小于 0. 45V），HMOS 对电平要求低，功耗大。

从功能上看，MCS-51 系列单片机有基本型和增强型两类，其中增强型 ROM 扩展到 8KB；RAM 扩展到 256B；16 位定时器增至 3 个；串行口通信速率提高 5 倍；有的 ROM 中还固化了 BASIC 解释程序包。表 5-1 给出了 MCS-51 系列单片机芯片及制造工艺。

表 5-1　MCS-51 系列单片机芯片及制造工艺表

ROM 型	无 ROM 型	EPROM 型	片内 ROM/KB	片内 RAM/B	16 位定时器	制造工艺
8051	8031	8751	4	128	2	HMOS
8051AH	8031AH	8751H	4	128	2	HMOS
8052AH	8032AH	8752BH	8	256	3	HMOS
80C51BH	80C31BH	87C51	4	128	2	CHMOS

（1）MCS-51 单片机内部结构及组成

如图 5-15 所示，MCS-51 单片机内部主要部件如下。

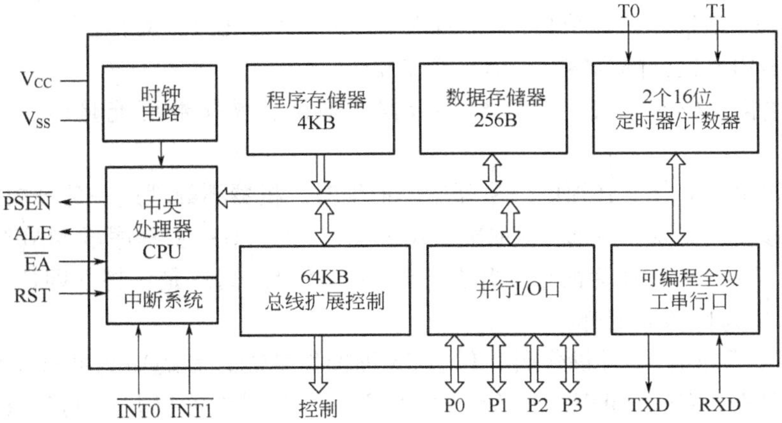

图 5-15　MCS-51 单片机内部结构框图

① 中央处理器 CPU，它是单片机的核心，由运算器和控制器组成。主要完成指令运行控制、数据运算和位处理。

② 4KB 片内存储器，为掩膜 ROM，一次烧死不能更改，只能读不能写，EPROM 可擦除改写。主要存放程序、表格、数据等。

③ 128B 片内数据存储器，存放可随机读取的数据。

④ 2 个 16 位的定时器和计数器。用于定时与计数。

⑤ 4 个 8 位并行 I/O 口，称为 P0、P1、P2、P3 口，用于数据并行输入和输出。

⑥ 一个可编程的全双工串行口，用于单片机和其他外部设备之间的串行数据通信。

⑦ 5 个中断源、两个优先级的中断系统。

8051 单片机的引脚如图 5-16 所示。

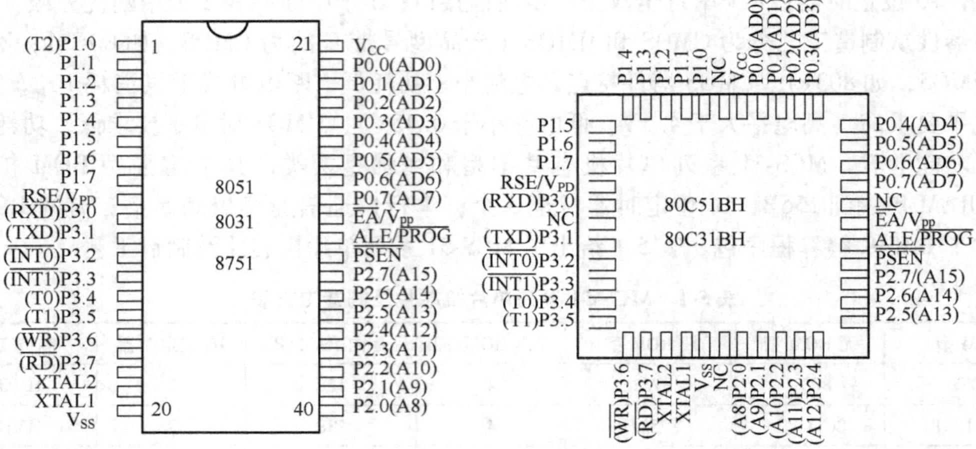

图 5-16　MCS-51 引脚图（40 引脚，封装形式有 DIP 双列直插，DIPP 方形带插座）

（2）MCS-51 单片机指令系统

MCS-51 单片机指令的基本格式为：

［符号地址:］　操作码　［操作数 1］，［操作数 2］，［；注释］

其中，［符号地址:］为字母开头，后跟字母或数字，长 1 ~ 8 个字符。

操作码：语句要执行的内容，后有一个空格。

操作数：给操作码所代表的操作提供数据或地址。操作数可能是多个，中间用逗号隔开。

注释：语句说明部分，必须以分号开始。汇编时，机器不处理这一部分内容，注释是为了便于阅读、修改、交流。例如：MAIN：MOV　A、# 10H；主程序段 MAIN 为符号地址，MOV 为操作码，A、# 10H 为两个操作数，最后是注释。意思是：将立即数 10H 传送到累加器 A 中，MOV 为传送助记符。

MCS-51 指令系统有 42 种操作码，代表 33 种操作功能，有的功能可有几种操作码，如传送数据操作码助记符有 MOV、MOVC、MOVX。51 系列单片机共有 111 条指令，分为 5 大类：

① 数据传送指令 28 条。

② 算术运算指令 24 条。

③ 逻辑运算指令 25 条。

④ 控制转移指令 17 条。该条指令又称为间接转移指令，是把累加器中 8 位无符号数与数据指针 DPTR 的 16 位数相加，结果作为下一条指令地址送 PC 程序计数器。

⑤ 位操作指令 17 条。单片机内有一个布尔处理机，以进位位 CY 作为累加器 C，以 RAM 内位寻址区的位单元作为操作数，进行位变量的传送、修改和逻辑操作，这是单片机能用于工业控制领域的原因。

按指令所占用的存储单元字节数不同，可分为单字节指令（49 条）、双字节指令（45 条）、三字节指令（17 条）。要详细了解 51 单片机指令，请读者参见单片机原理与接口技术的相关专著。

4. 单片机控制器的应用设计

单片机构成的微型计算机控制器结构紧凑、硬件设计灵活简单、成本低，开发工具较简单，有一个开发系统（与单片机型号相对应）或者用 PC 加编程器（能写入所选单片机程序）即可。单片机微型计算机控制器系统可分为最小应用系统和扩展应用系统两种基本形式。

（1）最小应用系统

最小应用系统是由一片单片机，加上晶振电路、复位电路、电源、外设及输出驱动电路组配而成，使用片内自带 RAM 与 ROM 作程序存储器，构成较简单。适用于控制不太复杂的机电一体化设备，例如图 5-17 所示的注塑机单片机控制系统。该控制器按表 5-2 的顺序控制要求，由 8751 型单片机 P1 口（P1.0 ~ P1.6）输出，经驱动器 G_1 ~ G_7 功率放大后，控制注塑机相应的电磁继电器 CT_1 ~ CT_7 动作，K_1 为复位按钮，K_2 为启动按钮，P1.7 用做声光报警输出。

表 5-2　注塑机顺序控制表

顺序	1	2	3	4	5	6	7
动作	合模	送料进	送料退	加热	开模	卸工件	退回
时间/s	1.5	4.5	2	5	1	3.5	1

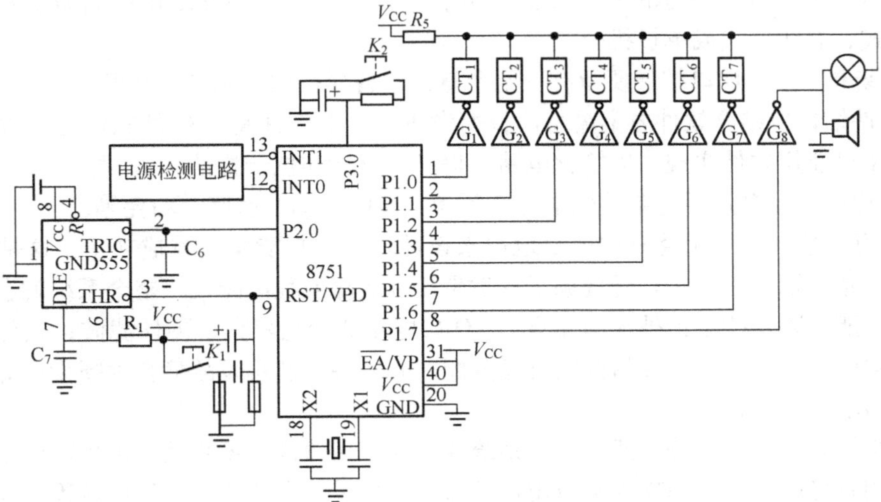

图 5-17　注塑机单片机控制系统

时基芯片 GND555 与电源检测中断电路组成一个断电保护电路，在断电或电源电压低时，注塑机将保持现状以防止事故发生。GND555 芯片接成一个输出脉冲取决于 R_1 及 V_{cc} 的单稳态触发电路。其输出（3 引脚）与单片机复位端 RST/VPD 相连。若电源检测电路检测到电源故障信号，引起 INTO 发出中断请求信号，CPU 进入处理电源故障中断服务子程序，将现场数据保存至 RAM，并由 P2.0 输出低电平使 GND555 翻转，其 3 引脚输出高电平至 RST，高电平在由 R_1、C_7 决定的单稳态延时时间内始终保持着，使 CPU 获得可靠复位。程序固化在片内 EPROM 中，数据存储在片内 RAM 中，可见该控制器简单、价低、可靠。

（2）扩展应用系统

当工程对象要求比较复杂时，单片机本身有限的硬件资源就不够了。例如存储器资源，在 80C51 单片机中 RAM 有 256B（只有低 128B 能用）、ROM 只有 4KB，当控制复杂、程序容量较大的对象就需要外扩 ROM 与 RAM。其他如图 5-18 所示的人机对话通道扩展、前向通道与后向通道的扩展等。例如用 8155 可将 80C51 单片机一个 8 位 I/O 口（如 P1 口），扩展成为 PA（8）、PB（8 位）、PC（6 位）合计 30 个 I/O 口。

（3）单片机控制器设计要点

单片机控制器的设计内容主要包括：硬件设计、应用软件设计和系统调试三个部分。

1）硬件设计。

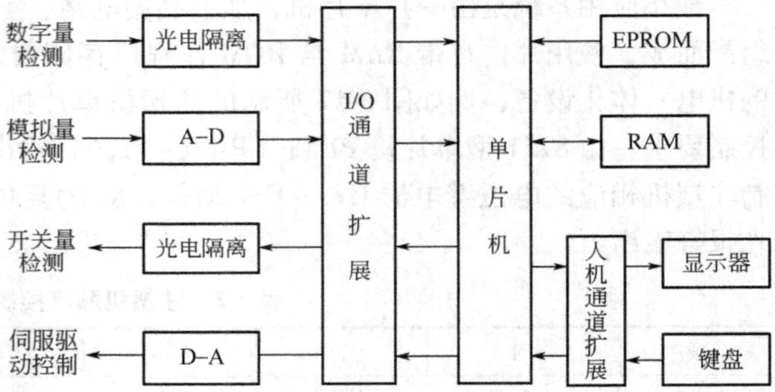

图 5-18　扩展系统综合框图

单片机控制器硬件设计包括：单片机选型、系统的扩展设计（RAM、ROM、接口等的扩展）、I/O口输入/输出信号安排、人机通道设计、前向通道与后向通道接口设计、操作面板的设计等。在设计中应注意以下几点：

① 尽可能选择自己熟悉的典型电路，并符合常规用法。硬件结构根据需要和条件选择专用机模式、总线模式或单板机模式；

② 系统扩展、I/O 口扩展要留有一定余量，以备样机调试和二次开发；

③ 硬件结构应结合软件方案需总体权衡考虑。一般需注意“硬件软件化”原则，即功能电路要尽可能用软件实现，以简化电路、提高可靠性和抗干扰性；

④ 单片机片外电路要与单片机本身各项参数匹配，例如速度、功耗等；

⑤ 将可靠性与抗干扰性放在重要地位来设计。认为功能实现就成功了，这是初学者易犯的错误，是认识误区。一旦受现场干扰发生硬件故障或程序跑飞，整个系统就会瘫痪甚至发生事故，所以除功能设计外还应注意：I/O 口电路的光电隔离、硬件滤波；软件跑飞的自动复位如看门狗电路；可靠性指标的合理分配；元器件的选用及故障自诊断设计等问题。

2）应用软件设计。

单片机控制器的软件分为两大类：系统软件和应用软件。系统软件由生产厂家配置，用户只要会用就可以了，应用软件则由用户编写。软件设计主要体现在程序流程、变量选用和控制算法上，它们都存在一个最优化的问题。一般，一个优秀的软件设计要注意：

① 软件结构要清晰、简洁、流程合理；

② 采用模块化编程，便于调试、调用和移植；

③ 在程序存储区、数据存储区中，合理分配存储空间。包括系统主程序、常数表、数据暂存区域、堆栈区域、程序入口地址等，应注意尽量少占用存储空间；

④ 运行状态实现标志化管理。各功能程序模块调用、运行结果及运行要求都应设置状态标志，以便程序查询、转移、运行与控制；

⑤ 重视软件抗干扰设计，如采样算法、软件跑飞自动复位、数字滤波时间调整等；

⑥ 应设计自诊断程序，如初始状态检查、运行标志位检查等。当不正常时报警并给出故障代码，以利于检查维修。

3）系统调试。

系统调试包含硬件调试和软件调试两项内容。硬件调试的任务是排除应用系统的硬件电路故障，包括设计性错误和工艺方面故障，通常借助电气仪器进行检查。软件调试则是利用开发工具进行在线仿真调试，在软件调试中也可以发现硬件故障。仿真系统一般都有单步运行、连续运行和断点运行的程序调试功能，调试较为方便。程序调试应遵循先调试模块程序或子程序，然后一个一个地连接起来再进行整体调试。仿真调试正常以后，将程序固化到 EPROM 中，进行脱机试运行，只有脱机运行成功后才能确定系统是否研制成功。

单片机控制器设计案例见第 7 章机 7.1 节全自动洗衣机单片机模糊控制系统的设计。

5.3 工业控制计算机的接口技术

5.3.1 接口技术概述

在机电一体化系统中，由于机械系统与工业控制计算机系统在性质上存在很大差别，二者之间的联系必须通过计算机控制器接口进行调整、匹配、缓冲，因此计算机控制器接口有着重要的作用。另外，尽管工业控制计算机系统的引入使得机械系统具有了“智能”，达到了更高的自动化程度，但是机电一体化系统的运行仍离不开人的干预，必须在操作者的监控下进行，因此，人机接口也是必不可少的。

在计算机控制器接口中，按照信息和能量的传递方向，又可分为信息采集接口与控制输出接口。控制计算机通过信息采集接口检测机械系统运行参数，经过运算处理后发出有关控制信号，由控制输出接口进行匹配、转换和功率放大，驱动执行元件来调节机械系统的运行状态，使其按要求动作。显然，工业控制计算机的接口技术解决了输入、输出信号与工业控制计算机的连接与传输问题，其作用是：

（1）变换　完成信号模式或能量的转换，如 A-D、D-A、并行与串行码格式转换、连续脉冲与序列脉冲转换等；

（2）放大　使传递信号的能量相互匹配；

（3）传递　解决信号传递的时序、格式、逻辑规范与协议。

人机接口包括输入接口和输出接口两类，通过输入接口，操作者向系统输入各种命令及控制参数；通过输出接口，操作者对系统的运行状态、各种参数进行监测，以对系统运行进行控制。

下面介绍在机电一体化控制器中常用的接口电路，包括信号采集接口、模拟量输入（A-D 转换器）和模拟量输出接口（D-A 转换器）、光电隔离接口、开关型功率接口、交—直流电动机和步进电动机功率驱动接口以及通信与网络接口等。

5.3.2 信息采集输入接口

在计算机数据采集输入通道中，先利用传感器将生产过程中各种物理量如速度、位置、流量、压力、温度等非电信号转换成模拟电信号，并对该电信号进行放大、滤波与线性补偿，再经采样—保持器，将模拟信号变换成时间上离散的采样保持信号，再送 A-D 转换器转换成数字脉冲信号，然后送入计算机。数据采样通道的组成框图如图 5-19 所示。

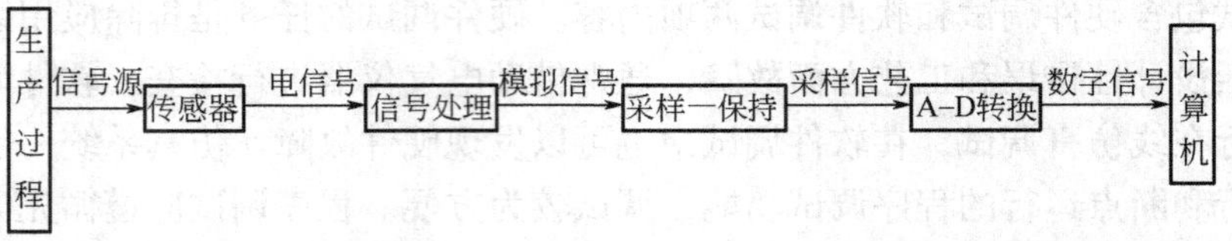

图 5-19 计算机数据采集通道一般组成

计算机在实际工作中采集信号源往往不止一个，对多个信号源的数据采集通道有如图 5-20所示的几种结构。

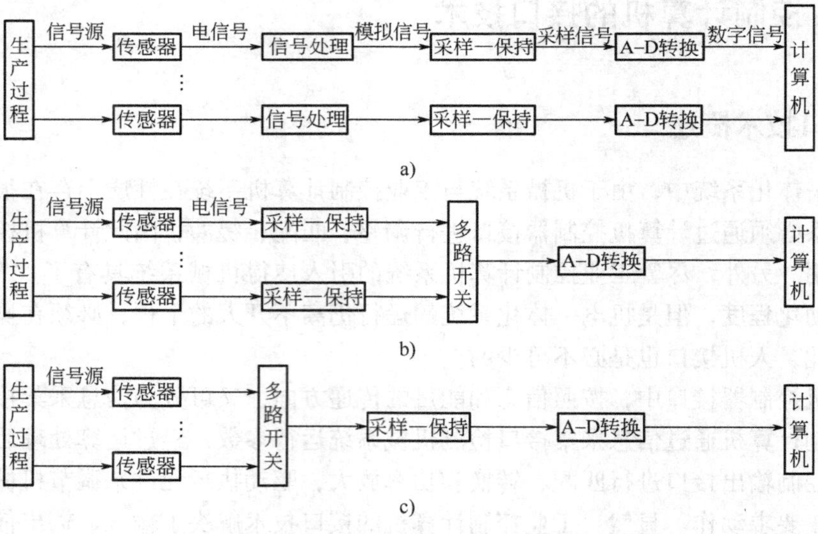

图 5-20 计算机采集通道的几种结构形式

a）多路信号同时采集，同时转换 b）多路同时采样，分时转换通道 c）多路信号源共享采样—保持器和 A-D 转换器

（1）同时采样、同时转换——多路信号采集 A-D 通道

从每个信号源检测的信号都有各自独立的采集通道，即每个通道都有独自的采样—保持器和 A-D 转换器，如图 5-20a 所示。该结构形式使用了较多数量的采样—保持器和 A-D 转换器，成本高。但是这种通道结构的 A-D 转换速度高，并且控制各路通道的采样—保持器或 A-D 转换器可完成各路通道同时采集或同时进行转换的功能，故常用于需同步高速数据采

集、同步转换的计算机控制系统。

（2）多路同时采样、分时转换通道——多路信号共享 A-D 转换器

从多路信号源来的数据经过各自的采集—保持器后，经多路模拟转换开关控制，共用一个 A-D 转换器。此结构使用多路模拟转换开关进行多路选择，使多路信号按一定的顺序切换到共用的 A-D 转换器上进行模-数转换，如图 5-20b 所示。

显然这种通道结构节省硬件，但是转换速度比较慢，因为共用一个 A-D 转换器必须分时进行转换，多路开关的使用也使得误差增加。所以，该结构多用于对转换速度、精度要求不高，须同时采集、分时转换的控制系统。目前，有不少芯片都具有这种多路通道选择功能。

（3）分时采样、分时转换——多路信号共享采样—保持器和 A-D 转换器

从多路信号源来的数据先经过多路开关，然后按某种顺序切换到具有采样—保持器和 A-D 转换器的通道上，如图 5-20c 所示。该结构共用一套采样保持器和 A-D 转换器，节省硬件成本但是转换速度慢，常用于分时采样、分时转换的计算机控制系统。

在数据采集通道中，采样—保持器和 A-D 转换器是必不可少的电路，多路开关切换由专用集成电路或计算机程序控制。在这种技术基础上发展起来的各种参数巡回检测系统，如大型粮库中的多点温度、湿度巡回检测仪。

5.3.3 模拟量输入接口（A-D 转换器）

1. 模拟量输入接口概述

在计算机控制系统中，常需要对工业生产过程中随时间连续变化的物理量，如温度、压力、流量、速度等进行测量，这些连续量也称为模拟量。这些被测量的物理参数通常为非电信号，需要使用传感器将其变成电压或电流信号，再经过变送器或放大器变成标称的电压或电流，然后由 A-D 转换器转换成数字量，才能为计算机所接收与处理。因此，A-D 转换器的作用就是将模拟量转换为数字量。

A-D 转换器按转换原理可分为逐次逼近式、双积分式计数式、并行式和跟踪比较式等，目前使用较多的是前两种。其中逐次逼近式具有转换速度快、精度高、易于使用的特点，它是计算机接口电路中使用较多的一种 A-D 转换器，例如 ADC0809 就是 8 位 CMOS 工艺、逐次逼近式的 A-D 转换器。该类电路转换速度快（几微秒到几百微秒）、精度也高，在片内有 8 路选通开关，可实现 8 路分时采集。而 AD574 则是 12 位的，其转换分辨率和精度都比 ADC0809 高。双积分式 A-D 转换器具有精度高、价格低、能够自动滤除输入信号中的交流纹波和尖峰干扰信号等优点，但是转换速度较慢，常用于变化比较缓慢的物理量的测量。A-D 转换器位数越高，分辨率也越高。例如对于 8 位 A-D 转换器，当输入电压满度为 5V 时，因其数字量变化范围为 0 ~ 255（$2^8-1=255$），所以分辨率为 5V/255 = 19.6mV。选用 A-D 转换器要根据对量程、分辨率、精度、转换时间等的要求合理选择，够用就行，因为位数、精度越高价格也越高。

2. 8 位 A-D 转换器 ADC0808/ADC0809

ADC0808/0809 A-D 转换器的集成电路芯片如图 5-21a 所示，电路原理结构如图 5-21b 所示。该电路是由 8 路多路模拟采样开关及控制电路、8 位 A-D 转换电路、转换数据锁存器和输出电路以及与微型计算机兼容的逻辑控制器 4 部分电路组成，其转换方法为逐次逼近

法。ADC0808/0809 A-D 转换器各部分电路作用为：8 路模拟量开关的通断由地址锁存器和译码器控制，可以在 8 个通道中任意访问一个单边的模拟信号；三态输出锁存触发器用于存放和输出转换得到的数字量（输出端为 D0 ~ D7）；A-D 转换电路是核心电路，主要完成将采样来的模拟量转换成数字量并送入输出缓冲寄存器中；而控制逻辑电路与工控计算机相连，完成采样模拟量通道译码、发出开始转换、结束转换、中断处理信号，送出已转换好的数字量等逻辑控制。

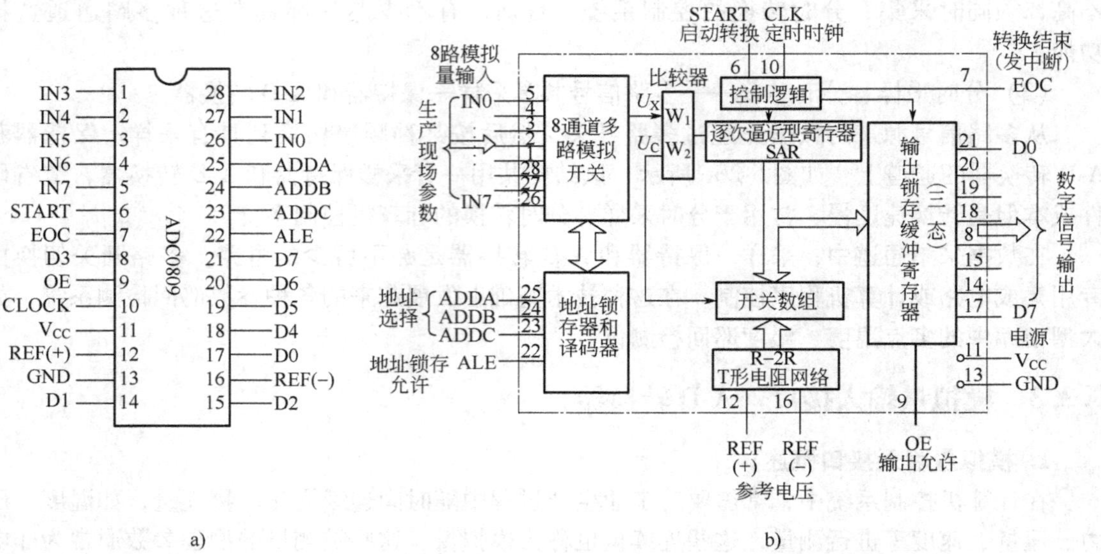

图 5-21　ADC0808/ADC0809 A-D 转换器引脚图及内部电路结构图

a）引脚图　b）转换器的电路原理结构图

由图 5-21b 看出，在 A-D 转换电路内部有一个高阻抗斩波比较器，一个带模拟开关数组的 R-2R 电阻分压器，以及一个逐次逼近型寄存器。A-D 转换电路按转换工作原理可分为两大部分。第一部分电路为 8 通道多路模拟开关，计算机通过控制地址锁存与译码电路完成对 ADDA、ADDB、ADDC 三个地址位进行锁存和译码，其译码输出用于 8 路模拟通道的选择，允许 8 路模拟量分时输入（从 IN0 ~ IN7 引脚输入），译码选通见表 5-3。第二部分电路为一个 n 位逐次逼近型 A-D 转换器，它由比较器、控制逻辑、数字量输出锁存缓冲器、n 位逐次逼近型寄存器以及开关数组（8 位）和 R-$2R$ 的 T 形电阻网络分压器组成。A-D 转换基本原理可参阅第 3 章中的内容。

表 5-3　ADC 0808/0809 通道选择表

ADDC	ADDB	ADDA	选择的通道	ADDC	ADDB	ADDA	选择的通道
0	0	0	IN0	1	0	0	IN4
0	0	1	IN1	1	0	1	IN5
0	1	0	IN2	1	1	0	IN6
0	1	1	IN3	1	1	1	IN7

3. A-D 转换器与计算机连接

以 ADC0809 型 8 位 A-D 转换器与 8051 单片机连接为例，其电路连接如图 5-22 所示。A-D 转换器与计算机电路连接，主要是解决 8 路通道选择和 A-D 转换完成后的数据传送。

① 8 路模拟通道的选择。由前所述，8 路模拟开关通道的选通，取决于片内地址锁存译码器输出状态，而该输出状态又取决于 ADDA、ADDB、ADDC 三个选通线。由图 5-22 看出，这三个选通线是接至地址锁存器低三位地址 A0、A1、A2 的，而它们就是单片机 P0 口（P0.0 ~ P0.7）输出的低三位。因此模拟通道 IN0 ~ IN7 由单片机 P0 口选通的地址依次是：7FF8H ~ 7FFFH。此外，为了把三位地址写入 0809，还要提供片选信号，这由 P2.7 确定，$\overline{RD}$和$\overline{WR}$分别为读、写信号。

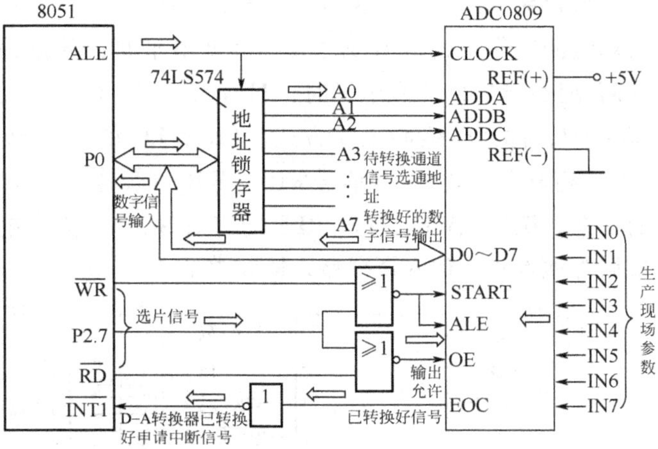

图 5-22　MCS-51 单片机与 ADC0809 连接图

② 转换数据的传送。A-D 转换是把模拟量转换为数字量信号后，传送给单片机处理。传送数据的关键是要确认 A-D 转换是否完成，传送数据有以下三种方式。

定时传送——对确定的 A-D 转换器，其转换时间是一定的（如 0809 约为 128μs），只要设计一个延时子程序即可。

查询方式——A-D 芯片内 EOC 端就是转换结束状态信号，因此用软件测试 EOC 状态即可。

中断方式——把转换结束状态信号 EOC 反相接至单片机中断口，$\overline{INT1}$作为中断请求信号，使单片机中断正常执行程序，转入传送 A-D 转换器数据的中断服务子程序。当 OE = 1 时，将已转换好的数字信号 D0 ~ D7 传送至单片机存储器中。

5.3.4　模拟量输出接口（D-A 转换器）

在机电一体化产品中很多被控对象要求用模拟量作控制信号，如交流电动机变频调速、直流电动机调速器、直线电动机调速器等，而计算机系统是数字系统，不能输出模拟量，这就要求控制输出接口能完成 D-A 转换，且具有输出保持功能。这是因为计算机控制是分时的，每个输出电路只能周期性地在一个时间段内得到输出信号，即此时执行部件得到的是时间上离散的模拟信号，而实际的执行部件却要求连续的模拟信号，因此为了使执行部件在两个输出信号的间隔时间内能得到输出信号，就必须有输出保持器。

1. 8 位 D-A 模数转换器 DAC0832

D-A 转换器集成芯片品种很多，以下重点介绍 DAC0832 转换器。DAC0832 芯片引脚图如图 5-23a 所示，内部电路结构如图 5-23b 所示。由该图可知 DAC0832 转换器由 8 位输入寄存器的第一级缓冲寄存器、第二级缓冲寄存器的 8 位 DAC 寄存器、*R*-2*R* 梯形电阻解码网络的 8 位 D-A 转换器电路和输出电路等部分组成。这是具有两级输入数据寄存器（或称为输入数据缓冲器）的电路结构，可以实现两次数据缓冲。应用双缓冲工作方式可以实现在一个数据 D-A 转换的同时，进行下一个数据的输入，以提高 D-A 转换效率。在输出一个数据的同时，可采集一个数据，这就提高了数据采集速度。这两级输入寄存器工作与否，分别由两个寄存命令$\overline{LE_1}$和$\overline{LE_2}$来控制。当$\overline{LE_1}$或$\overline{LE_2}$为高电平时，两个寄存器的输出随输入变化称为双缓冲工作方式。当$\overline{LE_1}$或$\overline{LE_2}$为低电平时，数据锁存在寄存器中，输出不随输入数据变化而变化；当$\overline{LE_1}$为高电平时，只有第一级 8 位输入寄存器工作，用来锁存单片机输出数据 D0 ~ D7，称为单缓冲工作方式。$\overline{LE_1}$和$\overline{LE_2}$的控制电平的高低，取决于输入锁存使能信号 ILE（高电平有效）、写信号$\overline{WR_1}$、$\overline{WR_2}$（低电平有效）、片选信号$\overline{CS}$、数据传送信号$\overline{XFER}$的状态。例如当$\overline{WR_1}$、$\overline{CS}$、ILE 均有效时，$\overline{LE_1}$为高电平，第一级缓冲寄存器有效，可以将数据等锁入 8 位输入寄存器，依此类推。

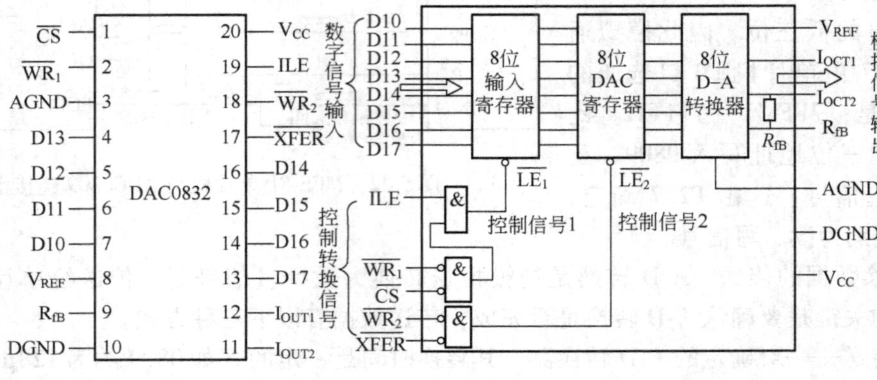

a)　　　　　　　　　　　　　　b)

图 5-23　DAC0832 数/模转换器引脚图及内部电路结构图

2. D-A 转换器与计算机连接

以 DAC0832 型 D-A 转换器与 8051 单片机连接为例，如图 5-24 所示。按单缓冲方式，由于 DAC0832 内有 8 位数据输入寄存器，可以用来锁存单片机输出数据 D0 ~ D7，因此可直接与之相连。ILE 接 +5V（允许输入锁存信号），$\overline{WR_1}$接单片机写信号$\overline{WR}$，$\overline{CS}$接单片机 P2.7。由于 DAC 寄存器处于不锁存状态，所以将$\overline{WR_2}$和$\overline{XEFR}$直接接地，通常 AGND 和 DGND 都接地。按单缓冲方式，只需三条指令，即可启动 DAC0832 完成一次转换，程序如下：

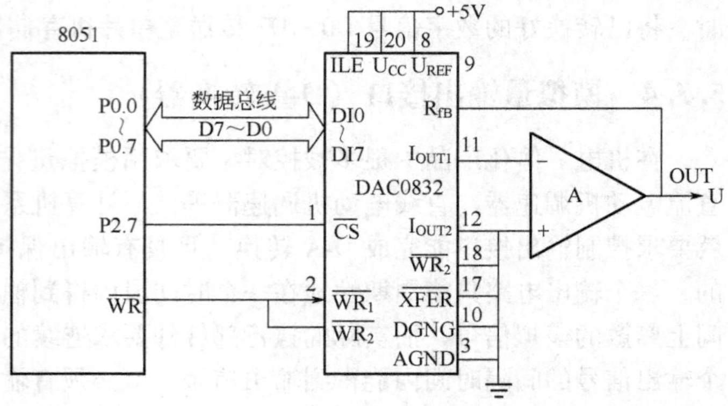

图 5-24　D-A 转换器与计算机接口

```
MOV     DATA, #7FFFH       ; 指向 0832 的口地址
MOV     A, #data,          ; 待转换的数字量送入 A
MOVX    @DPTR, A           ; 写入 0832 并转换输出
```

5.3.5 开关型功率接口

在工业控制中，计算机控制器常输出开关位式弱电信号（如输出“1”状态，高电平接通；“0”状态，低电平断开），通过驱动电磁式继电器、接触器、固态晶体管型继电器、晶闸管或大功率开关管等功率转换器，去控制电动机、电磁阀、气动或液动阀等执行机构，进行位式定值调节。如温控箱、空调机、流水装配线控制等，这就需要开关型功率接口。

1. 光隔离器接口电路

在开关量控制中，最常用的光电隔离器件是光电耦合器，又称光电隔离器。光耦合器是一个半导体器件，它把发射光敏二极管与光敏接收晶体管封装在一片集成电路中（常用2组或4组），如图5-25所示。当光敏二极管有正向电流通过时，即发射出肉眼看不见的红外光，光敏晶体管受此红外光照后便导通。而当该电流撤去时，发光二极管熄灭，光敏晶体管也截止，利用这种特性即可实现开关控制的目的。因此在开关量控制中，常用光耦合器件作为控制器电路与外部输入、输出电路之间信号传递与隔离的中间器件，如图5-26、图5-27所示。

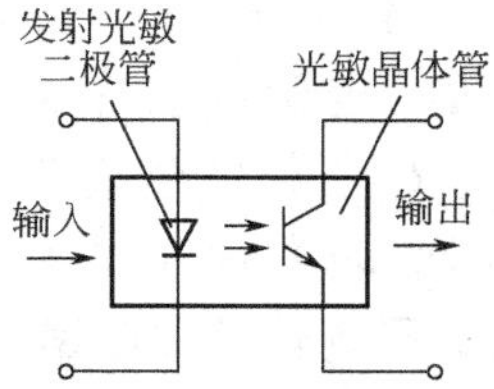

图5-25 光耦合器电路原理图

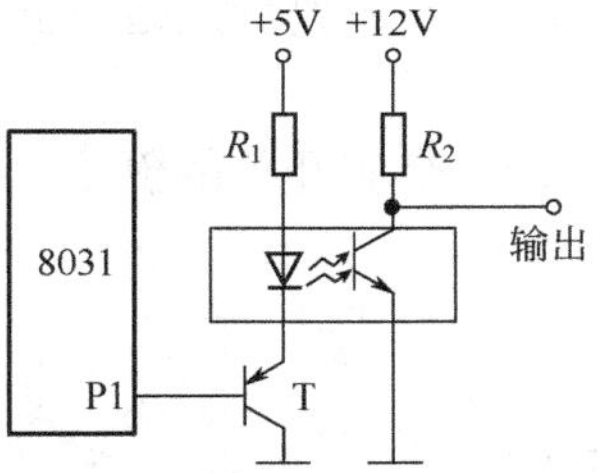

图5-26 光耦合器输出接口

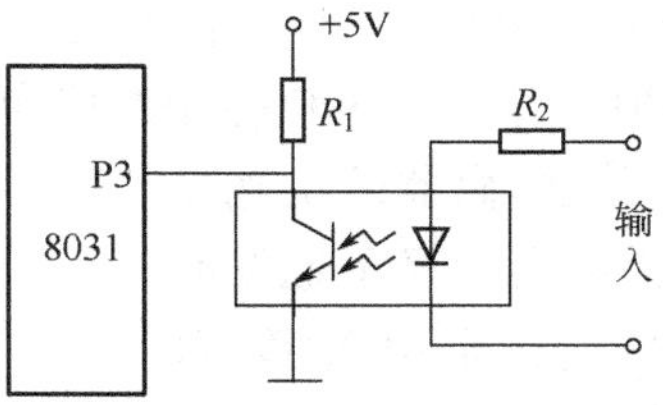

图5-27 光耦合器输入接口

光耦合器中由于电信号是经过“电—光—电”的转换，来实现控制器电路与输入、输出电路之间传递的，彼此之间没有电的联系，因此起到了电路隔离作用。由于光耦合器实现了信号单向传递，输入与输出之间绝缘电阻又很大，（隔离电压达2500V），寄生电容很小，显然可以抗输入及输出端来的干扰信号。此外，光耦合器还可以进行电平转换、提高驱动能力、响应速度快、体积小、寿命长等突出优点，是目前已被各类计算机工业控制系统（总线型工控、单片机、PLC等）广泛应用的接口技术。特别需要注意的是，光敏二极管与光敏晶体管应各自单独供电（两边的电源电压值，可根据电平转换的需要选择）。否则，如使用同一电源供电，外部干扰信号可能通过电源进入到系统中来，起不到隔离作用。

如图5-28所示是一个电磁阀的控制电路。J表示电磁阀的电磁线圈，它的通断由计算机输出的开关量控制，功率放大由晶体管 T_1 和 T_2 完成。并联在J两端的二极管D用来释放当线圈断电时产生的反电动势，光隔离器使反电动势干扰脉冲被阻挡在计算机输

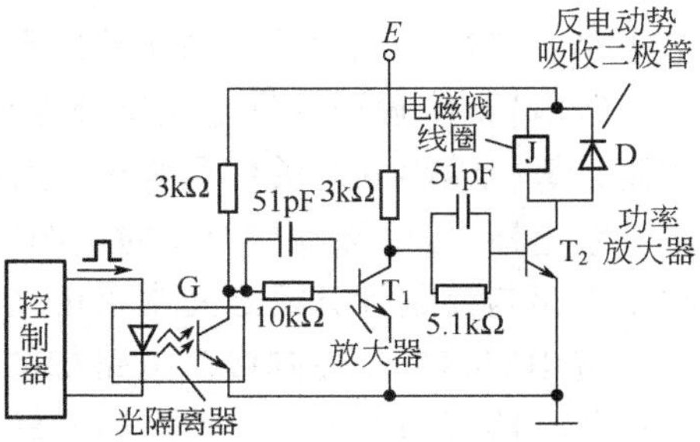

图5-28 电磁阀控制电路

出口外。

图 5-29 所示为经济型数控系统的步进电动机控制电路原理框图。图中只列出了用于 X 轴通道步进电动机的控制电路，Y 轴、Z 轴通道与此相同未画出。该电路根据 CNC 计算机对零件轮廓插补运算的结果，输出数字控制脉冲的个数 N、频率 F 以及进给轴驱动方向信号 DIR +、DIR -，经光隔离电路和环形分配器，按一定脉冲次序给步进电动机 A、B、C 三相绕组轮流通电，步进电动机驱动 X 轴（或 X、Z 轴）按所需要进给的位置正转或反转。

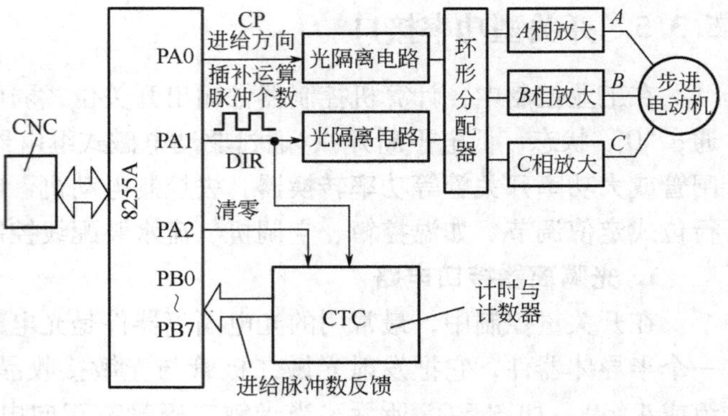

图 5-29　经济型机床数控系统步进电动机的控制电路原理框图

2. 晶闸管接口电路

晶闸管是一个大功率器件，常用于将控制器控制输出的弱电信号（低电压、小电流，如 5V、10mA），转换成大功率（高压、大电流，如 220V、20A），以驱动大功率电气设备。它具有体积小、效率高、寿命长等优点。以单向晶闸管为例，其最大特点是有截止和导通两个状态（开关作用），同时又有单向导电的整流作用。

如图 5-30 所示是计算机控制的单向晶闸管，实现 AC 220V 交流开关的例子。当控制信号为低电平时，光隔离器的发光二极管截止，晶闸管门极不触发而断开，负载不接通 AC220V 电压。当控制信号为高电平时，经反相驱动器后使发光二极管导通，交流电正负半周均以直流方式加在晶闸管门极，触发晶闸管导通，整流桥路直流输出端被短路负载接通 AC220V 电压。当控制信号为低电平时，晶闸管门极无触发信号而被关断，负载失电。

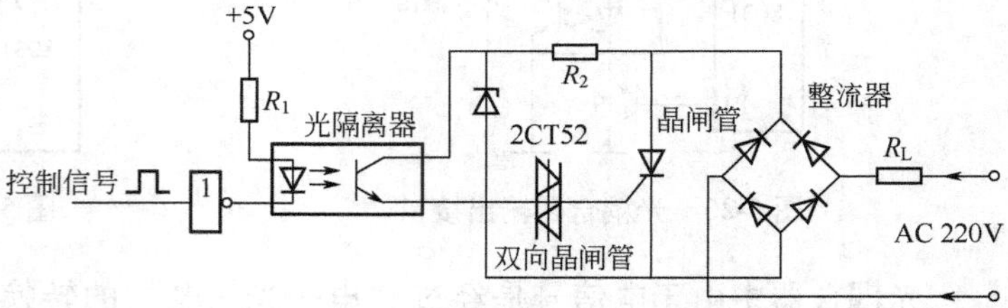

图 5-30　控制计算机与单向晶闸管的接口电路

3. 继电器接口电路

由于继电器是通过改变金属触点的位置，使动触点与静触点闭合或分开，所以具有接触电阻小、流过电流大及耐高压等优点，但在动作可靠性上不及晶闸管。

继电器/接触器的供电系统分为直流电磁系统和交流电磁系统，工作电压也较高。因此控制计算机输出的开关信号需经过驱动电路进行转换，使输出的电能能够适应其线圈的要求。继电器/接触器动作时，对电源有一定的干扰，为了提高控制计算机系统的可靠性，在驱动电路与控制计算机之间常采用光耦合器隔离。

常用的继电器控制接口电路如图 5-31 所示。当计算机输出的控制信号为高电平时，经反相驱动器变为低电平，使发射光敏二极管发光，光敏晶体管导通，进而使晶体管 9013 导通，因而使继电器 K 的线圈通电，继电器触点 K1-1 闭合，使 AC220V 电源接通。反之当计算机控制输出的控制信号输出低电压时，使继电器触点 K1-1 断开。图中电阻 R_1 为限流电阻，二极管 VD 的作用是保护晶体管 9013。当继电器 K 吸合时，二极管 VD 截止，不影响电路工作。当继电器释放时，由于继电器线圈存在电感，这时晶体管 9013 已经截止，所以会在线圈的两端产生较高的感应电压。此电压的极性为上负下正，正端接在晶体管的集电极上。当感应电压与 U_{CC}之和大于晶体管 9013 的集电极反向电压时，晶体管 9013 有可能损坏。加入二极管 VD 后，继电器线圈产生的反向感应电流从二极管 VD 流过，从而使晶体管 9013 得到保护。

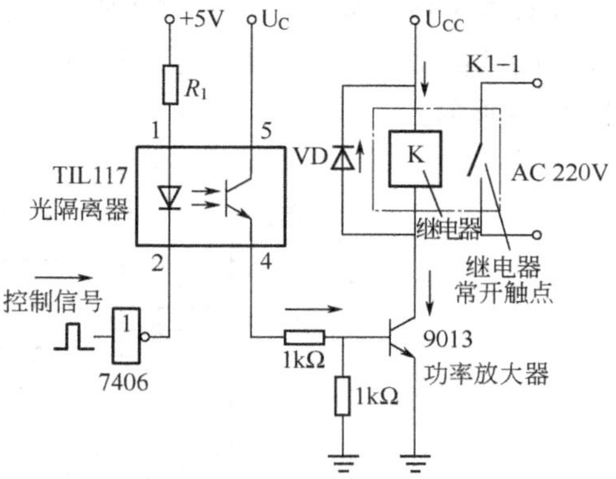

图 5-31　继电器控制接口电路

在继电器控制中，由于采用电磁吸合方式，在开关瞬间触点容易产生火花，从而引起干扰；对于交流高压等场合，触点还容易氧化，影响系统的可靠性。随着微型计算机控制技术的发展，近些年又研制出一种新型的输出控制器件——固态继电器（Solid State Relay，SSR）。固态继电器是用晶体管或晶闸管代替常规继电器的触点，而在前级中与光隔离器融为一体。因此，固态继电器实际上是一种带光隔离器的无触点开关。根据结构形式，固态继电器有直流型固态继电器和交流型固态继电器之分。

由于固态继电器输入控制电流小，输出无触点，所以与电磁式继电器相比，具有体积小、重量轻、无机械噪声、无抖动和回跳、开关速度快、工作可靠等优点。在微型计算机控制系统中得到了广泛的应用，大有取代电磁继电器之势。直流型 SSR 的原理图如图 5-32 所示，其输入部分是一个光隔离器，因此可用 OC 门或晶体管直接驱动。它的输出端经整形放大后带动大功率晶体管输出，输出电压可达 30 ~ 180V。

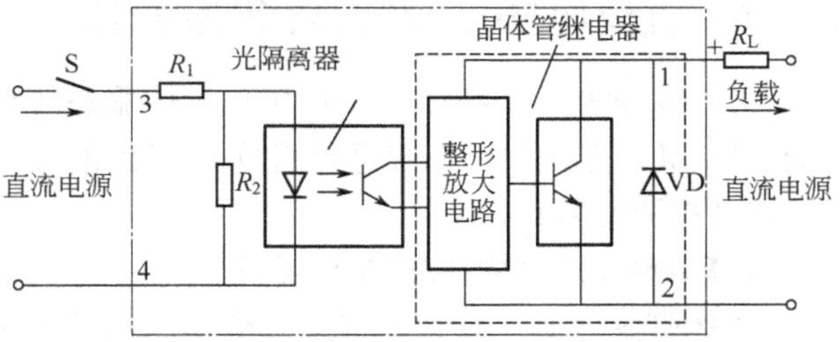

图 5-32　直流型 SSR 原理图

4. 大功率场效应晶体管开关接口电路

在开关量输出控制中，除了前面介绍的固态继电器以外，还可以用大功率场效应晶体管作为开关量输出控制元件。由于大功率场效应晶体管输入阻抗高，关断漏电电流小，响应速度快，而且与同等功率继电器相比体积小、价格便宜，所以在计算机开关量输出控制中，也常用做开关元件。

场效应功率开关管种类很多，电流从几毫安到几十安，耐压从几十伏到几百伏，开关频率可达几万赫兹，例如 MOSFET 场效应大功率晶体管，就广泛应用于电动机变频调速的驱动控制电路中。大功率场效应晶体管表示符号如图 5-33 所示，其中 G 为控制栅极，D 为漏极，S 为源极。对 NPN 场效应晶体管，当 G 为高电平时，源极与漏极导通，否则场效应晶体管关断。大功率场效应

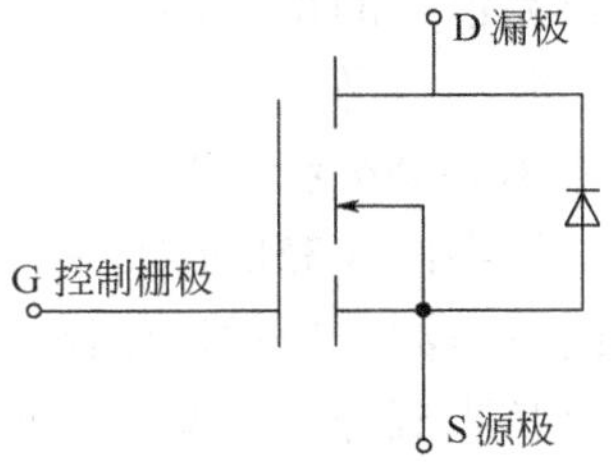

图 5-33　MOSFET 场效应晶体管符号

晶体管本身没有隔离作用，故在使用时为了防止高压对微型计算机系统的干扰和破坏，通常在它的前面加一级光隔离器。采用大功率场效应晶体管，控制步进电动机的电路原理图如图 5-34所示。

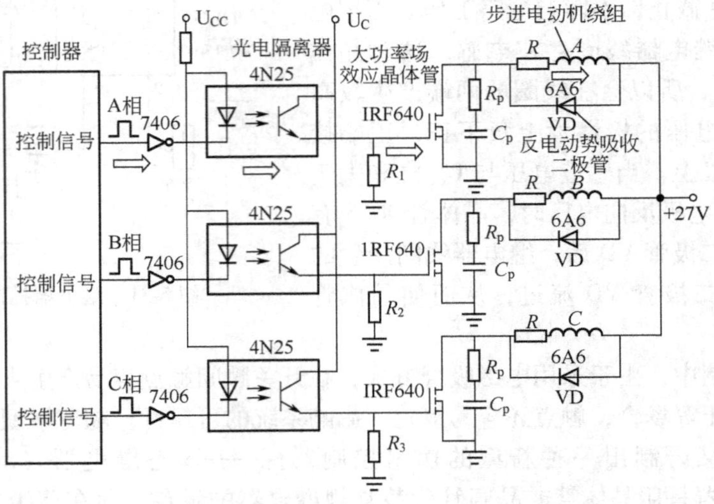

图 5-34　采用大功率场效应晶体管的步进电动机控制电路原理图

5.3.6　直流伺服电动机的功率驱动接口

如第 4 章所述，在中、小功率直流伺服系统中，晶体管脉宽调制（Pulse Width Modulation，PWM）方式驱动系统已经得到了广泛的应用。所以本节主要介绍直流伺服电动机的 PWM 功率驱动接口。

1. PWM 功率驱动接口工作原理

晶体管脉宽调制器种类很多，但是从结构上看，PWM 功率驱动接口都是由电压—脉宽变换器和开关功率放大器两部分组成，如图 5-35a 所示。接口输入端与控制器相连，接收控制电压 U_1，接口输出端与直流伺服电动机相连，输出控制电压 U_P。

电压—脉宽变换器由调制信号发生器和比较器组成。调制信号发生器有三角波和锯齿波两种，下面以三角波发生器为例。三角波发生器产生频率恒定的三角波电压 U_T，U_T与控制器输出电压 U_1相加后送比较器正端进行比较，由于比较器的负输入端接地，只要（U_T+U_1）>0 时比较器输出满幅度正电平；当（U_T+U_1）<0 时，比较器输出满幅度负电平，比较器输出的正/负电平 U_S送给开关功率放大器进行放大，变成可以驱动直流伺服电动机动作的开关电平 U_P，从而驱动直流伺服电动机转动。晶体管脉宽调制器输出信号的形成过程可用图 5-35b 来说明。

在图 5-35b 的①中，控制信号 $U_1=0$，U_T与 U_1相加后的信号，仍然是一个正负幅度相等的三角波，通过比较器之后，输出正负幅度相同、宽度相同的矩形波 U_S，经过功率放大器后其直流分量为零，电动机不会转动，只是在停止位置处微振，这种振动对直流伺服电动机有利，可以克服直流伺服电动机运动时的静摩擦。

在图 5-35b 的②中，控制信号 $U_1>0$，这时 U_T与 U_1相加后的信号，形成一个不对称的三

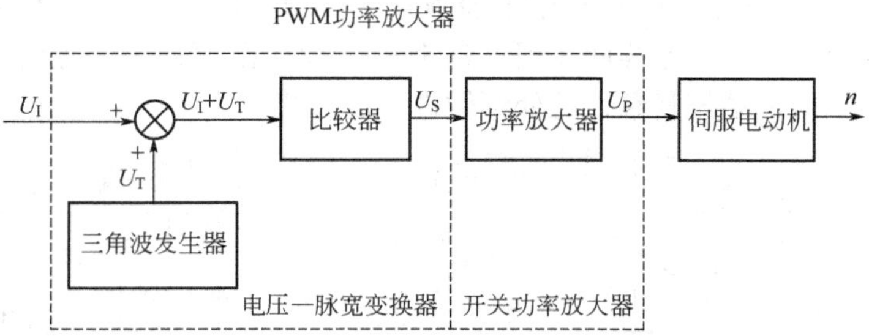

a)

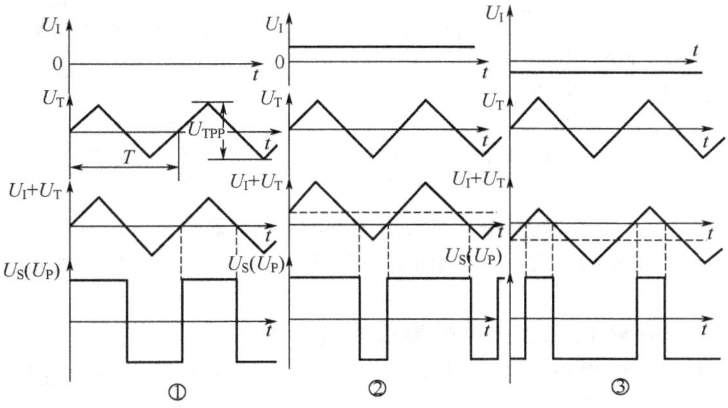

b)

图 5-35　PWM 功率驱动接口电路工作原理图

a）PWM 功率驱动接口电路组成框图　b）PWM 脉宽调制波形

角波，它的正波幅度和宽度增大，负波幅度和宽度减小，通过比较器后，输出正脉冲宽、负脉冲窄的矩形波。该波形经开关功率放大器进行放大后，驱动直流电动机转动。由于此时输出电压的平均值（直流分量）为正，因此电动机正转。而且 U_1 越大，输出信号 U_S 的正脉冲宽度越宽，在电动机中产生的直流分量越大，电动机正转速度也就越快。

在图 5-35b 的③中，控制信号 $U_1 < 0$，这时 U_T 与 U_1 相加后的信号，是一个正波幅度和宽度较小，负波幅度和宽度较大的不对称三角波。由比较器比较之后，产生正脉冲窄、负脉冲宽的矩形波，经开关功率放大器放大之后驱动电动机转动。由于在电动机中产生的直流分量为负，故电动机反向旋转。很明显 U_1 负值越小，则负的直流分量越大，电动机反转速度越快。

由上述分析可知，控制信号 U_1 的特性决定了电动机的工作状态，当 $U_1 = 0$ 时，电动机停转但微振；当 $U_1 > 0$ 时，电动机正转；当 $U_1 < 0$ 时，电动机反转，并且 $|U_1|$ 越大转速越高。

2. 开关功率放大器

开关功率放大器是晶体管脉宽调制器功率接口的主电路，可分为单极性和双极性两种，其电路原理如图 5-36 所示。图 5-36a 为单极性电路，电动机只能单方向转动。图 5-36b、图 5-36c 是 T 型电路和 H 型桥式电路，均能使电动机正反向转动。T 型电路需双电源供电，而 H 型桥式电路只需单电源供电，但需 4 只大功率晶体管。在如图 5-36c 所示的 H 型双极性开关功率放大器中，图中 V_2、V_5 和 V_4、V_3 分别接反向开关信号，$D_1 \sim D_4$ 为续流二极管。当

V_2、V_5导通时V_4、V_3截止，电动机中电流方向为由A到B；当V_4、V_3导通时，V_2、V_5截止，电流方向为由B到A，这样就实现了直流电动机的正、反转。当然，由于有续流电流的存在，电枢中的电流流动较复杂，此处不做进一步介绍。

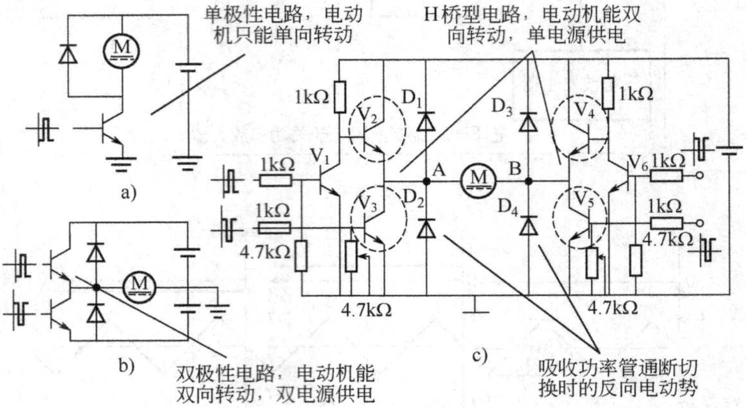

图 5-36　PWM 开关型功率放大器

a）单极性功率放大器　b）T 型双极性功率放大器　c）H 型桥式功率放大器

3. 控制计算机与PWM功率放大器的接口方法

上面介绍了晶体管脉宽调制器功率放大器工作原理。事实上，作为直流调速系统的标准化接口，在实现的手段上是各种各样的，因此接口参数也有所不同。如图5-37所示的是一个控制计算机与PWM功率放大器接口的例子，图中控制计算机模拟量输出通道由DAC0832转换器和ADOP-07运算放大器组成，它把数字量（00H～FFH）的控制信号转换成-2.0V～2.0V模拟量控制信号U_1。ADOP-07与DAC0832之间的连线是一种特殊的连接方法，控制计算机经DAC0832转换后，再经运算放大器可产生与控制数据对应的控制电压U_1，控制PWM功率放大器工作，使被控直流伺服电动机实现可逆变速转动。

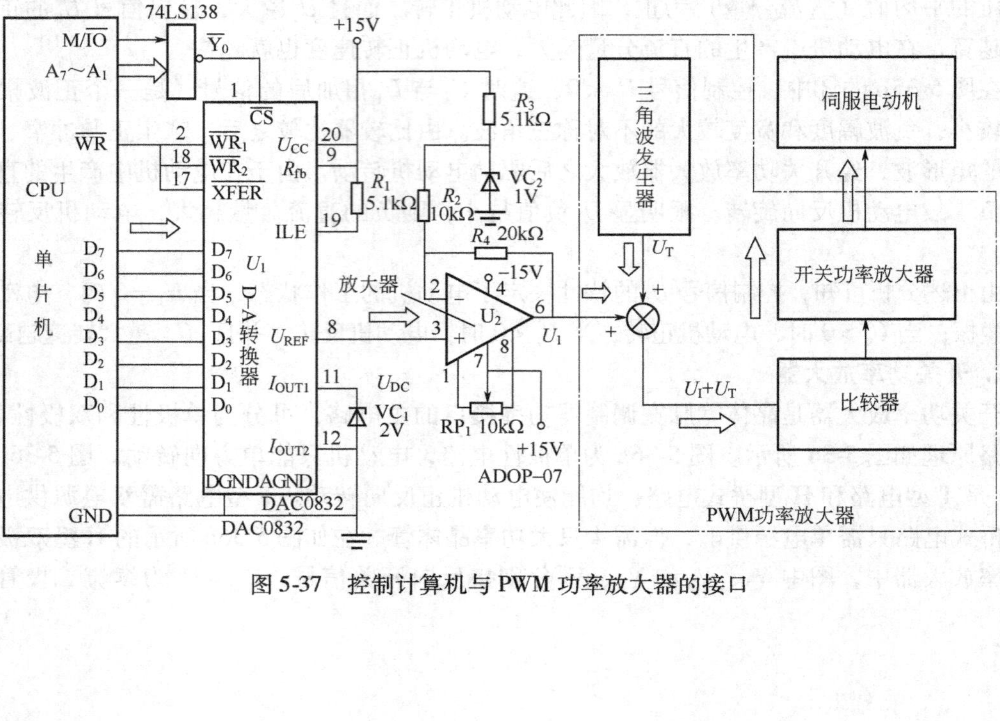

图 5-37　控制计算机与 PWM 功率放大器的接口

5.3.7 交流电动机的变频调速器接口

1. 变频器的作用

变频器作用是将供电电网的50Hz交流电，变为适合于交流电动机调速的电压可变、频率可调的交流电。同时，由于使用了脉宽调制器的弱电电路控制大功率晶体管，驱动与之相匹配功率的交流电动机，因此又是控制器与交流电动机的功率接口电路。

变频器调速是目前电动机调速发展的方向，而且由于矢量变频技术的出现，使交流变频电动机调速系统的动态响应与稳态性能，已达到或超过直流电动机调速性能。特别是出现了数字调速系统，该系统与计算机连接更方便、反应更快、控制精度更高。

在交流电动机变频调速系统中，变频器本身就是成型的功率驱动接口。市场上有适合各种需要的定型产品，并已规格化、系列化，按设计要求正确选用即可。各产品特性、与控制器连接、控制算法等，详见相关变频器产品说明书。

2. 变频器的类型

变频器按照变频方式和控制方式可分为如图5-38所示几种。

目前，市场上常用的几种变频器如图5-39所示，简述如下。

① 通用变频器—俗称风机、泵类变频器，其调速范围不大，控制精度要求不高。主要用于风机、水泵等能源供给调节系统，根据使用负载的变化，自动调节供应量，因而节能、节电、效果明显。这类变频器同样可用于传输机械、升降机和搬运机械等。一般是SPWM控制、V/F控制，输出频率范围有0.2～120Hz和0.2～400Hz等。

- 按变频方式
  - 交 - 直 - 交变频器
    - 电压型
    - 电流型
  - 交 - 交变频器
- 按控制方式
  - 脉冲宽度调制型(PWM)
  - 脉冲幅度调制型(PAM)
  - 矢量控制型

图5-38　变频器分类

② 电梯专用矢量变换变频器—这类变频器可实现电梯平滑升降速。

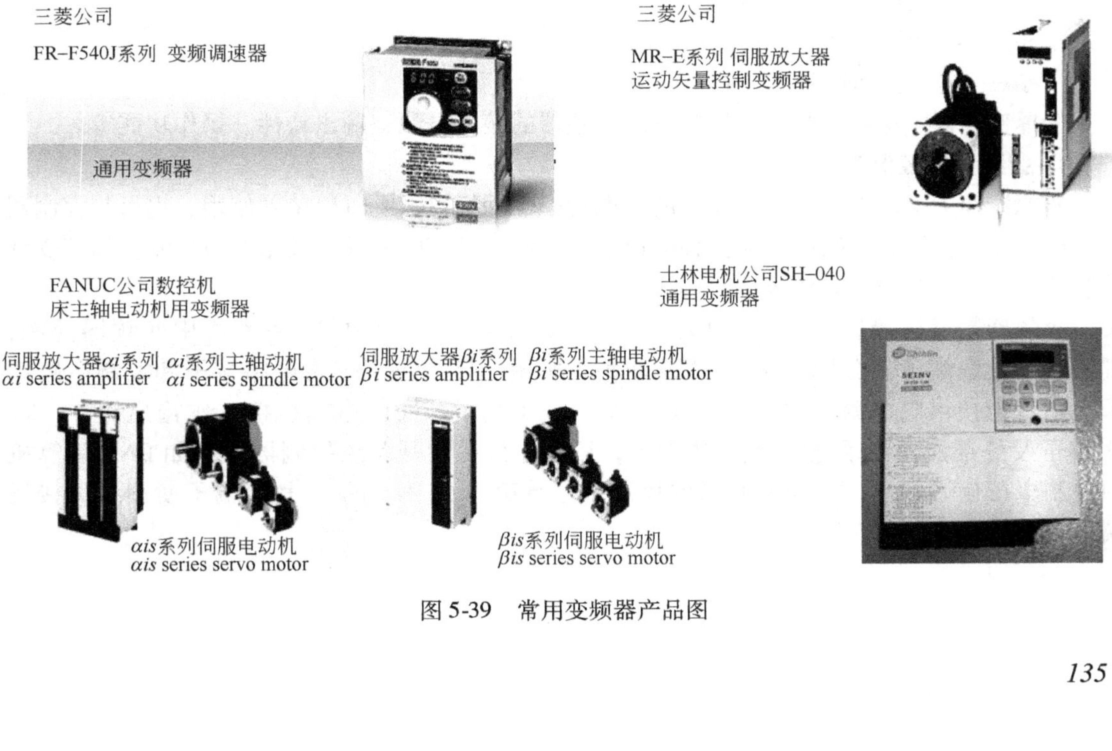

图5-39　常用变频器产品图

③ 矢量控制变频器—用于冶金、印刷、印染、胶片等机械中。能实现高精度转矩控制、加速度大、能与上位机通信等要求。

④ 数控机床专用矢量变频器驱动器—专用于机床伺服电动机控制，能实现机床主轴与伺服进给轴大的加减速转矩、宽广的恒功率调速控制和高精度定位控制等，价格较高。

3. 变频器的容量选择

电动机的容量及负载特性是变频器选择的基本依据。在选择变频器前，首先要分析控制对象的负载特性并选择电动机容量，然后根据用途先选择变频器类型，再进一步确定变频器容量。一般考虑原则如下。

（1）连续运行时变频器容量选择

变频器容量（kW）要满足：

$$变频器容量 \geqslant \frac{KP_M}{\eta\cos\phi} \tag{5-1}$$

式中 P_M——负载要求的电动机输出功率（kW）；

η——电动机效率，通常为0.85左右；

$\cos\phi$——电动机功率因素，通常为0.75左右；

K——电动机波形的修正系数，一般K取1.05~1.1。

即通常选择变频器容量为电动机功率的1.5~1.7倍。

（2）起动时所需考虑的变频器容量选择

在起动和加速过程中应考虑电动机的动态加速转矩，即为克服机械转动惯量J_L，电动机所需的动态转矩，此时变频器容量计算如下：

$$变频器的容量 \geqslant \frac{Kn}{973\eta\cos\phi}\left(T_{fz}+\frac{J_L}{375}\times\frac{\eta}{t_A}\right) \tag{5-2}$$

式中 J_L——机械传动系统折算到电动机轴上的飞轮惯量（kg·m²）；

T_{fz}——负载转矩（N·m）；

n——电动机转速（r/min）；

t_A——电动机加速时间（s）。

选择变频器除选择容量外，还应确定变频器的输入电源、输出特性、操作功能等。

4. 变频器的控制方法

变频器作为交流电动机变频调速的标准功率驱动接口，既可以单独使用，也可与控制器连接进行在线控制，如数控机床主轴调速或纺织业印染车间的卷、放布张力控制，均接受计算机的控制，可根据工艺要求适时调速。

变频器是通过接线端子与外部连接的。以三菱公司FR-D740系列通用变频器为例，其接线与接线端子表分别如图5-40及表5-4所示。接线端子分主电路端子和控制电路端子，前者连接供电电源，即一次输入侧R、S、T端子，交流电动机接二次输出侧U、V、W端子及外部能耗制动电阻P、PR端子；后者连接控制开关或控制器，例如CNC计算机的控制电压信号输出，接至变频器的控制信号端第2、5号端子。其他端子使用参见接线端子表5-4。

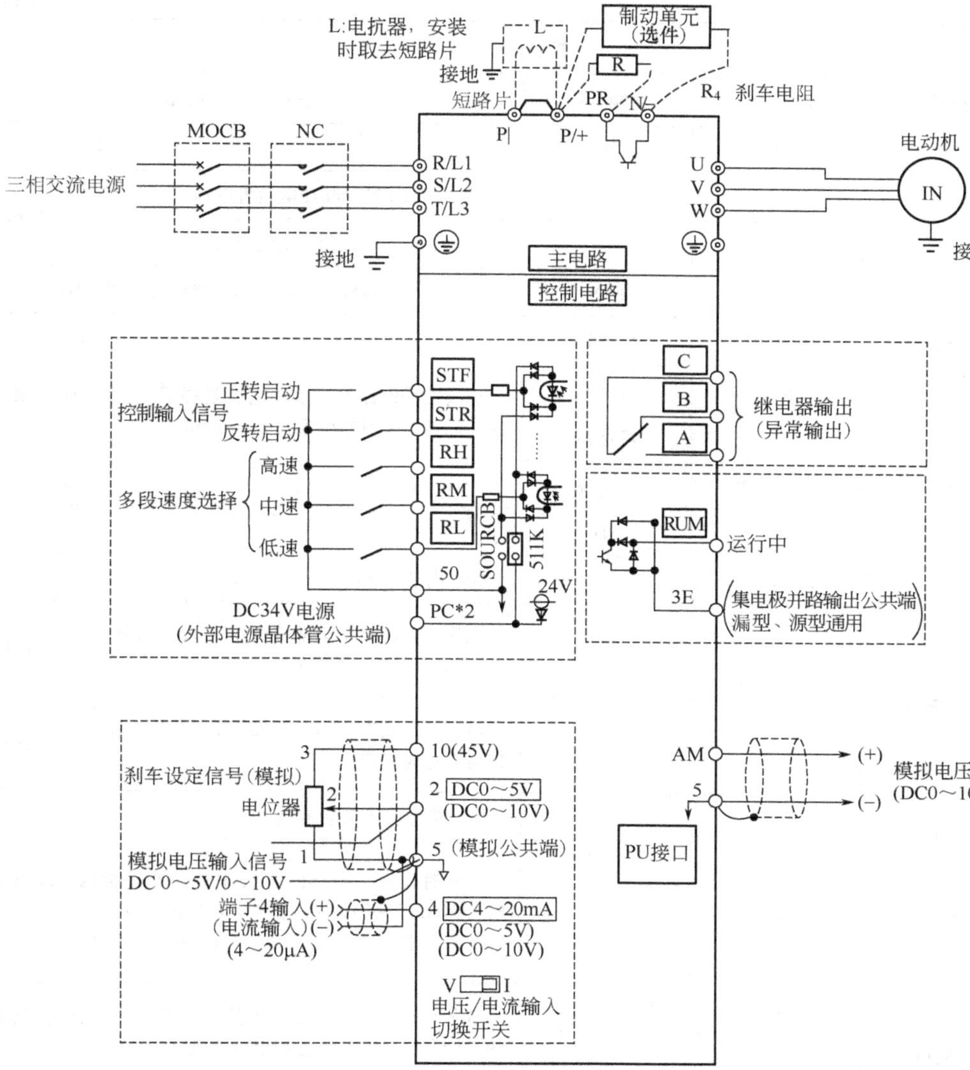

图 5-40　三菱公司 FR-D740 系列通用变频器接线端子图

表 5-4　三菱公司 FR-D740 系列通用变频器接线端子表

主电路板端子	
	说　明
R-S-T	连接到市电电源
U-V-W	连接到三相笼型电动机
P-PR	连接刹车电阻
P-N	连接刹车单元
⏚	变频器的机壳接地。220V 系列为第三接地。440V 系列为特种接地

（续）

控制板端子				
端子形式	端子名称	功能名称	说明与功能描述	
SinkInput	PC	PC	…	
	STF	STF	STF turn on 时，起动电动机正转	Pr74
	STR	STR	STR turn on 时，起动电动机反转	
	RES	RES	RES turn on 持续 0.1s 后，变频器执行重置程序	
	RL/OH	可选择	这些端子也称为［多功能控制端子］。多功能控制端子的功能名称，可经由参数 Pr59 设定	
	RM/AU	可选择		
	RH	可选择		
	MRS/RT	可选择		
	SD	SD	…	
模拟信号输入	10	…	端子内部为 5V 电源	
	2	…	电压信号 0～5V 电源或者 0～10V 的输入点，用以设定运转频率	Pr38
	4	…	电流信号或者 4mA～20mA 的输入点，用以设定运转频率	Pr39
	5	…	模拟信号输入的参考地	
电势输出	A	…	平常时，A-C 为常开接点，B-C 为常闭接点，故障发生时（Alarm 灯亮），A-C 打开，B-C 闭合 （注）接点能力 VDC30V/VAC230V，0.3A	
	B	…		
	C	…		
开集极输出	RUN	可选择	这些端子也称为“多功能控制端子”。多功能控制端子的功能名称，可经由参数 Pr40 设定	
	FU	可选择		
	SE	SE	开集极输出的参考地	
脉冲输出	FM	…	外接“频率计数器”或者“全刻度 1mA 的电表”，用以指示输出频率或者输出电流	

通常交流电动机变频器有三种控制方法，如图 5-41 所示。

① 继电器开关电路控制方法。受上位控制器控制，适用于简单的几挡恒速控制。

② 模拟信号控制方法。上位机输出经 A-D 转换的控制信号与变频器控制电路的电压频率设定端子或电流频率设定端子相连。

③ 并行控制方法。采用变频器数字接口板（变频器选件），上位机通过通信接口如 RS-485 异步通信接口，再通过数字接口板分配器并行连接多台变频器。适用于多台电动机需同步调速的系统中，如纺织行业的印染生产线具有多台卷放布的张力控制系统。

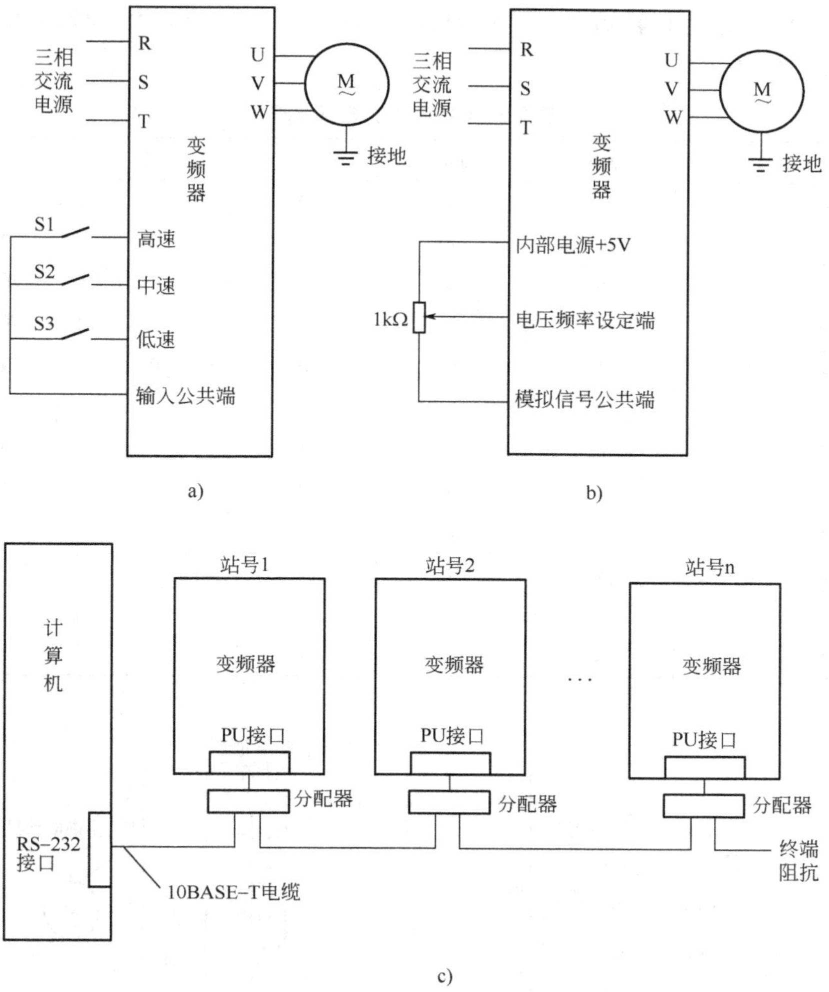

图 5-41　交流电动机变频器三种控制方法

a）继电开关控制法　b）模拟信号控制法　c）并行控制法

5.3.8　步进电动机的功率驱动器接口

1. 步进电动机功率驱动器接口

在步进电动机运行时，要给各相绕组按一定节拍如三相六拍或四相八拍等规律轮流通电，这就需要步进电动机功率驱动器接口，它包含环形脉冲分配器和功率放大器两部分。

（1）环形脉冲分配器

环形脉冲分配器的任务是要解决按一定次序与节拍，给步进电动机各相绕组轮流通电，它有如下两种形式。

① 硬件专用集成电路方法。如 CH-250 专用集成电路。CH-250 的功能真值表见表 5-5。由表看出，CH-250 电路芯片能产生双相三拍或三相六拍两种脉冲分配方式，并有正反转控制。图 5-42 所示是由 CH-250 构成的环形分配电路原理图，开始起步时 R 端置 1，环形分配器进入三相六拍程序。EN 端接收由控制计算机发送的步进脉冲，C 为转向控制端。当 C = 1

时，输出 A_0、B_0、C_0 为正转顺序；当 C =0 时，输出 A_0、B_0、C_0 为反转顺序。PE 为输出允许控制端，PE =1 有效。

表 5-5　CH-250 功能真值表

CL	EN	J3R	J3L	J6R	J6L	功能
↑	1	1	0	0	0	双三拍正转
↑	1	0	1	0	0	双三拍反转
↑	1	0	0	1	0	单六拍反转
↑	1	0	0	0	1	单六拍正转
0	↓	1	0	0	0	双三拍正转
0	↓	0	1	0	0	双三拍反转
0	↓	0	0	1	0	单六拍正转
0	↓	0	0	0	1	单六拍反转
↓	1	×	×	×	×	不变
×	0	×	×	×	×	不变
0	↑	×	×	×	×	不变
1	×	×	×	×	×	不变

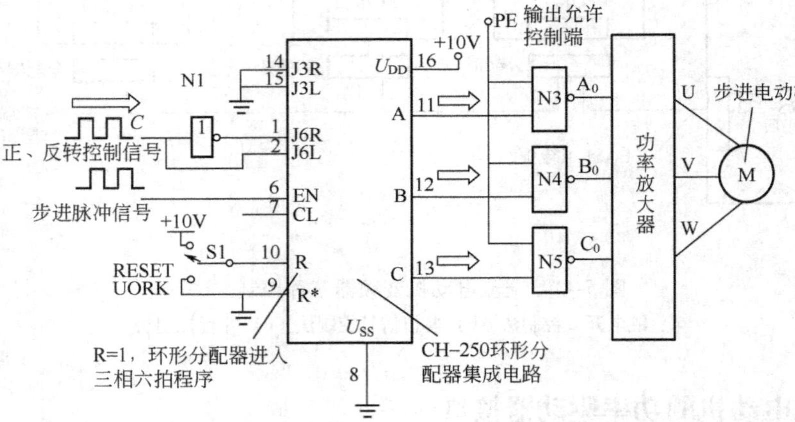

图 5-42　CH-250 环形分配电路原理图

② 计算机软件方法。脉冲分配的另一种方法是采用计算机软件，利用查表或计算方法来进行脉冲的环形分配，简称软件环形分配。如表 5-6 所示为三相六拍分配逻辑表，可将表中状态代码 01H、03H、02H、06H、04H、05H 列入程序数据表中，通过软件可顺序在程序数据表中提取数据并通过输出接口输出数据即可，通过正向顺序读取和反向顺序读取控制电动机进行正、反转，通过控制读取一次数据的时间间隔可控制电动机的转速。该方法能充分用到计算机软件资源以降低硬件成本。尤其是对多相的脉冲分配具有更大的优点。但由于软件环形分配占用计算机的运行时间，故会使插补一次的时间增加，易影响步进电动机的运行速度。

表 5-6　三相六拍分配逻辑表

转　　向	1-2 相通电	CP	W	V	U	代　　码	转　　向
	A	0	0	0	1	01H	
	AB	1	0	1	1	03H	
	B	2	0	1	0	02H	
↓正	BC	3	1	1	0	06H	反↑
	C	4	1	0	0	04H	
	CA	5	1	0	1	05H	
	A	0	0	0	1	01H	

图 5-43 所示的是用单片机 80C51 的 P1 口的 U′、V′、W′三相脉冲信号，经功率放大电路放大后，给步进电动机三相绕组 U、V、W 轮流通电，以驱动电动机运行。

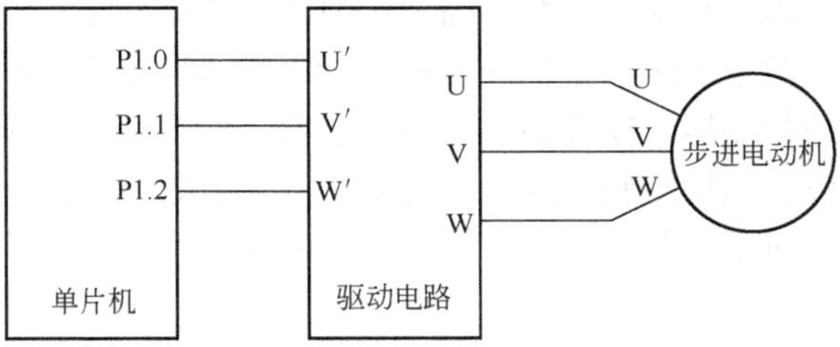

图 5-43　单片机控制步进电动机的硬件原理图

（2）步进电动机功率放大电路

从计算机输出口或从环形分配器输出的信号脉冲电流一般只有几毫安，不能直接驱动步进电动机，必须用功率放大电路进行放大，使其增加到几安甚至几十安输出。

常用的功率放大电路有单电压、高低压、斩波型、调频调压型和细分电路型等。这些电路是为了改善步进电动机的起动特性、降低功耗、提高电源效率、提高高频特性以减少电动机电磁噪声和改善精度等方面来设计的。

① 单电压功率放大器电路。电路原理如图 5-44 所示。该电路本质上是一个功率反相器，将输入弱电信号通过晶体管 V 进行开关放大。L 是步进电动机一组绕组电感；R_L是绕组电阻；R_c 是外接限流电阻，也是改善电路时间常数的元件（$T = L/R_L + R_c$）。VD 是续流二极管，在 V 截止时提供放电电路。该电路特点是结构简单，但工作效率低，在高频工作时会失步、效率差，只适用于小功率步进电动机。

② 双电压功率放大器电路。电路原理如图 5-45 所示。图中使用 U_1 和 U_2 两个直流电源，

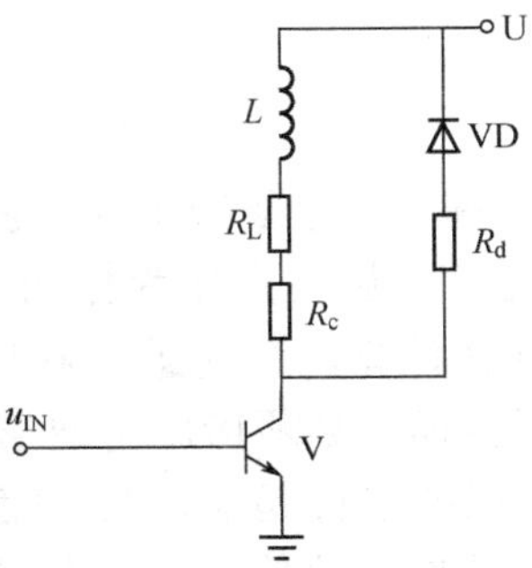

图 5-44　单电压功率放大器电路原理图

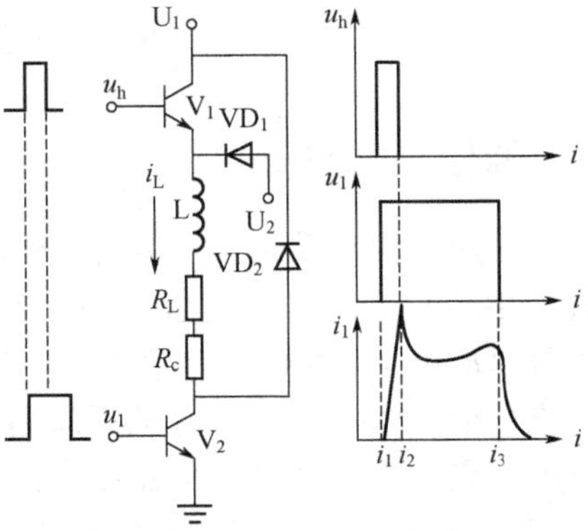

图 5-45　双电源功率放大器电路图

U_1 为高电压（80~150V），U_2 为低电压（5~20V）。V_1、V_2 为两个大功率晶体管，其中 V_1 是高压开关管，V_2 是功率驱动管。VD_1 是 U_2 的钳位二极管，在 V_1 导通时截止。在 V_1 截止时，由于 VD_1 正向偏置而向步进电动机绕组提供低压电源，VD_2 是续流二极管，在 V_1、V_2 都截止时提供放电电路。

该电路利用控制器输出到 V_2 管驱动脉冲的前沿，经微分得到一个超前窄脉冲使 V_1 导通，高压驱动步进电动机由静止转入运动，然后再转为 V_2 导通，低压大功率驱动步进电动机继续运行，从而改进高频驱动时的动态特性，效率很高。

2. 步进电动机驱动器定型产品介绍

现在市场上，步进电动机厂家都生产驱动控制器与步进电动机成套供应，例如江苏金坛市四海电动机电器厂生产的驱动器及其接线图如图 5-46 所示。该驱动器实际上已把环形分配器、功率放大器、细分控制器等电路整合在一起，成为一个定型产品。设计者只要根据被控对象的运行速度、转矩（动态矩-频特性）要求，确定好相电压、相电流，就可选择合适的驱动器。经验动态特性确定后，再按要求接线至控制器与步进电动机，就顺利完成设计任务。如果控制不复杂，由单片机构成的控制器也有现成产品，很方便地实现机电一体化产品的简单控制，并可按工艺要求编制应用程序。

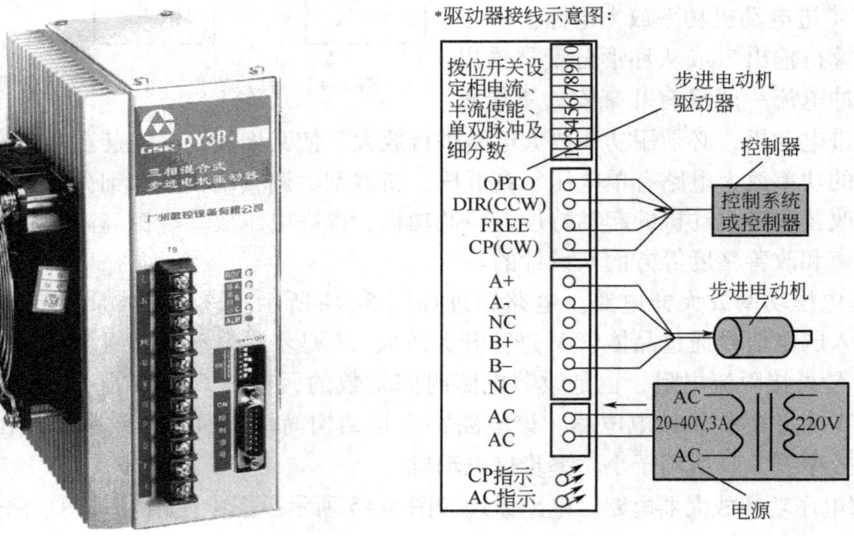

图 5-46　驱动器产品外观及其外部接线图

5.3.9　通信与网络接口

用于工业过程自动化或机械自动化的机电一体化系统往往是一个复杂系统。它以计算机控制器（主站）为核心，配置了很多其他的机电一体化装置（从站）作为控制单元部件，例如伺服驱动单元、I/O 接口单元、传感器装置等，各单元在计算机控制器协调下各自独立完成系统分配的任务；而且有的系统各单元之间的距离还很远，必须借助于通信接口或网络，以点对点、汇点式或现场总线方式将各单元部件或子系统连接起来，按一定通信规则（例如优先、分时、串行通信规则）进行主站与从站之间的数据通信传输，从而构成一个有机联系的完整的机电一体化系统。

当今，由于计算机数字通信技术与光缆通信技术的飞速发展，出现了很多通信总线与接口。以机床数控系统为例，西门子公司和发那科公司在新开发的数字式 CNC 系统中，就使用了很多通信总线，例如 RS-232C 输入输出串行异步通信总线、Profibus 工业现场串行异步通信总线、I/O Link 通信总线、FSSB 伺服通信总线以及 Ethernet 以太网络总线等。如图 5-47 所示为西门子 802D 数控系统所用的几个通信总线接口。

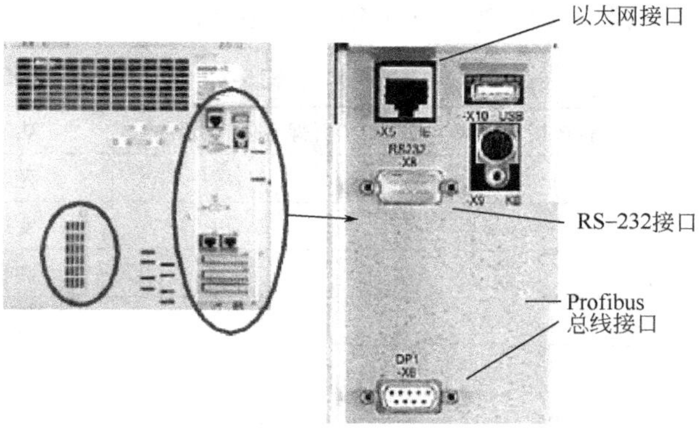

图 5-47　西门子 802D 的几种通信接口

1. RS-232C 串行异步通信接口

现代 CNC 系统一般都配置了 RS-232C 标准串行异步通信接口。该接口能够方便地与 CNC 或伺服驱动器相连，实现零件轮廓程序或机床参数等数据的传输，如图 5-48a 所示。

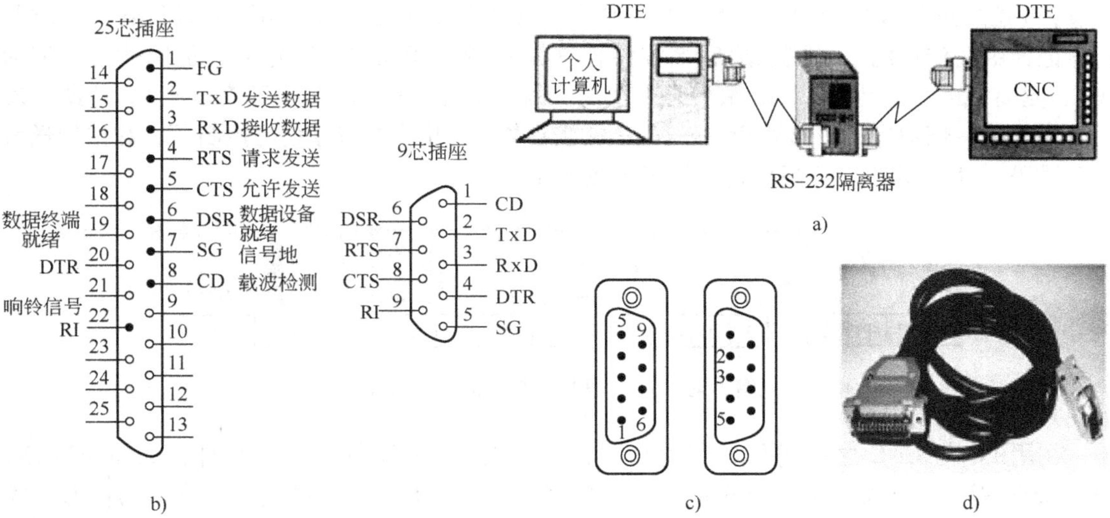

图 5-48　RS-232C9 串行通信接口

a）CNC 与 PC 用 RS-232C 通信连接示意图（零 Modem 通信系统）　b）RS-232C 通信接口插头芯线名称
c）RS-232C9 芯插座　d）RS-232C 通信电缆

RS-232C 串行异步通信接口标准是美国电子工业协会（EIA）颁布的数据通信推荐标准，RS 是推荐标准 Recommended Standard 的英文缩写，232 是标识号，C 代表 RS-232 的第三次修改（1969 年）。该标准定义了数据终端设备（DTE）和数据通信设备（DCE）之间的连接信号的含义及其电压信号规范等参数，其中 DTE 可以是计算机或数控系统，DCE 一般指调制解调器（Modem），可以构成远程通信系统。RS-232C 标准规定使用 25 引脚的 DB 型矩形接插件并定义了其中 21 个引脚的功能，数控系统数据传输常用 9 引脚接插件，如图 5-48b、图 5-48c 所示，各引脚功能定义见表 5-7。连接电缆要求带屏蔽的双绞线电缆，如图 5-48d 所示，通信距离一般不大于 30m。RS-232C 接口标准经过改进和发展，目前已经有好几种，最被人们熟悉的有 RS-422 和 RS-485。

表 5-7　常用的 RS-232C 引脚及其功能

25 引脚连接器引脚	9 引脚连接器引脚	功　能	符　号	信号方向
1	1	外壳屏蔽接地	Shield	—
2	3	发送数据	TxD	输出
3	2	接收数据	RxD	输入
4	7	请求传送	RTS	输出
5	8	允许传送	CTS	输入
6	6	数据设备就绪	DSR	输入
7	5	信号地	GND	—
20	4	数据终端就绪	DTR	输出

在 RS-232C 异步串行传输中，以字符为单位进行传送，字符与字符之间没有固定的时间间隔要求。串行异步通信是将被传送数据编码成一串脉冲，按特定位数（通常是按一个字节，8 位二进制数）分组，一帧一帧地传送，在每帧数开始位是“0”（即低电平）时开始标记，中间传送的是一帧，然后是校验位（发送数据里含“1”的个数是偶数时，记为“0”，是奇数时，记为“1”），最后是 1 至 2 位的停止位“1”标志（即高电平）。按此，发送设备一帧一帧地发送，接收设备一帧一帧地接收，在开始位与停止位控制下，数据传送就不会误码。11 位异步串行通信传输格式如图 5-49 所示。

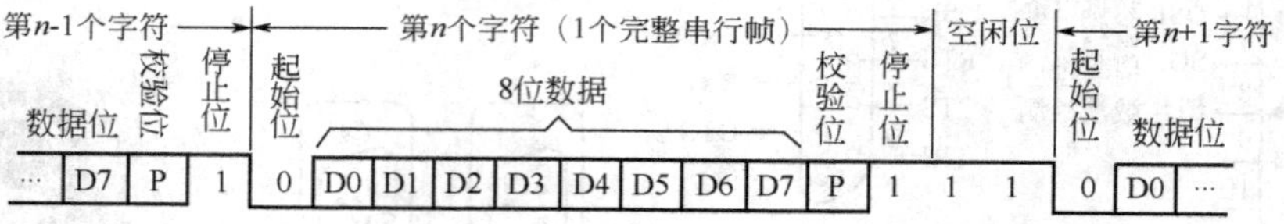

图 5-49　11 位异步串行通信传输格式

在用 PC 与 CNC 之间进行串行通信时，需要在 PC 上运行专门的软件，如 WINPCIN、Multi-DNC 等，大多数 CAD/CAM 集成软件系统也都直接提供传输模块。在进行通信时，需要对这些软件和数控系统进行串行通信参数设置。这些参数包括：设备（RTS/CTS、XON/XOFF）、波特率（Baud Rate）、奇偶校验（Parity）、数据位（Data bits）和停止位（Stop bits）等。如西门子 802 系列数控装置与 PC 用 WINPCIN 软件进行串行通信传输数据时，需进行如表 5-8 所示的参数设置。

表 5-8　RS-232C 接口通信参数设置表

参　数	典型值	参　数	典型值
设备	XON/XOFF	停止位（Stop bits）	1
波特率（Baud Rate）	9600	开始字符 XON	11H
奇偶校验（Parity）	Even	停止字符 XOFF	13H
数据位（Data bits）	8	传输结束字符 ETX	1aH

2. Profibus 工业现场总线

Profibus 总线是世界上第一个开放式现场串行总线标准，通信介质为光缆，通信速率为 9.6～12Mbit/s，当用 12Mbit/s 速率时通信距离为 1200m，很适合机械加工、过程控制、智能楼宇设备之间数据通信。Profibus 连接的系统由主站和从站组成，主站是 CNC 或 PLC，从站是传感器、执行器、驱动器和变送器。

西门子 802D、828D、840D 等数控系统，采用 Profibus 总线（光缆）将 CNC 与进给伺服驱动器、主轴驱动器、操作面板、机床侧开关信号的 I/O 接口单元等连接起来，依照优先、分时、串行通信规则，传送 CNC 的数字控制指令和位置、速度等检测反馈信号，如图 5-50所示。

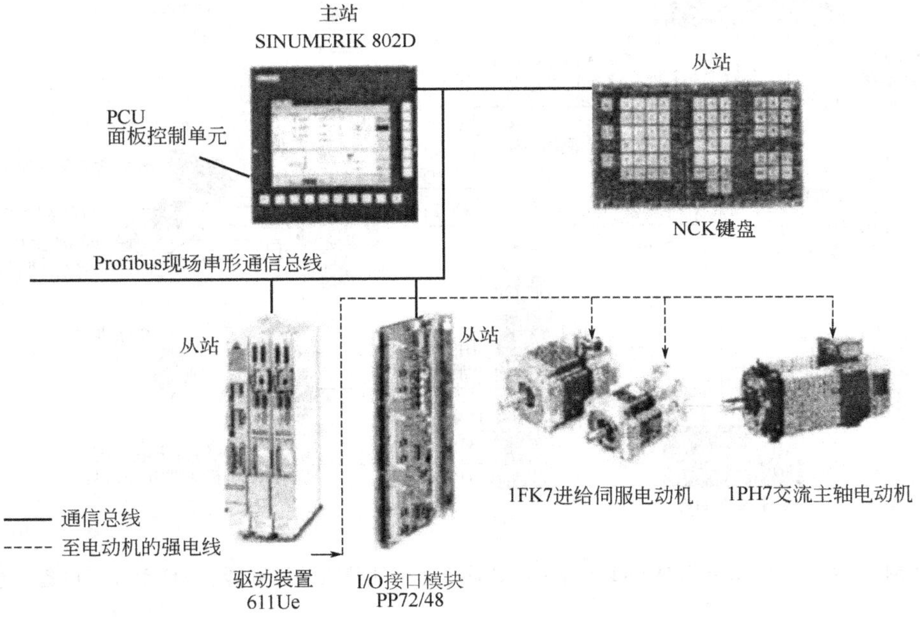

图 5-50　802D 用 Profibus 总线连接 CNC 与伺服驱动器、操作面板、I/O 接口单元等示意图

3. FSSB 高速串行通信总线

FSSB（FANUC Serial Servo Bus）是高速串行伺服总线（光缆），串行异步通信方式。该总线是 FANUC 0i 系统专用于伺服的通信总线，用于 CNC 与伺服驱动器的数字信号传输。

4. I/O-Link 串行通信总线

FANUC 0i-C/D 系列和西门子 802D、840D 系列等数控系统常采用 I/O-Link 串行通信总线，解决机床侧开关信号如各坐标轴超限行程开关、回参考点开关、自动换刀刀位开关、主轴电动机转速控制与正反转等信号的众多开关信号，通过 I/O 接口单元解决向 CNC 输入或由 CNC 输出的系统连接与信号传输的问题。如果用点到点电缆连接，将达数百根线，既不经济，又不可靠。

5. 以太网接口（Ethernet）

更高档的 CNC 装置还能用以太网接口（Ethernet），以 MAP 制造自动化协议与工厂管理系统连接起来，进入工厂通信网络，以适应 FMS、FA、CIMS 等现代制造系统的需求。

在 FANUC 0i-C/D 数控系统中，采用 FSSB 、I/O-Link、Ethernet 各通信总线，将 CNC 系

统的数控计算机作为主站设备与作为从站的外部设备如操作面板、伺服驱动器、主轴驱动器、检测与反馈装置（如装于伺服电动机内部的光电编码器）、I/O 接口单元等从站设备连接起来，每个从站设备都有自己唯一的总线地址，可通过总线地址来识别和区分从站设备，从而完成数据信息交换，如图 5-51 所示。通信介质常用光缆，以简化接线和提高抗干扰性，这是目前各国先进数控系统发展的新潮流。

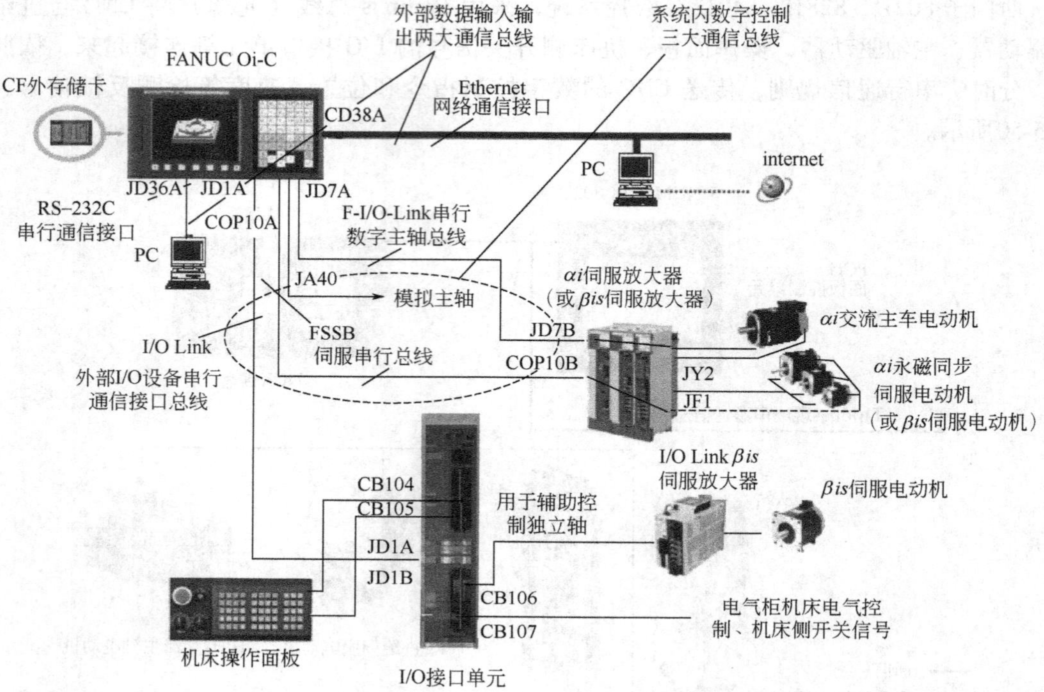

图 5-51　FANUC Oi-C 用 I/O Link 与 FSSB 等总线连接伺服驱动控制器、I/O 单元等设备示意图

习　题

1. 在机电一体化系统中控制器的作用是什么？常用哪几种类型的工控机，简述它们的构造、特点和应用。

2. 控制器的接口电路，主要解决什么问题？

3. 工业控制计算机系统由哪几个部分组成？请画出框图并说明。

4. 什么是可编程序控制器？它与以前继电控制电气系统有什么不同？

5. 举例说明可编程序控制器控制系统设计步骤主要有哪些（举一个应用实例，写出设计步骤，说明 PLC 如何选型等）？

6. 简述总线型与 PC 型工控机是怎样构成的？各有什么特点？

7. 什么是单片机控制系统？它有什么特点？

8. 计算机控制系统接口电路有哪些？举出 3～4 种接口电路，画出电路原理图并说明。

9. 简述集成电路 ADC0809（A-D 转换器）和 DAC0832（D-A 转换器）的作用？它们与单片机是如何连接的，画图说明。

10. 在机电一体化控制系统中，与外部输入/输出接口的连接电路，常采用光耦合器来隔离，为什么？画出它的结构并简述其工作原理。

11. 如果用单片机等控制器去开关一个 AC 380V、2kW 的三相交流异步电动机，能否直接驱动？采取什么办法？画出控制电路与主电路图（提示：可参考图 5-21 设计，用直流继电器 K1 -1 常开触点，去控制一个与电动机功率相当的交流接触器）。

12. 简述用脉宽调制电路（PWM）方法，驱动直流电动机的功率驱动接口电路，并画框图，简述其工作原理。

13. 变频器有什么作用？常有哪几种类型？若三相交流异步电动机为 AC 380V、5kW，试选变频器容量。

14. 在西门子 802D 与 FANUC 0i-C 数控系统系统中使用了哪些通信总线与接口，各有什么用途？

第 6 章　机电一体化系统与设计

6.1　机电一体化控制系统基本构成

机电一体化控制系统是机电一体化产品中最重要的部分，主要实现内部和外部的各部分协调、控制与信息处理等。

应用于不同被控对象和控制目标的机电一体化控制系统，在控制装置、控制原理和控制结构上往往有很大差异，例如全自动洗衣机与数控机床是完全不同的控制系统。全自动洗衣机控制系统基本上是个定值系统，即根据衣服数量、品种、脏污程度，控制器通过洗涤电动机、电磁阀等相关执行机构，进行定时清洗与脱水、定水量与定洗涤剂等控制，以最终自动实现洗净衣服为控制目标；而数控机床的给定值是加工零件轮廓编程的位置，它是随零件轮廓曲线变化而变化的，控制器则是通过机床各坐标轴的伺服电动机等执行机构，驱动刀架或工作台跟踪零件轮廓曲线的坐标位置作切削运动，实现机械零件自动加工的伺服控制。但是，机电一体化控制系统的基本构成是相同的，其原理框图如图 6-1 所示。

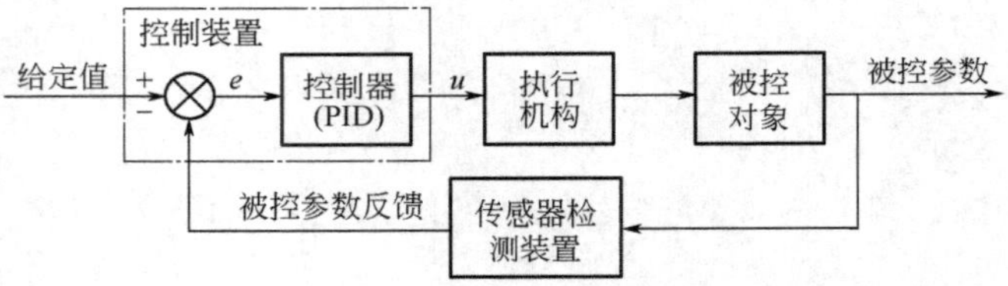

图 6-1　机电一体化控制系统基本构成原理框图

由图 6-1 可见，机电一体化控制系统是由传感器、控制器、执行机构（包括电动机、传动机械、执行机械）和被控对象所构成的整体。被控对象可以是一个过程，例如化工、冶金，纺织等生产过程，也可以是一台设备如机床、机器人或一条生产线如饮料自动灌装生产线、数控 FMS 柔性加工系统等。e 是给定值与传感器检测反馈的被控参数实际值的偏差，给定值可以是定值也可以如零件轮廓程序那样随时间而变化的数值。u 是控制器输出，经转换、放大（如 D-A 转换器、功率放大器），驱动执行机构，控制或调节被控对象的位置、速度、转矩、物理或化学参数等，从而实现控制目标。PID 是控制器对偏差的比例、积分、微分校正算法。

6.2　机电一体化控制系统分类

常见的机电一体化控制系统按不同的分类方法，可分成以下几种类型。

1. 顺序控制和反馈控制

按在机电一体化控制系统控制器中是否存在被控对象状态函数来分，分为顺序控制和反馈控制。

1）顺序控制　依据时间、行程和其他逻辑条件等决定被控对象运行步骤，例如组合机床、数控钻床和搬运、装配与焊接机器人；一般加工、装配、物流或包装的生产流水线等。

2）反馈控制　依据被控对象运行状态、位置、物理参数等来决定被控对象的变化趋势，一般有传感器进行反馈的是闭环控制系统，如变频空调的温度控制。当空调房间受到人数的变化、散热条件变化等外界干扰时，房间实际温度值与设定值有偏差时，空调控制器就自动调节供给制冷压缩机电源的频率，使压缩机运转速度发生变化，也就改变了制冷量。此时装于吹风机上的温度传感器测量并将房间温度变化反馈至控制器，再与设定温度值比较。当温度偏差值到达允许的范围内时，控制器保持压缩机供电电源频率不变，也就保持压缩机速度不变，制冷量也维持不变，整个控制系统处于一个新的平衡状态。

2. 定值系统、随动系统和程控系统

按在机电一体化控制系统中输出变化的规律分，有如下几种类型。

（1）定值系统

在外界干扰下，系统输出仍基本保持常量，例如图 6-2a 所示的就是一个加热炉温度定值自动调节系统，图 6-2b 是其控制原理框图。加热炉温度定值自动调节原理与上述变频空调的温度反馈控制类似，由热电偶传感器测量的加热炉膛内实际温度值与给定温度值的偏差值，经放大后驱动直流电动机，自动调节自耦变压器改变供给加热炉电阻丝上的电压，即可通过调节加热功率来控制炉温始终保持在给定的数值。

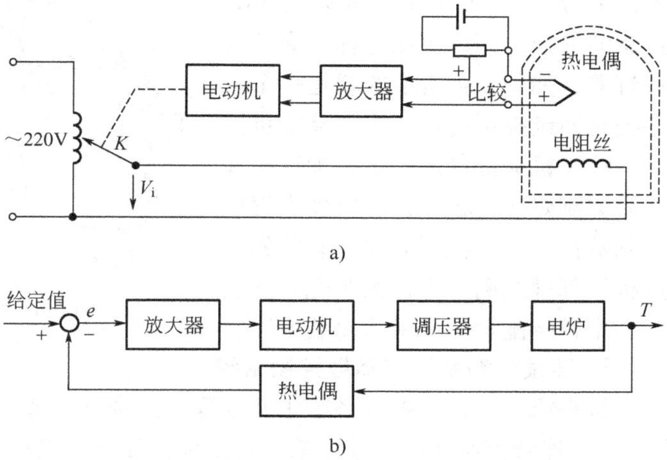

图 6-2　加热炉炉温定值自动调节系统

a）加热炉温度定值自动调节系统

b）加热炉温度定值自动调节系统原理框图

（2）随动系统

系统输出能适应输入在较大范围内按任意规律变化，例如数控机床伺服系统、坦克火控系统等，图 6-3 为有位置反馈功能随动跟踪零件轮廓的数控系统。图中伺服驱动系统接收来自数控计算机的零件轮廓插补进给指令的弱电信号，经伺服驱动器功率放大后驱动伺服电动机旋转，通过滚珠丝杠等传动机械，将电动机的旋转运动转化为各进给坐标轴或机床主轴的

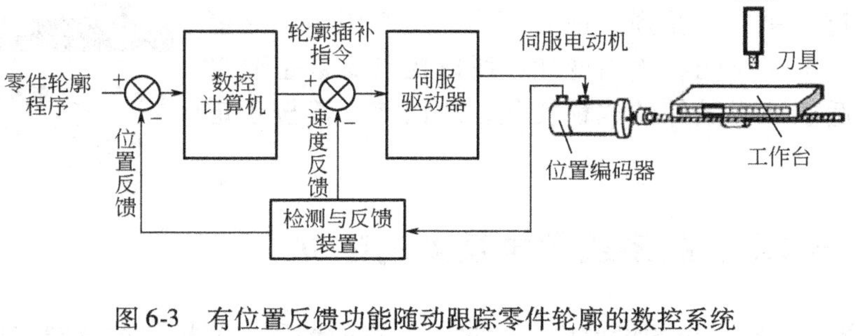

图 6-3　有位置反馈功能随动跟踪零件轮廓的数控系统

直线或旋转运动，从而带动机床主轴、工作台和刀架等机床运动部件以一定速度和转矩作位移，其各轴的合成矢量运动逼近零件轮廓曲线，按预定的刀尖轨迹加工出零件。伺服电动机内部同轴安装了光电编码器，间接检测工作台运动速度与位置，分别反馈至伺服驱动器与数控计算机。所以伺服驱动系统是典型的随数控计算机的零件轮廓程序而动的随动控制系统。坦克火控系统则采用了激光测距机、CCD 光学电子瞄准镜以及风速、气温、药温等几十种传感器，在火控计算机控制下，能随动跟踪运动目标自动装定射击诸元。

（3）程序控制系统

系统输出按既定程序变化，而不管外界条件如何变化。例如由 PLC 控制的数控冲床、高层电梯、交通指挥灯等，如图 6-4 所示的就是一个程序控制系统控制的机械零件装配机器人。按某机械部件的既定装配工序和步骤编制好运行程序，在机器人程序控制器控制下，机器人左、右臂先完成机械部件的两个零件的装配，然后传到中臂装配台完成最后总装工序。

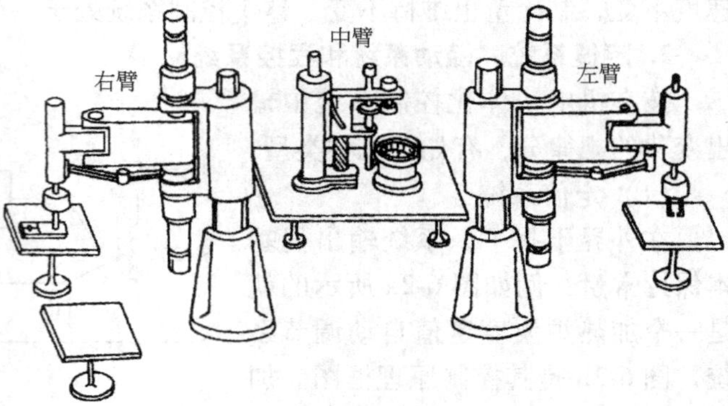

图 6-4　机器人装配机械零件程序控制系统

3. 连续控制系统和离散控制系统

按在机电一体化控制系统中所处理的信号形式来分，有如下几种类型。

1）连续控制系统　控制信号是以模拟量形式被处理和传输的，控制器采用硬件模拟电路来实现。如化工生产过程中的各种流量、压力、温度、液位等自动化仪表，进行自动测量与自动调节控制。

2）离散控系统　采用计算机对数字信号进行处理，控制器是以软件算法为主的数字调节器，如前述的数控机床系统。

4. 其他控制系统

按机电一体化控制系统被控对象的自身特性和控制算法来分类，可将控制系统分为线性系统与非线性系统；确定系统与随机系统；时变系统与时不变系统；自适应、自学习、神经元网络控制系统等。例如图 6-5 所示的火箭发射飞行姿态控制就是一种时变与自适应的控制系统。因为在火箭离开地球飞向太空过程中，所受到的地心引力、空气阻力，火箭燃料重量等参数随着时间在不断变化，所以控制参数也要自动调节以自动适应外界条件的这种变化，从而使火箭按预定的姿态飞行。

图 6-5　火箭发射飞行姿态控制的时变与自适应控制系统

6.3　机电一体化控制系统数学模型的建立

在机电一体化控制系统的设计中，通过对市场的调研、分析与评价制定出总体方案以后，当进入理论设计阶段时如果没有成功经验借鉴，往往还需要对控制系统作定性与定量的分析计算，特别是对伺服系统（电气与机械结合、传感器检测与反馈特性）的稳态与动态的分析计算，以便确定控制方案、选择最佳控制参数（例如 PID 参数），从而获得理想的控制效果。因此根据所确定的机电一体化控制系统构成与实验，利用经典控制理论或现代控制理论知识与分析工具，建立控制数学模型是必要的。因为在建立控制数学模型与分析过程中，涉及控制论有关知识并且有的还比较深奥，这里只对控制论中一些重要知识要点作简单介绍。下面以建立单关节机械手的数学模型为例。

6.3.1 控制数学模型

如图 6-6、图 6-7 所示的是简单机械手控制系统模型，关节直接与直流电动机连接，关节的转角用一个旋转光电编码器来检测。下面来推导表达从控制电动机的输入电压 u 到关节转角 θ 的动态状态方程式。

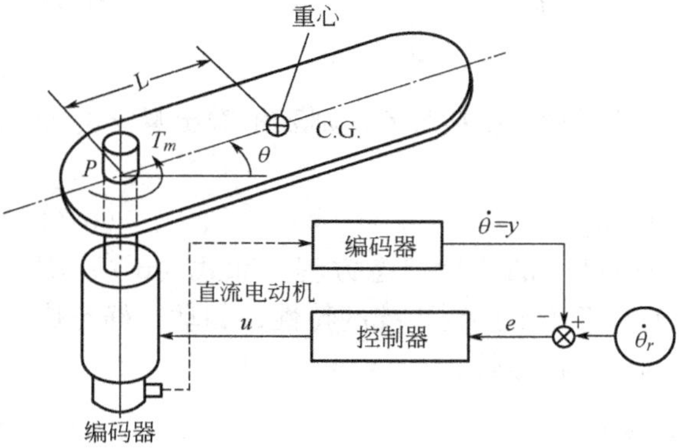

图 6-6　单关节机械手控制系统

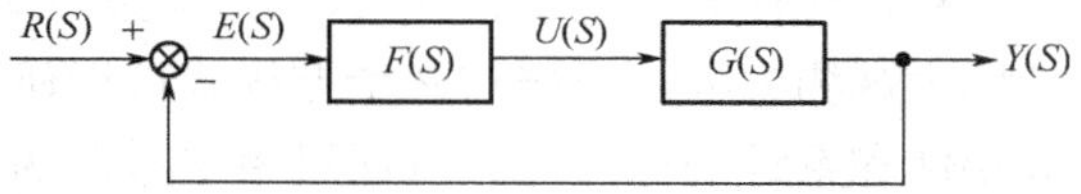

图 6-7　用传递函数表示的单关节机械手闭环控制系统

设臂杆绕旋转中心 P 的转动惯量为 J_P：

$$J_P = J_z + mL^2$$

式中，J_z 为旋转轴的转动惯量，m 为臂杆质量，L 为从 P 点到重心的距离，mL^2 为臂杆绕旋转轴的转动惯量。又设直流电动机的驱动转矩为 T_m，由第 2 章执行装置与传动机械知识，可得到单关节机械手旋转方程式：

$$J_P\ddot{\theta} = T_m - d_m\dot{\theta} \tag{6-1}$$

式中　d_m——关节旋转轴承上的黏性摩擦系数；

$\dot{\theta}$——单关节角速度；

$\ddot{\theta}$——单关节角加速度；

T_m——电动机驱动惯性转矩。

可以用直流电动机的驱动电流来表示：

$$T_m = k_t i \tag{6-2}$$

又根据直流电动机控制电路知，驱动电流 i 与控制输入电压 u 有以下关系（电压平衡方程式）：

$$L\dot{i} + Ri + d_e\dot{\theta} = u \tag{6-3}$$

式中 L——电动机绕组电感；

R——电动机绕组电阻；

d_e——反电动势常数。

若在式（6-1）~式(6-3）三个方程式中消去电动机转矩 T_m，以 u 为输入变量，则关于以 θ、$\dot{\theta}$、i 为输出量（其中 $x_1=\theta$，$x_2=\dot{\theta}$，$x_3=i$）的状态方程式，可以表示为：

$$\dot{x}=Ax+bu \tag{6-4}$$

式中

$$\dot{x}=\begin{bmatrix}\theta\\ \dot{\theta}\\ i\end{bmatrix} \tag{6-5}$$

$$A=\begin{bmatrix}0 & 1 & 0\\ 0 & -d_m/J_P & kt/J_p\\ 0 & -d_e & -R/L\end{bmatrix}\qquad b=\begin{bmatrix}0\\ 0\\ 1/L\end{bmatrix} \tag{6-6}$$

此外，如果利用旋转编码器检测到的单关节机械手角速度信号 $\dot{\theta}$，则表示输出量 y 的方程式为：

$$y=Cx, C=[0\ 1\ 0] \tag{6-7}$$

在现代控制理论中，式（6-4）被称为单关节机械手的线性状态方程，而式（6-7）则被称为观测方程。根据这两个方程式可以研究单关节机械手控制系统的特性，如动、静态响应特性和系统的稳定性，从而可整定最佳的 PID 调节运行参数。

6.3.2 从控制数学模型来研究控制系统的特性

从以上单关节机械手数学模型看出，这是一个关于输入单关节机械手给定旋转角度值 θ 与控制器输出直流电动机旋转电压值 u 的二阶微分方程。测量电动机实际旋转角速度 $\dot{\theta}$ 值，与给定角速度值的偏差值 e，经过控制器对偏差 e 进行校正调节的运算处理后，输出自动调节直流电动机转速与转角的电压值 u（图 6-7）。显然，该电压值 u 要得到准确的增益调节，才能使单关节机器人以稳、准、快的高品质调节特性，来达到单关节机械手的运动控制目标。

1. 传递函数基本概念

在经典控制理论中，为运算和分析的方便，将式（6-4）进行拉普拉斯函数变换，即将原以时间“t”域变化的被控对象的输出、输入信号微积分方程进行拉氏变换并相除，变为以复变函数“S”域变化的多项式方程即传递函数（就像用对数变换将乘除化为加减一样），以方便研究单关节机器人的运动控制特性。

（1）被控对象的输入/输出方程

对结构比较复杂的控制对象，要像单关节机械手那样得到精确的状态描述方程式是困难的，因此往往采取实验方法。设一个被控对象 $G(t)$ 包含控制系统各环节和被控对象本身，为简化研究，可以把系统控制对象整体看做一个黑盒子，输入一个特定的已知信号，然后看输出信号是怎么变化的，就可间接推知被控对象特性是什么。信号传递过程如图 6-8 所示。

例如对单关节机械手这个被控对象，输入一个随时间 t 变化的线性函数 $u(t)$ 信号，经过被控对象作用后，输出信号函数 $y(t)$ 应该如何变化？如果设该系统只是单输入和单输出的线性、时不变标量系统，从控制理论可知：其被控对象的输入、输出信号特性（包括幅度和频率等特性）可用一个 n 阶微分方程式来描述：

$$a_0u^{(n)}(t)+a_1u^{(n-1)}(t)+\cdots+a_{(n-1)}\dot{u}(t)+a_n \\ =b_0y^{(m)}(t)+b_1y^{(m-1)}(t)+\cdots+b_{(m-1)}\dot{y}(t)+b_m \qquad m<n \tag{6-8}$$

在式（6-8）中，因为能量通过被控对象后总是要衰减的，所以输出微分方程的阶次要小于输入微分方程的阶次，即 $m<n$。显然通过求解这样的高阶微分方程，来获得系统输出信号函数的动态特性是困难的。在经典控制理论中，广泛使用的系统动态响应分析设计方法如频率法和根轨迹法等，并不直接去求解微分方程，而是采用与微分方程有关的“传递函数”数学模型，间接地分析系统结构参数对输入信号响应的影响。为此，就需要首先对式（6-8）微分方程进行拉普拉斯变换。

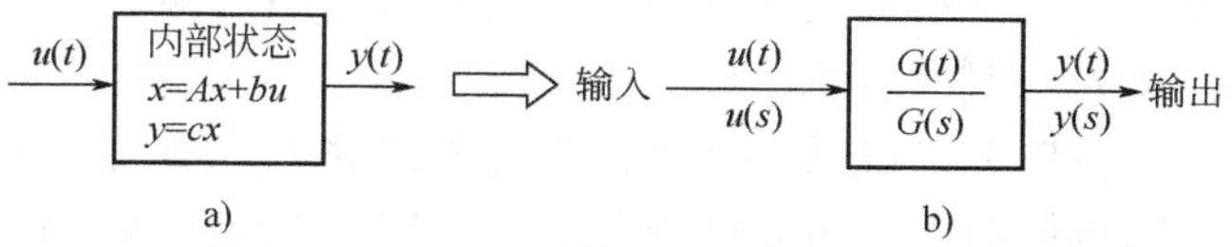

图 6-8　被控对象输入/输出信号传递过程

a）单关节机械手输入/输出信号函数图

b）一般被控制对象输入/输出信号函数图

（2）拉普拉斯变换

① 微积分方程→代数多项式方程。

② 设以 t 变化的时域函数为 $f(t)$ →以复数 S 变化的复域函数为 $F(S)$，

当 $t\leqslant 0$ 时，$f(t)=0$；S 为复变量（$S=\sigma+j\omega$），L 为拉氏变换的运算符号，则定义函数 $f(t)$ 的拉普拉斯变换式为：

$$F(S)=L[f(t)]=\int_0^{\infty}f(t)e^{-st}dt \tag{6-9}$$

按此定义，对一个 n 阶微分方程进行拉氏变换可得到以下结果：

$$\begin{aligned} L[\frac{df(t)}{dt}] &= SF(S)-f(0)=SF(S) \\ L[\frac{d^2f(t)}{dt^2}] &= S^2F(S)-f(0)-f^{(1)}(0) \\ &\vdots \\ L[\frac{d^{(n)}f(t)}{dt^{(n)}}] &= S^nF(S) \end{aligned} \tag{6-10}$$

所以当将式（6-8）两边的输入 n 阶和输出 m 阶微分方程进行拉氏变换并对结果整理后，得到以下代数多项式：

$$G(S)=\frac{y_{(S)}}{u_{(S)}}=\frac{b_0S^{(m)}+b_1S^{(m-1)}+\cdots+b_{m-1}S+b_m}{a_0S^{(n)}+a_1S^{(n-1)}+\cdots+a_{n-1}S+a_n} \tag{6-11}$$

式（6-11）就是被控对象的传递函数。即线性定常系统在零初始条件下，被控对象的传递函数是：输出量的拉氏变换式与输入量的拉氏变换式之比。可见，传递函数描述了被控制对象的输出量对输入量的动态变化规律，用该函数可研究机电一体化系统的动态特性。

2. 从传递函数研究被控制对象特性的方法

由经典控制理论可知，利用式（6-11）的传递函数来研究被控制对象特性，通常的方法有：

① 根轨迹法　多项式分子的零点与分母的极点在 S 平面上的分布，来研究系统的稳定性；

② 频率特性法　以“$j\omega$”替换多项式中“S”，即得频率特性方程式。通过绘制伯德图(Bode)，看被控对象幅频特性（输出量相对于偏差的增益幅度）、相频特性（系统输入偏差量与输出量的相位差），来判断负反馈控制，需要以怎样的规律去控制其增益幅度与相位差，才能使系统达到既响应快（跟踪、纠正偏差快），又稳定（控制增益的大小，以不发生振荡），控制精度又高。

在单关节机械手这个控制对象的输入端施加一定频率和一定幅值的函数（相当于直流电动机控制电压值 u 的变化），如正弦波函数或阶跃函数（瞬间施加对象一个突变值）时，单关节机械手输出端的幅频与相频特性曲线以及系统瞬态响应的特性曲线（相当于单关节机械手角速度 $\dot{\theta}$ 的变化），分别如图 6-9、图 6-10 所示。

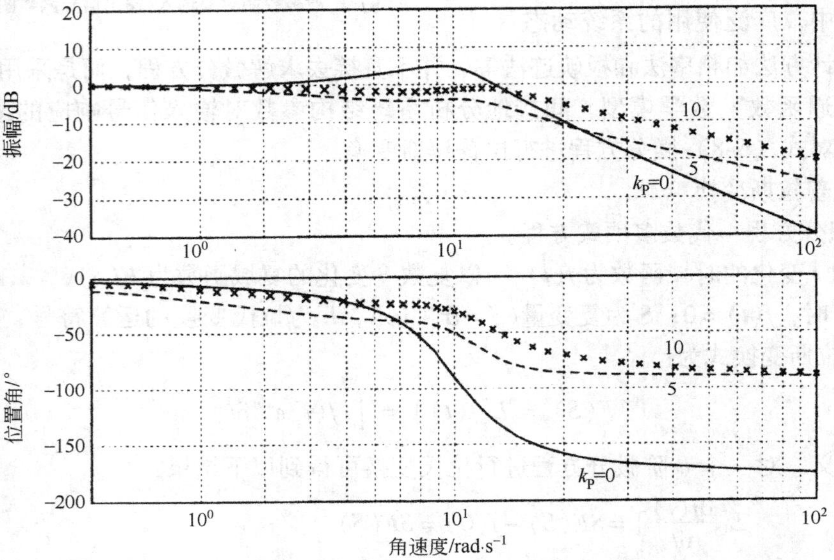

图 6-9　单关节机械手控制系统伯德图（Bode）

注：$k_P=0$ 为开环控制，$k_P=5$，10 为输出反馈 PID 控制的情况。

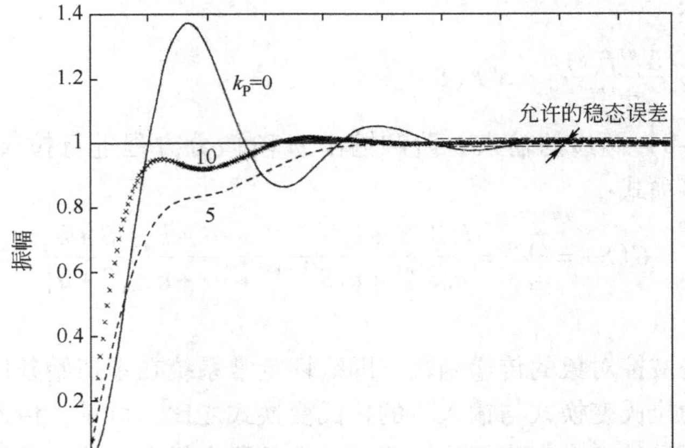

图 6-10　单关节机械手控制系统输出反馈的响应曲线

由单关节机器人的幅频特性与相频特性（图 6-9）、输出反馈响应曲线（图 6-10）可以看出，比例增益系数 $k_p = 5$ 时的闭环系统，符合以上对调节特性的要求。因为不过调（很快进入新的稳态值）、不振荡、也不因过阻尼而使纠正偏差的调节时间过长，过渡过程时间约 0.9s。而比例增益系数 $k_p = 0$ 时的开环系统，显然振荡大、过调大、过渡过程时间长，即达到新的稳态值时间也长。

6.3.3 自动调节系统的控制算法

控制算法实际上是按被控对象的控制目标要求，对如图 6-7 所示的单关节机械手控制器闭环反馈控制系统所产生的偏差，进行比例、积分、微分综合运算的自动调节与校正增益的处理，即通常所说的 P（Proportion）I（Integration）D（Differentiation）自动调节。例如：给定单关节机械手一个运动的角度和角速度值（θ_r、$\dot{\theta}_r$），该给定值与由光电编码盘测量得到的反馈值（θ、$\dot{\theta}$）进行比较而得到偏差值 e，该偏差值输入到计算机控制器，然后计算机控制器对此偏差值通过某种最佳方式例如 P、PI、PD 等来运算处理，求得符合被控对象特性的合适增益值，从而使控制器输出电压值 u，能稳、准、快地驱动直流电动机带动单关节机械手运动到达新的目标位置。这就是控制系统自动调节偏差的作用，而 PID 就是该自动调节系统的控制算法。自动调节控制算法可以通过模拟电路调节器或数字电路调节器实现，因而在工业自动控制系统中有模拟自动调节系统和数字自动调节系统之分。

对如图 6-2 所示的加热炉炉温自动调节定值系统来说，控制器的 PID 自动校正调节作用就是“当系统受到扰动时，能快速回到原来稳定状态”。而对如图 6-3 所示有位置反馈的随动跟踪机械零件轮廓的数控机床系统来说，控制器的 PID 自动校正调节作用，则是要求“在所要求的精度范围内，系统能精确、稳定地跟踪目标运动轨迹”。要达到这个目标，必须在对象控制数学模型基础上设计控制算法，同时要设计闭环控制系统，并且选择好调节参数，以使调节系统控制稳定。

对常见工业过程自动控制如流量、压力、温度等的定值调节，或数控机床伺服进给系统的位置控制（零件轮廓跟踪随动控制），常用 PID 控制算法，并且根据被控对象不同的要求与特性，采取 P、PI、PD、PID 不同的组合算法与优化调节参数。在西门子 808D 与 FANUC 0i-D 数控系统中，均有伺服系统调节参数优化界面，根据显示界面上的各进给轴电动机速度或位置的响应曲线来调整 PI 调节参数值，以使伺服系统既能稳定运行，又能提高切削精度。PID 调节参数的各自作用如下。

P——比例调节：

$$u = k_p e \tag{6-12}$$

控制器输出电压 u 与偏差大小 $e(t)$ 成比例，k_p 为比例增益系数。该系统反应快速，但调节有静差。显然，控制系统增益太大会产生振荡。

I——积分调节：

$$u = k_I \int e \mathrm{d}t \tag{6-13}$$

控制器输出电压 u 与偏差 $e(t)$ 随时间的积累而增长，即与偏差对时间的积分成正比，k_I 为积分增益系数。该系统中偏差 e 不管其大小，存在的时间越长，输出电压 u 就会越来越大，控制器的调节作用就越强。显然，控制系统可以做到无偏差调节。

D——微分调节：

$$u = k_D \frac{de}{dt} \tag{6-14}$$

控制器输出电压 u 与偏差 $e(t)$ 的变化率成正比，k_D 为微分增益系数。该系统中偏差 e 变化越快，调节作用越强。并且只要偏差 e 有变化趋势，控制器就会进行调节。显然，控制系统有超前控制作用。

因此，自动调节系统的 PID 综合调节算法公式为：

$$u = k_p e + k_I \int e dt + k_D \frac{de}{dt} \tag{6-15}$$

如图 6-11 所示的是一个直流伺服电动机驱动的滚珠丝杠-工作台进给位置控制机械传动系统示意图，如图 6-12 所示是其闭环 PID 调节的位置控制模型原理框图。

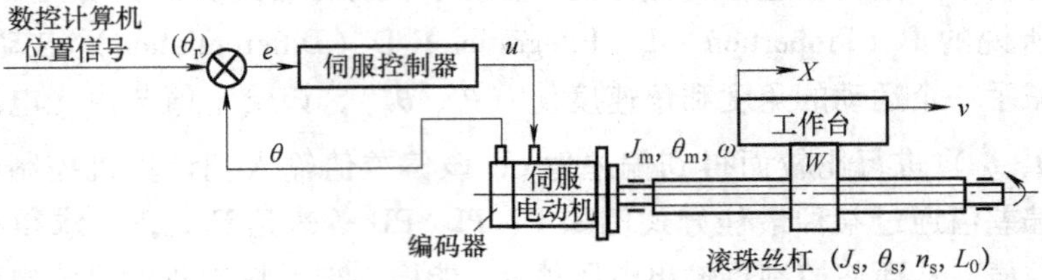

图 6-11　直流伺服电动机驱动的滚珠丝杠-工作台进给位置控制系统

设零件轮廓程序目标角度为 $\theta_r(t)$，为使被控制对象工作台产生一定量的线性位移，就要使电动机驱动的滚珠丝杠产生转角 $\theta(t)$。因此要控制工作台位置误差，必须控制电动机带动的滚珠丝杠转动的角度误差 $e(t)$：

$$e(t) = \theta_r(t) - \theta(t) \tag{6-16}$$

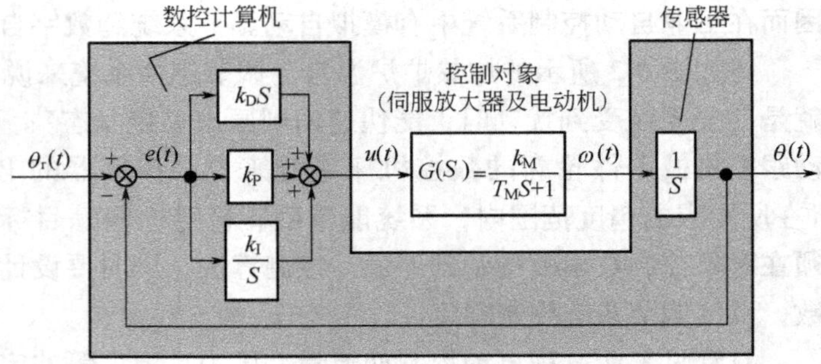

图 6-12　闭环 PID 调节的位置控制模型原理框图

在式（6-16）中，$\theta(t)$ 是伺服电动机带动滚珠丝杠的实际转角，可由光电编码器检测并反馈（传递函数为 $1/S$），$\theta(t)$ 与设定值 $\theta_r(t)$ 比较产生的偏差 $e(t)$，送伺服控制器进行偏差的 PID 增益叠加运算。伺服控制器输出的调节电压，给伺服放大器与电动机组成的伺服系统，再通过滚珠丝杠驱动工作台这个间接被控制对象。显然，该控制对象是一阶惯性系统，传递函数 $G(S)$ 见图中框内式子，$\omega(t)$ 是电动机角速度。控制了电动机的角速度，就控制了滚珠丝杠的角速度，也就控制了工作台线性移动的速率。伺服放大器输入电压 u 与角度 $\dot{\theta}$ 关系式为：

$$u = k_P(\theta_r - \theta) - k_D\dot{\theta} + k_I\int(\theta_r - \theta)dt \tag{6-17}$$

只要选择合适的比例 k_P、积分 k_I 和微分 k_D 这三者的增益系数，就能使该位置控制系统达到快、准、稳的调节要求。

6.3.4　模拟自动调节系统

过去传统的工业生产过程控制大多用模拟自动调节系统。如图 6-13 所示的是一个加热器温度自动调节系统，它是通过蒸汽热交换器来控制冷流体的温度。TT 是温度传感器，T 是测量冷流体通过热交换器后的输出温度，TC 是温度调节器，用来控制调节阀开度。调节器根据设定值与冷流体实际温度值偏差的大小，自动调节供给的蒸汽流量大小，以保证冷流体温度恒定。可见其输入量、输出量是随时间连续变化的模拟量，所以多采用模拟式工业自动化仪表，构成过程参数控制的自动调节系统。例如国产的 DDZ-Ⅲ 型单元组合仪表系统，它包括各种传感器、执行机构（电动调节阀、气动调节阀、液动马达等）、显示记录仪及各种自动调节器等。为适应多种对象的工况，自动调节器多设计成具有模拟 PID 参数整定的综合调节作用模式。如图 6-14 所示的是该系统的控制原理框图，图中 T 为被加热介质的出口温度是被调参数，TT 为温度传感器，TC 为温度调节器，气动调节阀是执行器，换热器是被控对象。温度调节器输出 P 相当于图 6-12 中闭环 PID 调节的位置控制输出 $u(t)$，它与被控加热器温度 T 之间的 PID 增益关系可以用式（6-15）来描述。

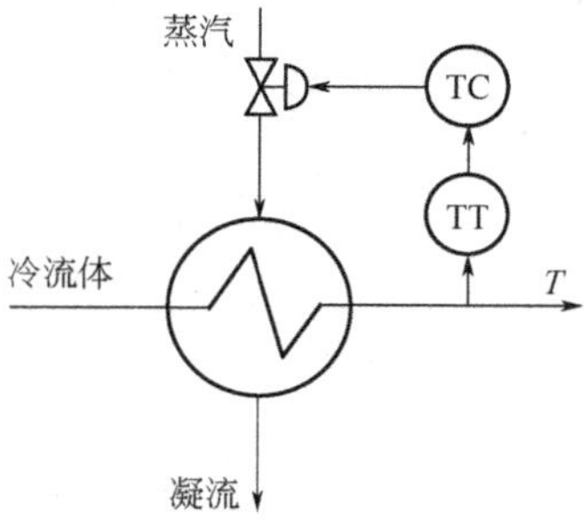

图 6-13　换热器温度自动调节系统

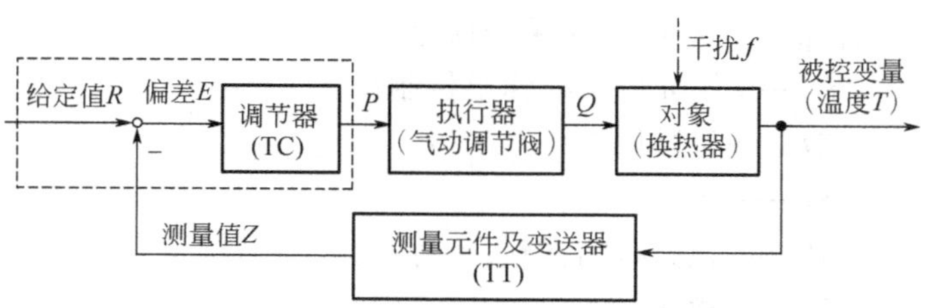

图 6-14　换热器温度控制系统原理框图

6.3.5　数字采样自动调节系统

1. 数字采样自动调节系统工作原理

随着计算机技术和现代控制理论的发展，目前自动调节控制系统多采用数字计算机控制器，甚至执行电动机、传感器都采用了数字运行方式。如图 6-15 所示就是一个典型的数字采样控制系统原理框图。图 6-15 中 $r(t)$ 为给定值，它与被控对象输出的反馈量 $b(t)$ 通过比较器而产生的偏差值为 $e(t)$，这是模拟量。经计算机控制采样开关 K_1 以周期 $T=\Delta t$ 开启与闭合，将模拟量 $e(t)$ 转换为离散的数字脉冲序列 $e^*(t)$，然后经数字控制器的离散型 PID 采样控制算法进行运算处理后，再经保持器开关 K_2（这因为断续调节，在不采样时，要求输出以某种规律保持上次采样控制的输出）输出信号 $m_h(t)$ 到执行机构，以控制被控对象。图 6-15、图 6-16 和图 6-17 分别为数字采

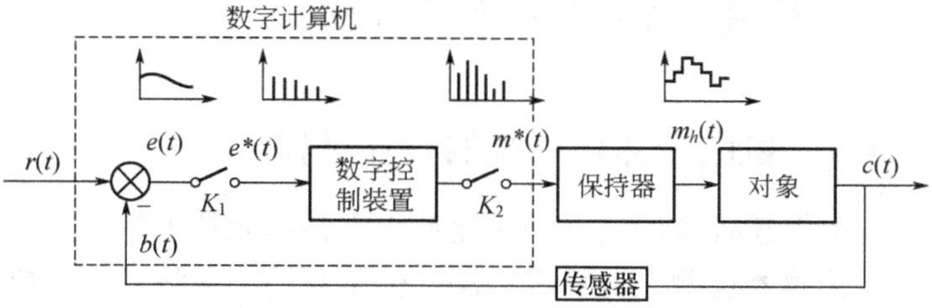

图 6-15　数字采样控制系统原理框图

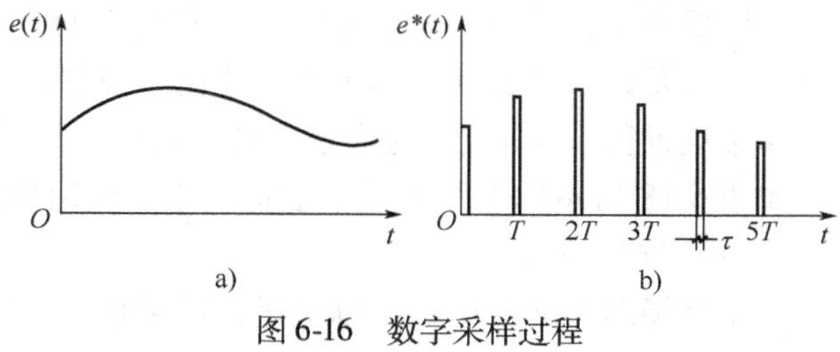

图 6-16　数字采样过程

a）输入　b）输出

样控制系统原理框图以及数字采样过程、数字采样保持器作用的波形图。

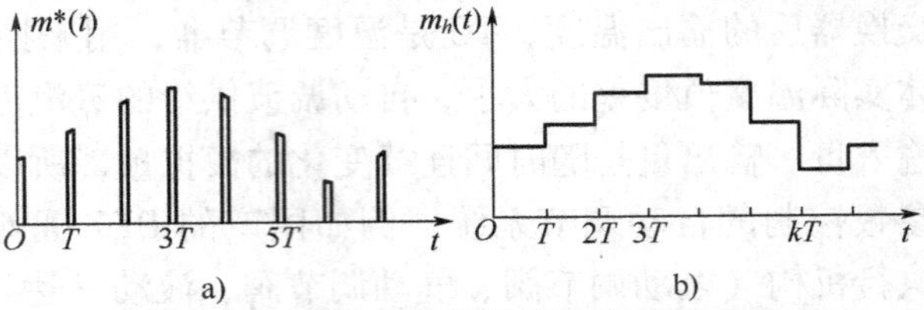

图 6-17　数字采样保持器作用的波形图

a) 输入　b) 输出

2. 数字采样自动调节系统的 PID 控制算法

数字采样自动调节系统 PID 控制算法公式如下：

$$C_n = k_P\left[e_n + \frac{\Delta t}{T_I}\sum_{k=0}^{n} e_k + \frac{T_D}{\Delta t}(e_n - e_{n-1})\right] \tag{6-18}$$

式中　e_n——第 n 次当前值采样偏差值；

e_{n-1}——第 $n-1$ 次采样偏差值；

C_n——第 n 次采样输出控制；

Δt——采样周期；

k_P——比例因子；

T_I——积分时间常数；

T_D——微分时间常数。

对比前述模拟自动调节系统 PID 控制算法公式，很容易理解数字采样自动调节系统的控制算法公式。第一项是偏差比例计算；中间项是对偏差采样条小矩形面积求和，即偏差积分计算（图 6-17a）；第三项是递推求偏差当前值与前次采样值的变化率，即是偏差微分计算。显然有了以上公式，用 C 语言编制算法程序是不困难的。

6.4　机电一体化系统设计简述

6.4.1　机电一体化系统的设计过程

由上述各章对机电一体化系统中各单元技术的论述，可知机电一体化产品是利用机械传动、传感器检测、计算机控制、伺服驱动、网络通信等单元技术的相互交叉、融会和综合设计的结果。因此，机电一体化系统设计是多级别、多单元技术有机的结合，要用系统的设计思想综合运用各学科知识、技术和经验，在系统分析的基础上通过总体方案论证、制造设计与设计质量评价等环节，开发出满足市场需求与设计目标的机电一体化产品。

概括的说，机电一体化系统的“设计”就是综合，根据一个对象、一个工程的具体控制要求和要达到的目标，用机电一体化与控制理论等专业知识与经验，结合行业和国家有关法律法规进行“综合”，这个过程称为机电一体化系统设计。机电一体化系统设计流程可分为如图 6-18 所示的 4 个阶段：准备阶段、理论设计阶段、设计实施阶段、设计定型阶段。

（1）准备阶段

在市场调研和分析的基础上进行需求抽象，确定产品品种规格、性能指标，然后拟定总体方案，分解功能要素和子单元模块，进行方案可行性论证，确定最佳总体方案，划分各单元子模块的目标和设计责任人。

（2）理论设计阶段

根据设计总目标、功能要素和功能模块，画出总时序流程图和机械传动原理简图；通过建立数学模型或经验，对系统进行定性和定量的分析，例如对于过程控制系统应建立控制系统的数学模型和控制算法；设计各功能模块之间的接口参数；编制软件系统框图；对控制系统各部分硬件进行选型、组配、设计；最后对系统设计所能达到的性能指标与经济指标进行综合评价（性能价格比）并进行优化，以期选出综合性能最优的设计。

（3）设计实施阶段（制造设计阶段）

根据确定的总体方案和划分的各功能单元子模块的技术要求，进行机械、电气、软件等器件与单元组件选型、进行产品制造设计、采购及样机制造等工作，然后进行各子单元装配调试，再进行系统整合装配调试，测试整机性能指标，验证产品样机是否达到可使用性、可生产性、可维护性、安全性、可靠性、经济性等各项经济技术指标要求。

（4）设计定型阶段

对试制成功的样机进行现场试用、考核，并投入小批量试制，交付用户试用。经过一段时间再综合验证、评价是否达到原设计目标，否则要改进设计，再次进行以上阶段的循环，直到达到产品开发的目标。最后整理产品制造图样资料、审定产品标准、编制工艺文件，进行设计定型和批量投产。

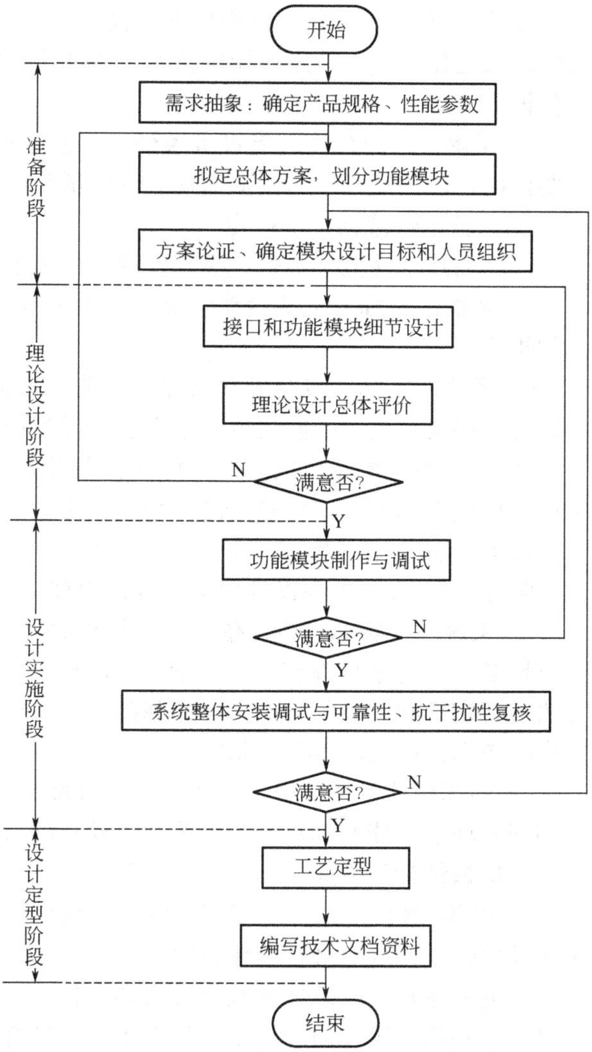

图 6-18　机电一体化产品设计流程

6.4.2　机电一体化系统的总体设计

如前述机电一体化系统设计 4 个阶段，其中准备阶段与理论设计阶段可合称为总体方案设计阶段，它是关系机电一体化装置或产品设计成败的关键阶段。总体方案设计应完成如下具体工作。

（1）技术资料准备

① 搜集要开发产品的国内外有关技术资料，包括现有同类产品资料、相关理论研究成果和先进的技术资料等，通过分析比较了解该产品现在的技术发展水平与未来的发展趋势。

② 了解所设计产品的使用要求，包括功能、性能/价格比等方面要求。此外还应了解产品的极限工作环境、对用户操作技术素质和维修能力的要求等。这是确定产品技术指标的主要依据。

③ 了解生产单位的现有设备条件、工艺手段及生产基础等，作为研究具体结构方案的重要依据，以缩短开发与制造周期、降低试制与生产成本、提高产品质量。

（2）技术性能指标的确定

产品的技术性能指标是产品开发的重要依据，主要包括以下几个方面。

① 功能性指标　包括运动参数、动力参数、尺寸参数、品质指标等实现产品功能所必需的指标。

② 经济性指标　包括成本指标、工艺性指标、标准化指标、美学指标与宜人化操作的指标等，即关系到产品能否进入市场、与同类产品是否有竞争力的技术指标。

③ 安全性能指标　包括操作指标、人身安全与保护指标，环境污染指标。这些指标是工厂赖以生存与产品市场安全的生命线，必须符合国家与国际有关标准。

（3）总体方案的确定

① 方案设计　选择设计原则、设计原理，进行总体方案的初步设计。

② 系统性能指标分析　依据所掌握的技术资料与设计经验，分析产品各项性能指标的重要性及实现的难易程度，找出设计的难点，通过建立数学模型或经验分析判断，选择恰当方法进行定性和定量的分析。在此基础上将系统总体指标分解到各单元设计与子系统设计指标中，特别是产品的可靠性指标。

③ 初选系统各环节结构　在对产品性能指标分析与技术难点论证基础上，初步选出几种实现各环节功能并满足产品总体性能要求的可行性结构方案。这里的结构方案包括硬件、软件、机械结构等方面。

④ 整体评价　选定一个或多个评价指标，对上述选出的多个可行性方案进行论证、优化和评价，进而确定最佳总体方案。

机电一体化系统总体方案设计目的，就是根据机电一体化装置和产品的性能价格比和被控对象控制品质等方面的要求，规划出一个综合性能最优的系统设计方案。该方案作为产品设计实施阶段（包含制造设计、样机试制）和产品设计定型阶段（包含小批量生产、设计定型等）的依据和纲领，其他各阶段的任务和流程详见图 6-18。因为机械部分设计在其他专业课程中有专门讲述，本书重点讲述机电一体化控制系统的设计。

习　题

1. 机电一体化系统一般由哪几个部分构成（画出控制系统框图并说明）？当系统给定值是定值时，该系统属什么控制系统？当给定值按一定规律变化时，又属什么控制系统？举例说明。

2. 定值控制系统与随动跟踪系统中 PID 调节，对控制系统的偏差各起什么作用？写出各自算法公式并说明。

3. 什么是模拟控制系统和采样控制系统？各有什么特点？

4. 什么是机电一体化系统工程设计？结合产品（如全自动洗衣机）简述设计方法与设计步骤。

第7章　机电一体化控制系统的工程应用设计案例

掌握了机电一体化控制系统各单元技术如传动机械、传感器检测、伺服驱动、工业控制计算机与接口等技术及其数学模型的分析与建立方法，系统响应特性试验以及系统整合设计方法等基本技术，就会较容易面对工业现场各式各样的机电一体化控制装置与系统。本章通过全自动洗衣机单片机模糊控制系统的设计、工业搅拌机 PLC 控制系统的设计、CK6140 数控车床电气控制系统的设计以及轿车车身冲压机器人生产线的设计等工程应用设计案例，说明机电一体化系统的设计步骤与方法、主要设计图样与绘制方法。读者再根据需要，不断拓展与深化机电一体化技术所涉及的各学科知识，在工作中不但对机电一体化装置图样资料能做到识图与懂图，很快胜任安装与接线、调试与运行、操作与维护等工作，而且也能从事机电一体化设备的技术改造和新产品的开发工作。

7.1　全自动洗衣机单片机模糊控制系统的设计

教学目标：

通过本案例的学习，要求了解单片机模糊控制器在家用电器与简单工业控制中的应用。学会根据项目性能指标和价格性能比的要求，进行总体方案论证。包括确定控制元件、具体的电路；分配单片机系统各输入/输出接口地址；电路连接信号与匹配；根据工艺技术要求和控制动作顺序，制定软件逻辑框图等基本思路与方法。

采用 MC6805R3 单片机控制的模糊控制洗衣机是当今市场上机电一体化新产品。它与过去采用继电器控制电路或 PLC 控制的程序控制方式不同，模糊控制全自动洗衣机以其内部设置的各种传感器为信息采集源，对传感器传回的洗衣量、衣物布质、脏污程度以及脏污性质（油污还是泥污）等信息进行模糊逻辑推理，从而自动设置水量、投放的洗涤剂量、洗涤时间、水流大小、漂洗方式及脱水时间等洗涤参数。与程控式洗衣机不同，它只有很少几个操作按钮，也不需要设计多个操作程序，从而大大提高了洗衣机自动化程度与洗衣质量。从控制类型上讲，模糊控制属于智能控制，是自动控制的高级形式，也是今后发展方向。在整个控制系统中，单片机技术和模糊识别软件是核心技术。

1. 模糊逻辑控制简介

1965 年美国控制论专家理．查德（L. A. Zadeh）教授首先提出了“模糊理论”。20 世纪 80 年代初，该理论与计算机技术结合起来，得到了广泛应用。模糊控制（Fuzzy Control）与定值、随动或程序控制不同，它是以模糊集合论、模糊语言变量和模糊逻辑推理为基础的一种计算机数字控制技术，是目前自动控制领域中非常活跃的一个分支。其典型应用有：家用电器设备中模糊控制的洗衣机、空调、照相机和摄录机等，工业控制领域中模糊控制的水净化处理、化学反应釜、水泥窑炉以及机器人的模糊控制等。

模糊控制的基本思想是利用计算机来实现人的控制经验，而这些经验（现场操作人员的控制经验或相关专家的知识）多是用语言表达的具有相当模糊性的控制规则。例如描述天气对人的感受可有炎热、热、凉爽、冷、寒冷等这种模糊语言，显然它不是一个定值，不能用过去的定值偏差控制方式（如空调设定25℃的温度控制）来控制。但是它又有一定数字集合范围和限定条件，例如“凉爽”可指温度在15～20℃、湿度在65%～75%的范围等。在设计中不需要建立被控对象的精确数学模型，因而使得控制机理和策略易于接受与理解，设计简单，便于应用。

模糊控制系统的基本结构如图7-1所示。其中s为系统的设定值，y为系统输出，e和c分别是系统偏差和偏差的微分信号，也就是模糊控制器的输入，u为控制器输出的控制信号，E、C、U为相应的模糊量。由图可知模糊控制器主要包含三个功能环节：用于输入信号处理的模糊量化和模糊化环节，模糊控制算法环节，以及用于输出解模糊化的模糊判决环节。

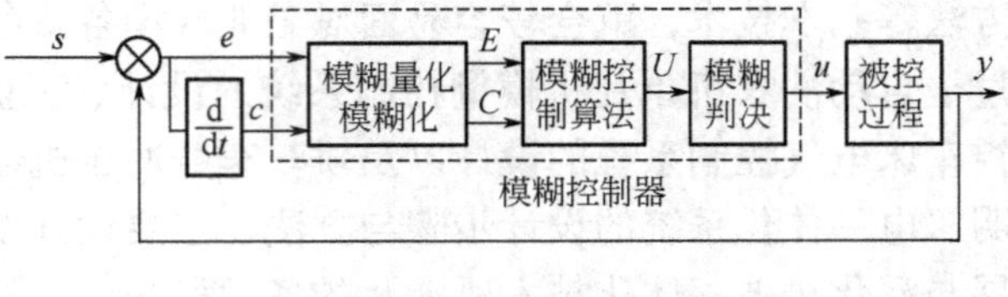

图7-1　模糊控制系统的基本结构图

模糊控制器设计的基本方法和主要步骤大致如下。

① 选定模糊控制器的输入/输出变量并进行量程转换。如图7-1所示，分别取e、c、u。

② 确定各变量的模糊语言取值及相应的隶属函数即进行模糊化。模糊语言值通常选取3个、5个或7个，例如取为｛负，零，正｝，｛负大，负小，零，正小，正大｝，｛负大，负中，负小，零，正小，正中，正大｝等。然后对所选取的模糊集定义其隶属函数，例如可取如图7-2所示三角形隶属函数，并依据问题的不同而取为均匀间隔或非均匀间隔，也可采用单点模糊集方法进行模糊化。

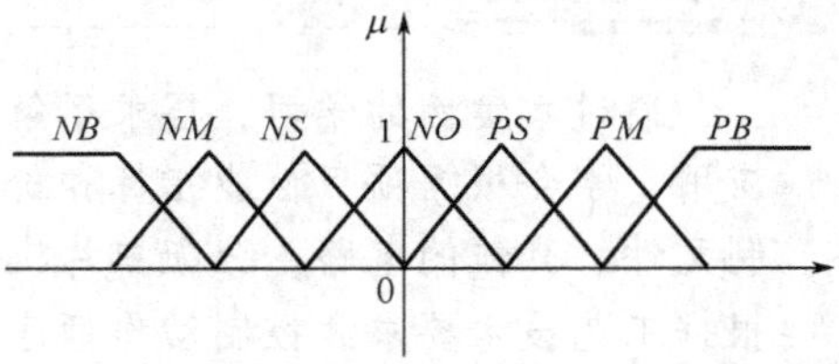

图7-2　模糊集定义的三角形隶属函数

2. 洗衣机结构的概述

当今，国内外全自动洗衣机在结构上大致分三种类型，即波轮式、滚筒式和搅拌式。各国根据穿着不同，采用不同结构的洗衣机。例如，美国多采用搅拌式洗衣机，欧洲各国则普遍使用滚筒式洗衣机。我国受日本影响多采用波轮式和滚筒式洗衣机，现行产品以波轮式为主，其他为辅。波轮式洗衣机从形状上分，有小波轮涡卷式水流和大波轮新水流两类，几种不同波轮形状的水流见表7-1，由此形成的几种洗衣机结构型式分别如图7-3所示。自动洗衣机结构特别是波轮结构对形成的水流及洗涤效果影响会很大，这也是一门专门学问，涉及流体动力学及去污吸附效果，这里不作过多叙述，读者可参考有关专业书籍。

表7-1　几种不同波轮式新水流全自动洗衣机

波轮名称	波轮形状	波轮直径和高度/mm	波轮转速/$r\cdot min^{-1}$	洗涤水流形状
L形波轮		高140ϕ320	180	

（续）

波轮名称	波轮形状	波轮直径和高度/mm	波轮转速/r · min^{-1}	洗涤水流形状
帽式波轮		高 183ϕ186	180	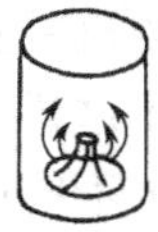
U 形波轮	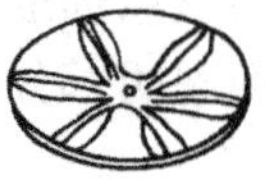	ϕ300	240	
搅拌式波轮	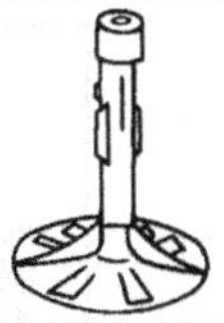	高 440ϕ330	180	
回转桶式波轮		高 150ϕ380	140	

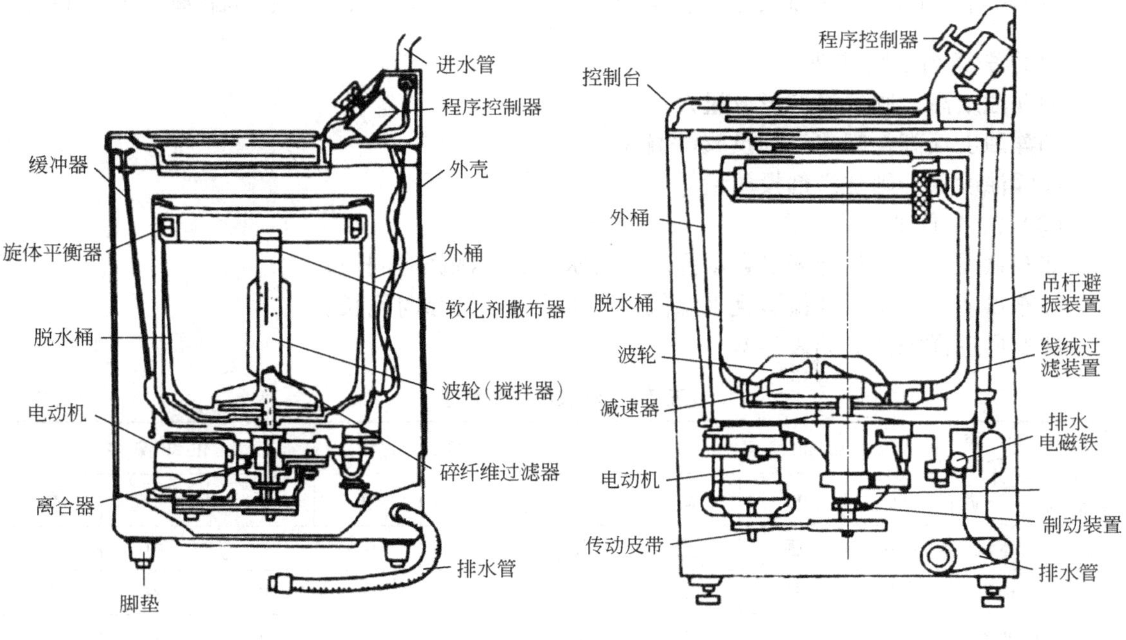

图 7-3　洗衣机结构型式图

a）搅拌棒式　b）偏置波轮式

3. 全自动洗衣机的模糊推理

模糊控制全自动洗衣机的控制示意图如图 7-4 所示，其控制工作程序是通过模糊推理决定的，其模糊推理框图如图 7-5 所示。全自动洗衣机工作时，检测传感器将待洗衣物的浑浊度、布质和布量、水温等参数检测出来，并以此作为模糊推理的输入条件。模糊推理的输出有水量、投放的洗涤剂量、洗涤时间、水流大小、漂洗方式和脱水时间等，由此产生对洗衣机主电动机的正反转、洗涤剂投入电动机、进水电磁阀和出水电磁阀的控制信号。

对于这样一个多输入、多输出的模糊推理控制系统，其输出结果和输入条件之间的相互关系对于不同的因素而言有所不同。例如浑浊程度和水温可确定洗涤剂投放量和洗涤时间，布质、布量等可确定水位高低、水流大小、脱水时间等。考虑到洗涤剂浓度是固定量，而洗衣水流与时间是动态量，故推理可分为洗涤剂浓度推理和洗衣推理两部分。

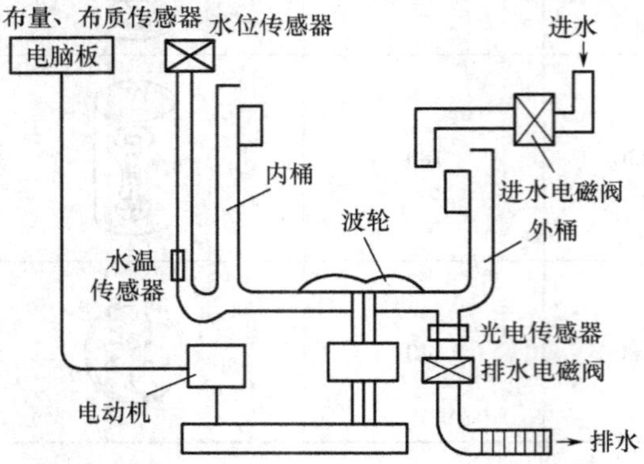

图 7-4　模糊控制全自动洗衣机控制示意图

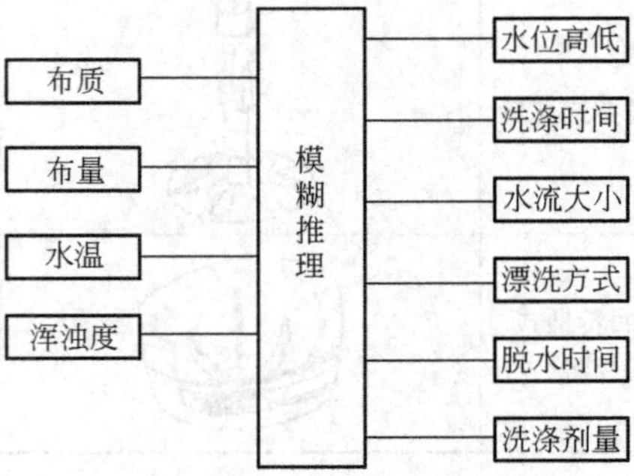

图 7-5　全自动洗衣机模糊控制推理框图

（1）洗涤剂浓度推理

如浑浊度高，则洗涤剂投放量大；

如浑浊度偏高，则洗涤剂投放量偏大；

如浑浊度低，则洗涤剂投放量低。

（2）洗衣推理

如布量少，布质化纤偏多且水温高，则水流弱、洗涤时间短；

如布量多，布质棉纤偏多且水温低，则水流强、洗涤时间长。

洗衣推理详细情况见表 7-2。

表 7-2　洗衣的模糊推理

布量 \ 水温 \ 布质		棉布偏多			棉布与化纤各半			化纤偏多		
		低	中	高	低	中	高	低	中	高
多	水流	特强	强	强	强	强	中	中	中	中
	时间	特长	长	中	长	长	中	长	中	中
中	水流	强	中	中	中	中	中	中	弱	弱
	时间	长	中	短	长	中	中	中	中	短
少	水流	弱	弱	弱	弱	弱	弱	弱	弱	特弱
	时间	中	中	短	中	短	短	中	短	特短

4. 洗衣机物理量的检测

由前述可知，模糊推理输入的必要条件有浑浊度、布质和布量、水温等，必须把这些物理量检测出来并转换成单片机 MC6805R3 能接受的信号，才可以进行模糊推理。

（1）浑浊度检测

浑浊度检测是采用红外光电传感器来完成的，利用红外线在水中透光与时间的关系，通过模糊推理得出检测结果。红外发射管与接收管分别安装在排水管两侧，如图 7-6 所示，在红外发射管中通以恒定的电流使红外线发射强度不变，红外接收管接收到的红外线强度就反映了水的浑浊度。洗涤全过程透光度变化曲线如图 7-7 所示，图中洗涤过程对透光度影响如下。

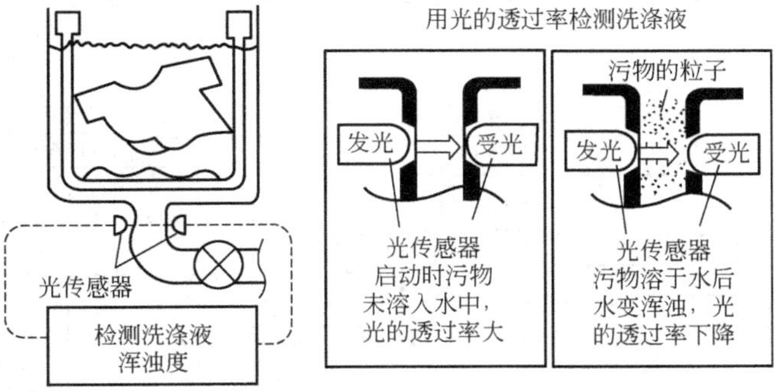

图 7-6　浑浊度光探测器检测原理图

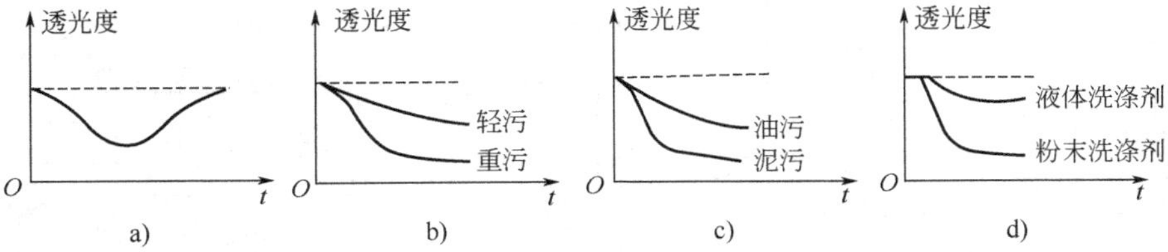

图 7-7　洗涤全过程时透光度变化曲线

a）一般过程　b）轻度和重度脏污　c）油污及泥污　d）洗涤剂类型

1）洗涤刚开始时，衣物中脏污溶解于水，使透光度下降。随着洗涤剂投入，污物渐溶于水，透光度进一步下降到一个低值。然后随着漂洗进行，衣物渐干净，水质也变清，透光度逐渐上升到达初始值。

2）衣物轻度脏污和重度脏污对透光度影响。轻度脏污时对透光度影响较小，重度脏污时对透光度影响较大。

3）衣物脏污性质是油污为主还是泥污为主，对透光度影响不同。油污时透光度较高，泥污时透光度较低。

4）洗涤剂对透光度的影响。液体洗涤剂对透光度影响小，粉末洗涤剂影响大。

（2）布质和布量检测

布质和布量检测是在洗涤之前检测的，在水位一定时，布质和布量的不同会产生不同的布阻抗。检测时首先注水到一定水位，然后起动主电动机运转一段时间，接着断电让主电动机以惯性继续旋转此时主电动机处于发电运行状态。由于布阻抗大小的不同，主电动机处于发电机运行状态的时间长短也不同，只要检测出这个时间，就可以推理出布质和布量的阻抗大小，从而通过模糊推理得出布质和布量。

（3）水温检测

水温检测采用了热敏电阻温度传感器 MTS102。通过该传感器测定起动开关瞬间的温度作为当时的气温，再测定给水结束时的水温，将这两个温度经 A-D 转换后输入单片机，为模糊推论提供信息。

5. 控制电路设计

控制系统电路原理图如图 7-8 所示，包括电源电路、洗衣机状态检测电路、显示电路和输出控制电路。

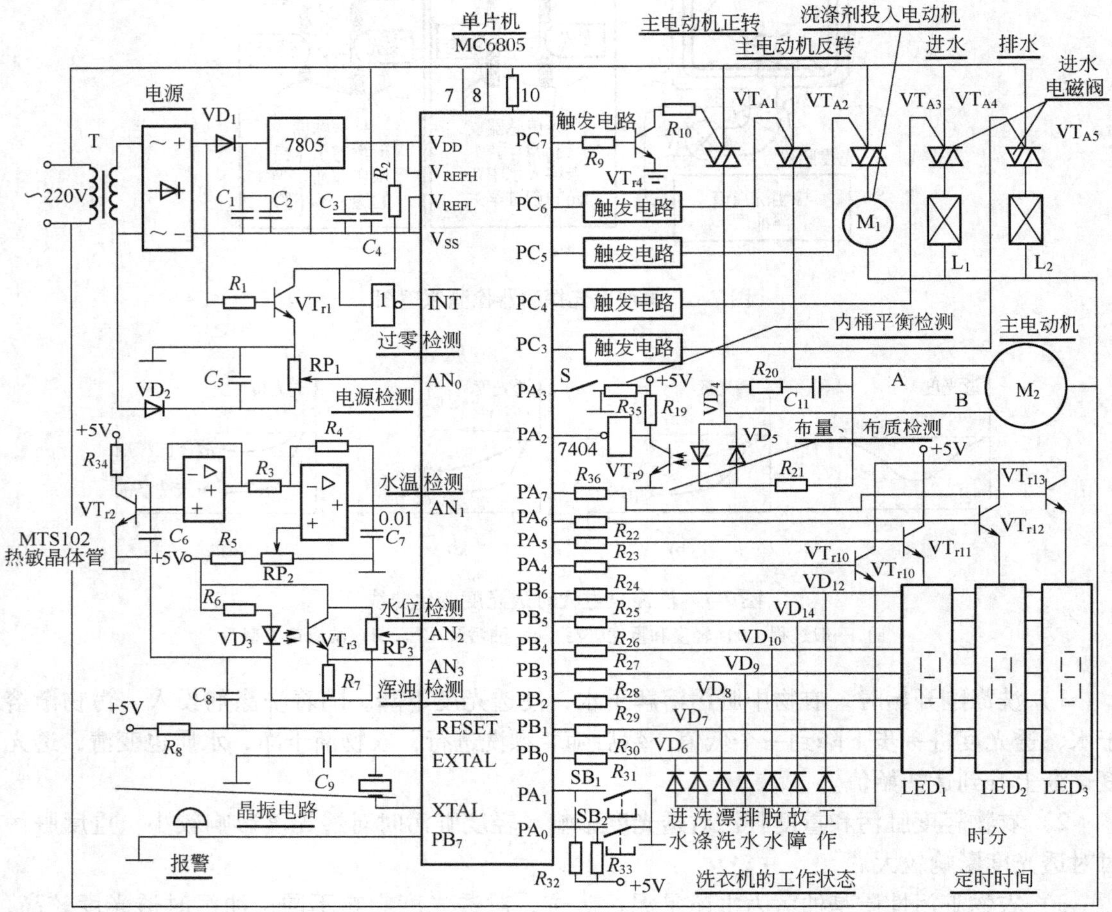

图 7-8　基于 MC6805 单片机的全自动洗衣机模糊控制系统电路图

（1）电源电路

电源电路由变压器 T、桥式整流器、滤波电容和集成稳压块 7805 组成。电源电路有二极管 VD_1，用于隔离滤波电容与桥式整流器，使之进行过零检测。

（2）洗衣机状态检测电路

洗衣机状态检测电路共有 7 个，分别是：内桶平衡检测电路；布质、布量检测电路；过零检测电路；电源电压检测电路；温度检测电路；水位检测电路和浑浊度检测电路。

① 内桶平衡检测电路。由平衡开关 S 和电阻 R_{35} 接至单片机 PA_3 口实现。

② 布质和布量检测电路。由电动机 M_2；二极管 VD_4、VD_5；电阻 R_{21}；光敏晶体管 VT_{r9}、电阻 R_{19} 和反相器 7404 组成，然后接于单片机 PA_2 端口。主电动机 M_2 绕组输出正弦波交流电动势经 VD_5 二极管整流削波，再经光电隔离后形成脉冲信号送入单片机。单片机只要计算出主电动机在断电时产生的反电动势而形成的计数脉冲个数，即可测量出主电动机处于发电状态时间的长短，确定布阻抗，进而确定布质和布量。

③ 过零检测电路。由电阻 R_1、R_2，晶体管 VT_{r1} 和反相器 7404 组成。桥式整流器全波整流信号通过 R_1 送到晶体管的 VT_{r1} 的基极，当整流信号为正时，VT_{r1} 导通；当整流信号为零时，VT_{r1} 截止。VT_{r1} 输出信号再由 7404 反相之后送单片机的 $\overline{INT}$ 端。显然，只要电源过零就会产生中断请求信号。

④ 电源电压检测电路。由整流二极管 VD_2，滤波电容 C_5 和调整电位器 RP_1 组成。由于 VD_2 只是半波整流，当电压下降时，电位器 RP_1 的抽头会灵敏地反映电压下降情况，该电压变化由单片机的 AN_0 端检测。

⑤ 水温度检测电路。由温度传感器 MTS102（VT_{r2} 热敏晶体管）、比较器 LM358 及有关电阻、电容组成。第一级 LM358 用做阻抗隔离器，第二级 LM358 用做放大器。检测结果送单片机 AN_1 端。

⑥ 水位检测器。由电位器 RP_3 和相应机械部件组成。水位变化使 RP_3 的中心抽头产生位移，故送入单片机 AN_2 端信号产生变化。

⑦ 浑浊度检测电路。由红外发光管 VD_3、红外接收管 VT_{r3} 和有关电阻组成。被检测水从 VD_3 和 VT_{r3} 之间流过，根据红外线信号强弱变化即可反映水的浑浊度。该信号接至单片机 AN_3 端。

（3）显示电路

显示电路由晶体管 VT_{r10} ~ VT_{r13}，发光二极管 VD_6 ~ VD_{12}，和 7 段数码管 LED_1 ~ LED_3 及相应限流电阻构成。其中 VT_{r10} ~ VT_{r13} 是扫描开关管，用于选择 VD_6 ~ VD_{12} 和 LED_1 ~ LED_3。LED_1 ~ LED_3 用于显示定时时间，VD_6 ~ VD_{12} 用于显示洗衣机的工作状态。

（4）输出控制电路

输出控制电路由触发电路和相应的双向晶闸管组成。控制电路中，L_1 为进水电磁阀，L_2 为排水电磁阀，M_1 为洗涤剂投入电动机，M_2 为主电动机。其中双向晶闸管 VT_{A1}、VT_{A2} 用于控制主电动机 M_1 的正反转，VT_{A3} 控制 M_1，VT_{A4} 控制进水电磁阀，VT_{A5} 控制排水电磁阀。除了上述电路外，还有起停和状态设定电路，SB_1 是起停按键，SB_2 是功能选择按键，它可设定洗衣机从某个程序开始工作。

6. 控制软件设计

全自动洗衣机控制软件由主程序、各种子程序和中断服务子程序组成。其主程序框图如图 7-9 所示。当程序启动后，首先进行一系列的检测和推理，然后才开始洗涤过程。在洗涤过程中产生故障时，系统执行报警。

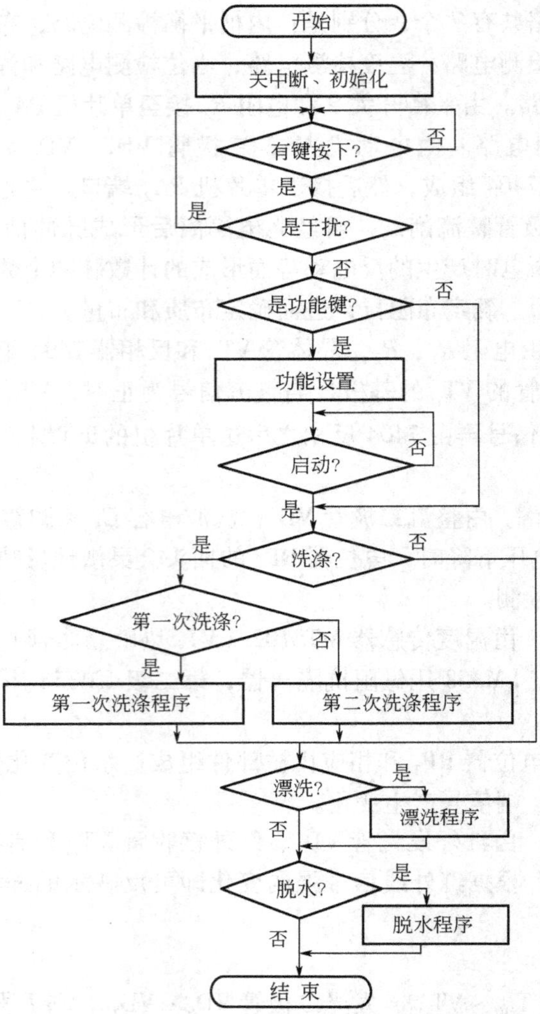

图 7-9　主程序框图

7.2　工业搅拌机 PLC 控制系统的设计

教学目标：

通过本案例，要求在已经系统学过 PLC 课程的基础上，进一步掌握 PLC 在工业控制系统中的应用设计步骤与方法，包括总体方案分析与制定，I/O 输入/输出点的确定与 PLC 选型、PLC 控制系统的电气控制原理图设计（主电路、控制电路、PLC 输入/输出电路）以及 PLC 控制系统梯形图程序设计等。

1. 工艺控制要求

在工业生产过程中经常用到搅拌机，几种液体按比例流入一个搅拌桶容器中，进行混合与搅拌，并且可能还要加热到一定温度，然后排放到下一个容器中进行下一道工序。例如某工业搅拌机工艺系统如图 7-10 所示，各组成部分及控制要求如下。

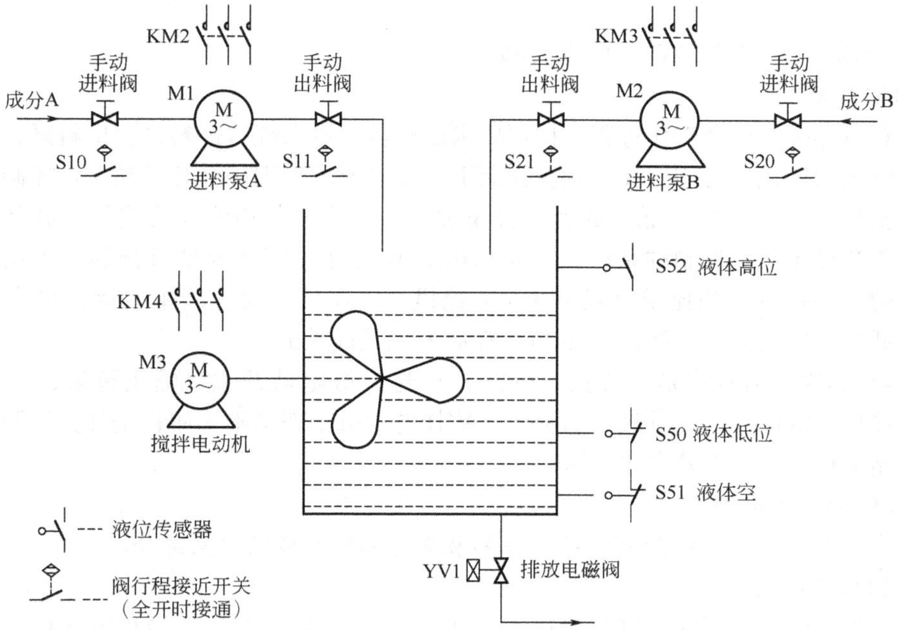

图 7-10　工业搅拌机工艺系统图

1）搅拌机可以对（成分 A、成分 B）两种液体混合与搅拌，组成一种新的成分。成分 A 和成分 B 的供料系统由手动进料阀、进料泵、手动出料阀组成，手动进料阀和手动出料阀安装有行程检测接近开关。

2）搅拌机系统由电动机通过减速器带动，搅拌后的液体通过“排放电磁阀”出料。搅拌桶中装有三个液位检测开关，当“液体空”、“液位过低”或者“液位过高”时发出相应检测信号。

3）整个搅拌系统由操作面板控制，按“启动”按钮，系统启动；系统正常停止与紧急停止共用一个“停止”按钮；泵 A、泵 B、搅拌电动机、排放阀由独立的“启动/停止”按钮控制。系统启动后，在控制面板上应能通过指示灯显示系统当前的工作状态。

4）为保证系统按工艺要求安全运行，系统各部分动作互锁要求如下：

① 在“手动进料阀”、“手动出料阀”未打开时，禁止“进料泵”启动；

② 在“出料阀”打开或液体高位开关动作时，禁止“进料泵”启动；

③ 当“液体空”或“出料阀”打开时，不允许搅拌；

④ 在搅拌电动机工作或“液体空”时，不允许进行排料；

⑤ 当系统紧急停止按钮动作时，停止全部动作；

⑥ 通过接触器的辅助触点对泵 A、泵 B、搅拌电动机的 PLC 输出进行检查，若 PLC 输出接通后 2s 内相应接触器未动作，则认为该相应设备故障；

⑦ 随着工艺变化，搅拌机可能增加其他成分液体混合，控制系统应能灵活适应工艺的变化。

5）主要电气元件参数如下。

① 进料泵 A 和进料泵 B：三相交流异步电动机，Y90L-4，$P_e = 1.5\text{kW}$，$I_e = 3.7\text{A}$，$n_e = 1440\text{r/min}$。

② 搅拌电动机：三相交流异步电动机，Y132M-6，P_e = 4kW，I_e = 9.4A，n_e = 1440r/min。

③ 排放电磁阀：DC 24V/27W 电磁阀。

2. 总体方案

通过对搅拌机的整个工作过程和控制要求的分析，该系统有进料泵、出料泵、搅拌电动机和排放电磁阀等执行机构，在控制器控制下按工艺要求分别进行开关动作，控制器的输入信号是“液体空”、“液位过低”或者“液位过高”三个液位检测开关信号。这是一个典型的按一定工艺顺序进行控制的系统，因此采用 PLC 设计控制系统是可行的。实践证明，对这种简单的顺序控制，相比单片机和 PC 工控机，PLC 具有编程简单、运行可靠、维修容易、价格低廉等突出优点，所以选择 PLC 控制方案是最佳的。

由于输入/输出信号均是开关量，所以 PLC 选择继电器开关量输出模块，其他功能模块、通信接口无需配置。此外进、出料泵、搅拌电动机功率均不大而且是开关控制，主电路及控制电路采用一般继电器电路即可。

3. PLC 控制与选型

本系统的 I/O 信号，包括 PLC 控制信号和操作面板 I/O 信号两部分。

(1) PLC 控制信号

根据本项目的控制要求，PLC 控制信号包括成分 A、B 进料泵，搅拌电动机和排放电磁阀控制信号等部分，其 I/O 信号表详见表 7-3 ~ 表 7-5。

表 7-3　成分 A、B 进料泵控制信号表

控制对象	成分 A、B 进料泵
电动机规格	Y90L-4，P_e = 1.5kW；I_e = 3.7A；n_e = 1 400r/min
控制方式	操作面板按钮启动/停止控制
输入点数	现场输入 4 点：A 进料阀打开（S10/X1）、A 出料阀打开（S11/X2） B 出料阀打开（S20/X6）、B 出料阀打开（S21/X7） 反馈输入 2 点：泵 A 工作（KM2 接点/X0）、泵 B 工作（KM3 接点/X5）
输出点数	现场输出 2 点：泵 A 启动（KM2 线圈/Y0）、泵 B 启动（KM3 线圈/Y1）
工作条件	1. A/B 进料阀/出料阀已经打开（S10/S20 = 1；S11/S21 = 1）； 2. 液体未到高位（S50/X21 = 0）； 3. 排放阀关闭（YV1/Y10 = 0）； 4. 上电时急停处闭合状态（KM1 常开接点/X22 = 1）

表 7-4　搅拌电动机控制信号表

控制对象	搅拌电动机
电动机规格	Y132M-6，P_e = 4kW；I_e = 9.4A；n_e = 1 440r/min
控制方式	操作面板按钮启动/停止控制
输入点数	现场输入 3 点，液体高位（S52/X21）、液体低位（S50/X17）、液体空（S51/X20） 反馈输入 1 点，搅拌工作（KM4 接点/X12）
输出点数	现场输出 1 点，搅拌启动（KM4 线圈/Y3）
工作条件	液体未空（S51/X20 = 1） 排放阀关闭（YV1/Y10 = 0）

表 7-5　电磁排放阀控制信号表

控制对象	电磁排放阀
阀规格	DC 24V/27W
控制方式	操作面板按钮启动/停止控制
输入点数	现场输入：无
输出点数	现场输出：1 点，排放电磁阀打开（YV1/Y10）
工作条件	搅拌停止（KM4 接点/X12 =0）

（2）操作面板元件 I/O 信号

根据控制要求设计的控制面板如图 7-11 所示，操作面板元件 I/O 信号地址编号见表 7-6。

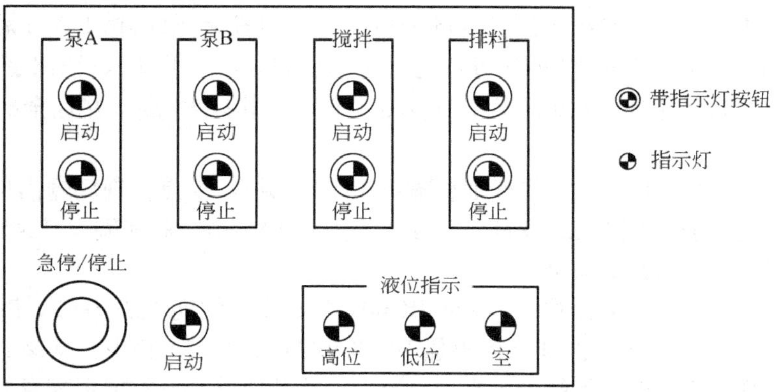

图 7-11　搅拌机操作面板图

表 7-6　操作面板元件 I/O 信号地址编号表

类别	序号	名称	要求	数量	作用	备注
按钮	1	按钮（S12）	INO/INC，绿色，带 DC 24V 指示	1	泵 A 启动	PLC 输入（X3）
	2	按钮（S13）	INO/INC，红色，带 DC 24V 指示	1	泵 A 停止	PLC 输入（X4）
	3	按钮（S22）	INO/INC，绿色，带 DC 24V 指示	1	泵 B 启动	PLC 输入（X10）
	4	按钮（S23）	INO/INC，红色，带 DC 24V 指示	1	泵 B 停止	PLC 输入（X11）
	5	按钮（S32）	INO/INC，绿色，带 DC 24V 指示	1	搅拌启动	PLC 输入（X13）
	6	按钮（S33）	INO/INC，红色，带 DC 24V 指示	1	搅拌停止	PLC 输入（X14）
	7	按钮（S42）	INO/INC，绿色，带 DC 24V 指示	1	排放启动	PLC 输入（X15）
	8	按钮（S43）	INO/INC，红色，带 DC 24V 指示	1	排放停止	PLC 输入（X16）
	9	按钮（S1）	INO/INC，红色，蘑菇头	1	紧急停止	强电控制（X22）
	10	按钮（S2）	INO/INC，绿色，带 DC 24V 指示	1	设备启动	强电控制
指示灯	1	指示灯（E10）	绿色，DC 24V	1	泵 A 启动	PLC 输出（Y14）
	2	指示灯（E11）	红色，DC 24V	1	泵 A 停止	PLC 输出（Y15）
	3	指示灯（E20）	绿色，DC 24V	1	泵 B 启动	PLC 输出（Y16）
	4	指示灯（E21）	红色，DC 24V	1	泵 B 停止	PLC 输出（Y17）

（续）

类 别	序 号	名 称	要 求	数 量	作 用	备 注
指示灯	5	指示灯（E30）	绿色，DC 24V	1	搅拌启动	PLC 输出（Y20）
	6	指示灯（E31）	红色，DC 24V	1	搅拌停止	PLC 输出（Y21）
	7	指示灯（E40）	绿色，DC 24V	1	排放启动	PLC 输出（Y22）
	8	指示灯（E41）	红色，DC 24V	1	排放停止	PLC 输出（Y23）
	9	指示灯（E50）	黄色，DC 24V	1	液体低位	PLC 输出（Y24）
	10	指示灯（E51）	红色，DC 24V	1	液体空	PLC 输出（Y25）
	11	指示灯（E52）	黄色，DC 24V	1	液体高位	PLC 输出（Y26）
	12	指示灯（E1）	绿色，DC 24V	1	PLC 运行	PLC 输出

（3）PLC 选型

根据以上对 PLC 输入/输出控制信号的分析，搅拌机控制系统除启动与紧急停止需通过强电继电器电路实现外，其余均可用 PLC 进行逻辑控制。PLC 的输入/输出点数统计如下。

PLC 输入点：现场输入 10 点，操作面板输入 9 点，共计 19 点，并且全部为继电器开关信号。

PLC 输出点：现场输出 4 点，操作面板输出 12 点，共计 16 点。现场输出信号中，有 3 点为 AC 220V 交流接触器线圈 KM2、KM3、KM4；1 点为 YV1 电磁阀线圈；其余均为 DC 24V 指示灯，并且全部为继电器开关信号。

根据以上分析，选择三菱公司 FX_{2N}-48MR-001 型 PLC（性能见表 7-7）。该 PLC 为小型一体化产品，24 点开关信号输入，24 点继电器 DC 30V/AC 250V 2A 输出，从该 PLC 的速度、内存和性能价格比等方面考虑，均能满足本项目要求。除此以外，不需要再配置其他模块。

表 7-7　$FX_{1S/1N/2N/3U}$ 系列 PLC 主要技术性能

项 目		基本参数			
		FX_{1S}	FX_{1N}	FX_{2N}	FX_{3U}
最大输入点		16+4（内置扩展板）	128	184	248
最大输出点		14+2（内置扩展板）	128	184	248
I/O 点总数		30（34，内置扩展板）	128	256	主机 I/O：256 包括远程 I/O：384
最大程序存储器容量/步		2k	8k	16k	64k
基本逻辑指令执行时间/μs		0.7	0.7	0.08	0.065
基本输入		DC 24V/5～7mA，源/汇点输入			
基本输出		DC 24V/0.5A 晶体管集电极开路输出或 DC 30V/AC 250V，2A 继电器接点输出			
AC100V 输入/双向晶闸管输出		—	—	•	—
I/O 扩展性能		内置扩展板	扩展单元+扩展模块		
特殊功能模块	模拟量输入/输出模块	2 点（内置扩展板）	•	•	•
	高速计数、定位模块	—	—	•	•
	网络功能	—	•	•	•
输入电源		AC 85～264V 或 DC 20.4～26.4V			

4. PLC 控制系统的电气控制原理图设计

所设计的搅拌机 PLC 控制系统的电气控制原理图有主电路、控制电路和 PLC 输入/输出电路等，分别如图 7-12 ~ 图 7-14 所示。

（1）主电路

搅拌系统主电路如图 7-12 所示。主电路包括进料泵 A、进料泵 B 和搅拌电动机 3 个电动机的主电路与 PLC 电源、PLC 输入/输出、AC 220V 控制电源电路。

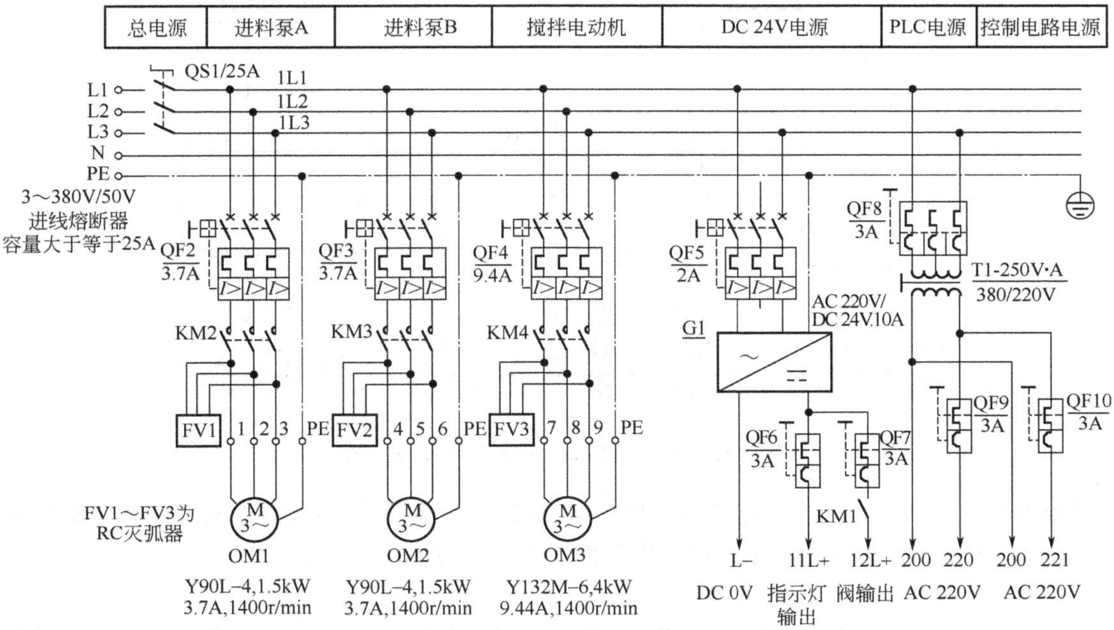

图 7-12　搅拌机 PLC 控制系统主电路图

总电源安装有独立的电源总开关 QS1，用于分断整个控制系统电源，实现与电网的隔离。进料泵 A、进料泵 B 和搅拌电动机采用断路器 QF2 ~ QF4 进行短路与过载保护，断路器的整定电流与电动机额定电流一致；电动机分别通过交流接触器 KM2、KM3、KM4 控制启动与停止。QF5 断路器分断供给 PLC 输出电路用的交流开关稳压电源 G1（输入 AC 220V，输出 DC 24V）。用断路器 QF8，分断供给 PLC 和控制电路，电源用隔离变压器 T1。为了吸收交流接触器三相接点分断时弧光干扰，设置了 FV1 ~ FV3 阻容式电弧吸收器，以减小对 PLC 的干扰。

由于控制系统结构简单，输出负载容量小，为节约成本，AC 220V 控制电路与 PLC 电源共用了一个隔离变压器 T1，由断路器 QF8 与三相电源分断，并且两者安装有独立保护断路器 QF9、QF10，指示灯与阀的电源支路安装了独立的保护断路器 QF6、QF7。

（2）控制电路

控制电路包括搅拌电动机、泵 A 和泵 B 的起停控制回路、AC 220 接触器电路与 YV1 阀输出 3 个部分，如图 7-13 所示。

由于系统简单，紧急分断操作与系统停止操作合用一个急停按钮，并通过接触器 KM1 进行通断控制。急停按钮可直接切断接触器 KM1 与 DC 24V 阀输出电源；电动机与 PLC 的电源电路的断路器 QF2 ~ QF5 动作时，同样可实现系统紧急分断。

接触器与电磁阀为感性负载，在通断时会发生反向感应电动势，易造成干扰。所以在交

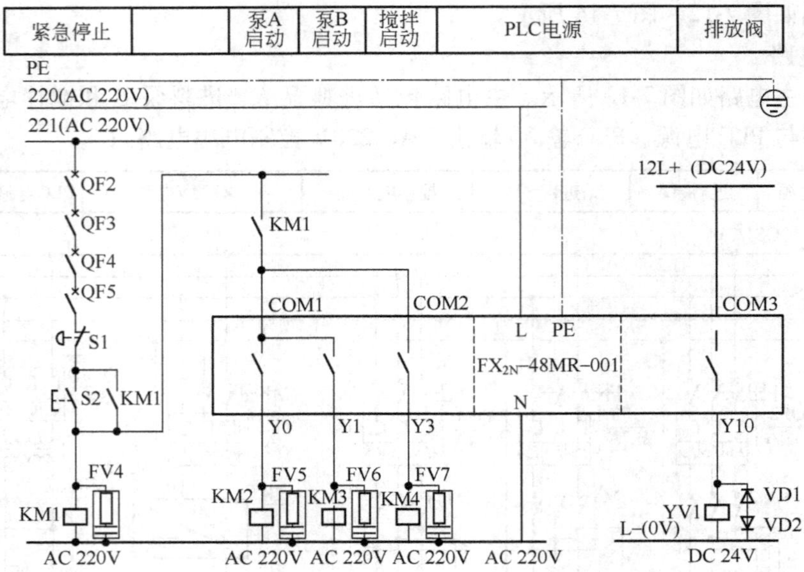

图 7-13　搅拌机 PLC 控制系统控制电路图

流接触器触点与线圈两端要并联 FV4 ~ FV7 阻容式电弧吸收器，在直流继电器线圈两端要并联二极管 VD1 与稳压管 VD2 串联的过电压抑制器，以减小对 PLC 的干扰。

（3）PLC 输入/输出电路

PLC 输入/输出电路按 PLC 的连接要求进行设计，如图 7-13、图 7-14 所示。为了实现交直流之间的隔离，图 7-13 中泵 A、泵 B 和搅拌电动机起动的 AC 220V 接触器线圈 KM2、KM3、KM4，使用了 PLC 单独 1 组输出端（Y0 ~ Y3），Y4 ~ Y7 为空余接线端；而出料排放电磁阀线圈 YV1 使用了 PLC 另一组 DC 24V 输出端 Y10。在 PLC 的输出连接中，这样的安排能增加 AC 220V 与 DC 24V 之间的绝缘距离，起到安全与可靠的作用。

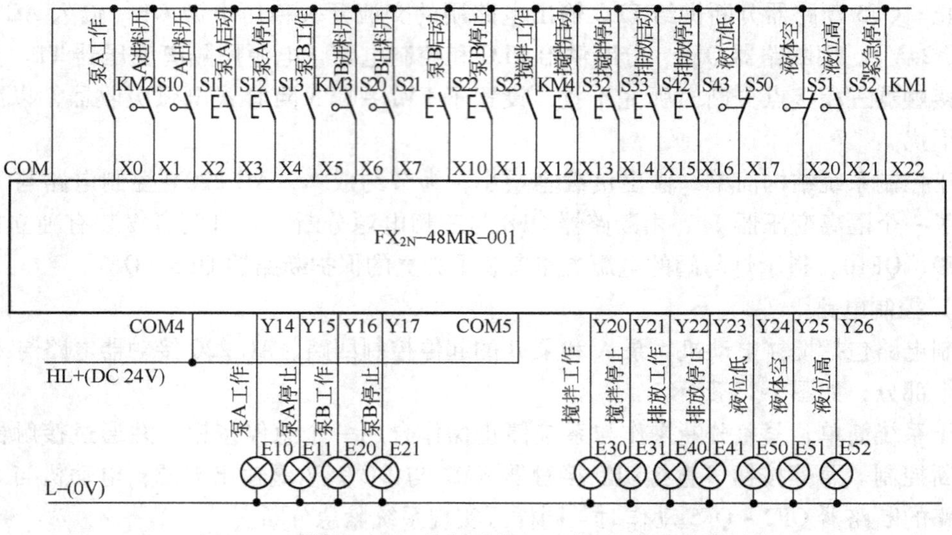

图 7-14　搅拌机 PLC 控制系统 PLC 输入/输出电路图

5. PLC 控制程序设计

根据搅拌机工艺动作顺序及系统各部分动作互锁要求，在制造商提供的编程软件上如三菱公司的 GX Developer 8.34 软件，设计搅拌机 PLC 控制系统梯形图程序。该程序分为控制梯形图程序和系统工作状态指示梯形图程序两部分。

（1）控制梯形图程序设计

控制梯形图程序如图 7-15 所示。程序中进料泵 A 启动的基本条件为进/出料阀打开（X1/X2 = 1）、液体未到高位（X21 = 0）、排放阀未开启（Y10 = 0），此外还考虑了急停输入（X22 = 1）、外部线路故障（PLC 输出 Y0 接通后 2s 内，接触器常开触点 KM2 输入 X0 未接通时，T0 = 0）的互锁。进料泵 B 的启动条件与之类似。

搅拌电动机起动的条件为液体未空（X20 = 1）、排放阀未开启（Y10 = 0）并考虑了急停输入（X22 = 1）、外部线路故障（PLC 输出 Y3 接通后 2s 内接触器常开触点 KM4 输入 X12 未接通时，T2 = 0）的互锁。

排放阀开启的条件为搅拌电动机未起动（X12 = 0）、液体未空（X20 = 1）并考虑了急停输入（X22 = 1）的互锁。

（2）系统工作状态指示梯形图程序设计

系统工作状态指示程序是控制操作面板指示灯的梯形图程序，如图 7-16 所示。在本程序中可以根据电气原理图中的 PLC 输入/输出接点，直接将其转换为指示灯状态。

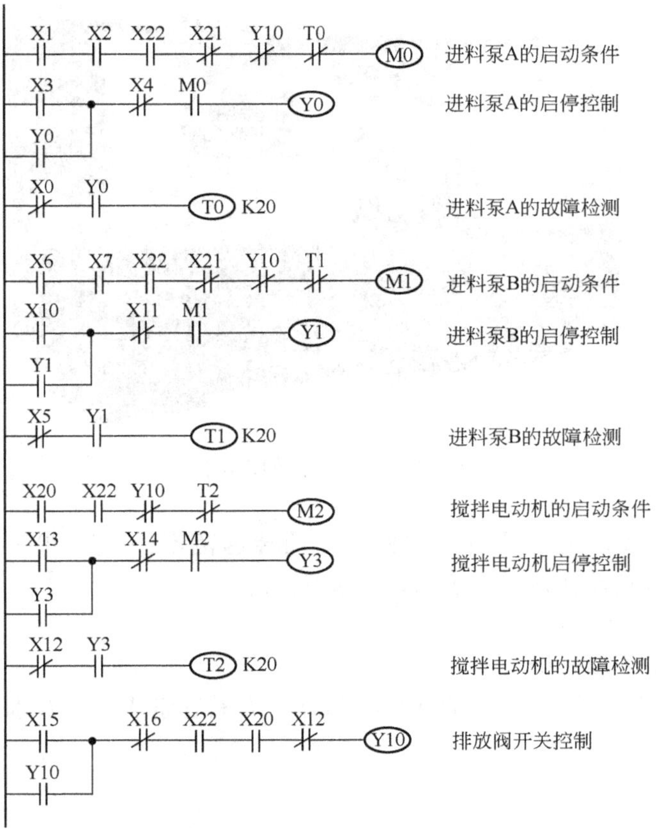

图 7-15 搅拌机 PLC 控制梯形图程序

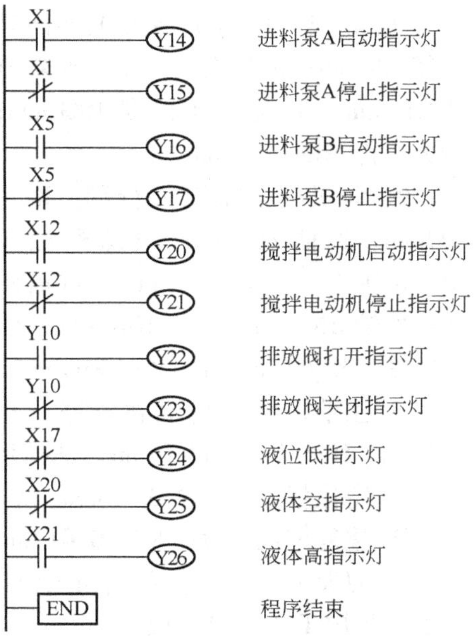

图 7-16 搅拌机 PLC 状态指示灯梯形图程序

此外，工程设计还应有控制箱设计。控制箱中放置 PLC、总电源开关、主电路和各支路的断路器、控制变压器、交流开关稳压电源和接线端子板等。控制箱要有通风和接地等设计。

7.3 CK6140 数控车床数控电气控制系统的设计

教学目标：

通过本案例，要求在已了解数控机床控制系统基本知识的基础上，掌握数控系统方案设计、系统各单元与配套设备的选型以及系统通信连接，熟悉并掌握各张数控机床电气控制电路图的画法、图形符号、文字代号、接点联锁关系、表示的内容和各张电路图之间的关系。

数控机床是在上世纪八、九十年代得到快速发展的先进机械制造设备。在制造业中，它与机器人同是最典型、应用最为广泛的机电一体化装置。本节以 CK6140 数控车床为例，介绍按机电一体化系统的设计要求，设计数控电气控制系统。

1. 控制要求

CK6140 车床是平床身普及型数控车床，如图 7-17 所示。该车床主轴采用了大直径内孔，三支承结构，进口主轴轴承，能承担强力、精密切削，可完成内外圆柱面、锥面、球面、螺纹及各种曲线回转体表面的高效、精密车削加工。

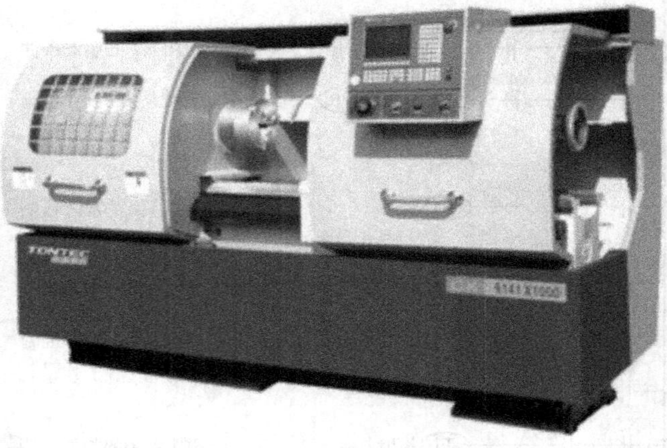

图 7-17　CK6140 数控车床

① 机床　床身上最大工件回转直径 420mm；滑板上最大工件回转直径 210mm；最大工件长度 1000mm；最大工件车削长度 900mm。

② 伺服进给系统　行程：X 轴 200mm，Z 轴 800mm；滚珠丝杠螺距：X 轴 5mm，Z 轴 10mm；进给转矩：X 轴 6N · m，Z 轴 10N · m；快移速度：X 轴 4m/min，Z 轴 8m/min。

③ 主轴系统　电动机功率：7.5kW，交流异步电动机；主轴转速范围：L 为 70 ~ 560rpm，H 为 560 ~ 1440rpm（两挡手动齿轮变速与变频无级调速结合）。

④ 定位精度　X 轴 0.03mm，Z 轴 0.04mm。

⑤ 重复定位精度　X 轴 0.012mm，Z 轴 0.016mm。

⑥ 刀架装置　电动立式四工位刀架，刀方尺寸：20mm × 20mm；刀具容量 4 把，要求能手动与按 T 指令自动换刀。

2. 总体设计方案

（1）数控系统选型

CK6140 数控车床属于普通型车床，主要承担盘、轴类机械零件车削加工，速度与精度要求均不高。国家标准要求普通车床定位精度在0.03mm左右，重复定位精度在0.01mm左右，快移速度在6~8m/min，即可满足一般零件切削要求。因此，性能价格比就成了主要选型依据。经机床厂调研，国产广州数控公司的GSK980T、北京凯恩帝公司KND100T、华中数控公司的HNC-21/22等系统运行稳定、价格便宜、功能齐全，近年来技术进步也很快，均推出了他们的改进型产品。最终决定选择北京凯恩帝公司新推出的KND-100Ti-D作为本车床的数控系统。

KND-100Ti-D是一款采用了全新软硬件设计，适合普及型车床的数控系统。该系统最大控制轴数为2轴，同时控制轴数为2轴，可配合凯恩帝公司步进电动机或安川公司的ΣⅡ系列交流伺服系统，具有较高的性价比。主要性能指标见表7-8。

表7-8 KND-100Ti-D车床数控系统主要性能指标

功 能	名 称		规 格
控制轴	控制轴数		2轴（X，Z）
	同时控制轴数		2轴
输入指令	最小设定单位		0.001mm
	最小移动单位		0.001mm
	最大指令值		±9999.999mm
进给	快速进给速度		24000mm/min
	进给速度范围	每分进给	1~15000mm/min
		每转进给	0.0001~500.0000mm/r
	螺纹导程		0.0001~500.0000mm
	自动加减速		有（直线，指数）
	进给速度倍率		0~150%
手动	手动连续进给，手动返回参考点，单步进给		同时一轴，×1，×10，×100
	手轮机能		有
运转方式	MDI，自动，手动，单步，编辑		有
安全机能	存储型行程检查		有
	存储行程检查机能屏蔽或各轴屏蔽		有
	急停		有
程序存储及编辑显示	程序存储容量，存储程序个数		32K，63个
	程序编辑		插入、修改、删除、复制
	程序号，顺序号，地址，字检索		有
	小数点编程		有
	电子盘		有，6个区
	液晶显示器		800×480点阵，7英寸真彩屏
	位置，程序，刀补，报警，调试，诊断，参数		有
	图形，加工件数		有
M，S，T	输入/输出：20/16点		输入：面板4点，机床16点

（2）伺服系统选型

KND-100Ti-D 数控系统的 CNC 可以输出脉冲信号带步进电动机或带交流永磁同步电动机构成开环或半闭环数控系统，也可以输出数字信号带交流伺服电动机构成半闭环系统。根据 CK6140 车床速度与精度要求，系统方案拟采用安川公司的ΣⅡ系列交流伺服系统与 KND-100Ti-D 构成本车床的经济型开环数控系统。

ΣⅡ系列交流伺服系统速度高，采用了高速 CPU 与控制算法，速度可达到 3000 ~ 5000r/mim；精度高，由于电动机可内装 17bit 的增量/绝对编码器，使系统的位置、速度和转矩控制精度大大提高；调速范围高，速比可达到 1∶5000。因此目前国内市场使用较多，速度和精度能适合本车床要求，具体选择如下。

X 轴伺服系统：X 轴伺服电动机为安川ΣⅡ系列的 SGMGH-20ACA61 型中速中惯量电动机，$P_e = 1.8kW$、$M_e = 11.5N \cdot m$、$I_e = 16.7A$，$n_{max} = 3000r/min$，配套安川 SGDM-20ADA 型驱动放大器。

Z 轴伺服系统：Z 轴伺服电动机为安川ΣⅡ系列的 SGMGH-30ACA61 型中速中惯量电动机，$P_e = 2.9kW$、$M_e = 18N \cdot m$、$I_e = 23.8A$，$n_{max} = 3000r/min$，配套安川 SGDM-30ADA 型驱动放大器。

SGMGH 型安川伺服电动机可内装光电编码器，能将电动机脉冲个数（位置）和脉冲频率（速度）反馈至伺服驱动器实现闭环控制，所以本系统虽仍属于数字脉冲的开环控制，但是比步进电动机的纯开环控制精度要高。如果光电编码器选择 2500P/r 编码器，经四倍频后可达到 10000P/r，配合 X 轴、Z 轴滚珠丝杠螺距，最小设定单位可到 0.001mm，定位精度能达到 0.01mm。因此，本机床采用的 KND-100Ti-D 数控系统配上安川伺服系统的设计方案是合理可行的。

（3）主轴驱动系统选型

对于数控车床主轴驱动系统，为解决低速大转矩切削问题，常采用减速齿轮有级调速与通用变频器无级调速相结合的方案。为提高切削转矩和高精度螺纹加工，还要求具有 C 轴插补功能，因此可以选用具有高性能和高价格的矢量变频主轴驱动器与交流变频电动机。本车床根据主轴转矩与变速范围要求，采用两挡手动齿轮变速与变频无级调速结合的方案。主轴电动机采用 Y132M-4 普通三相交流感应电动机，$P_e = 7.5kW$、$I_e = 15.4A$、$n_e = 1440r/min$，配套三菱公司的 FR-A740-7.5K-CH 型通用变频器，与齿轮变速系统相结合，实现主轴两挡转速调速范围：L 为 70 ~ 560r/min，H 为 560 ~ 1440r/min。

（4）PLC 选型

KND-100Ti-D 数控系统有内置 PLC，可完成车床刀架电动机的自动换刀控制、切削液控制、超限行程与回参考点控制、主轴速度与正、反转控制等机床辅助功能的顺序控制。

（5）其他系统选型

刀架电动机：三相交流感应电动机，$P_e = 120W$、$I_e = 0.2A$、$n_e = 1400r/min$。

冷却电动机：三相交流感应电动机，$P_e = 90W$、$I_e = 0.18A$、$n_e = 1400r/min$。

3. 通信接口与系统连接

（1）CNC 操作面板正面和背面通信接口

KND-100Ti-D 数控系统 CNC 操作面板背面通信接口如图 7-18 所示，正面布置如图 7-19 所示。

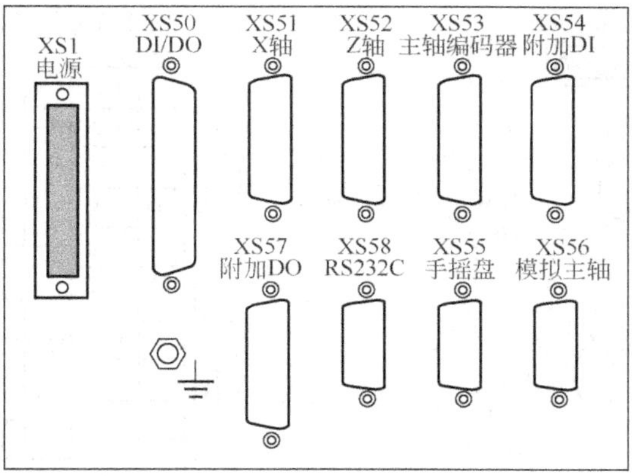

图 7-18　KND-100Ti-D 背面通信接口图

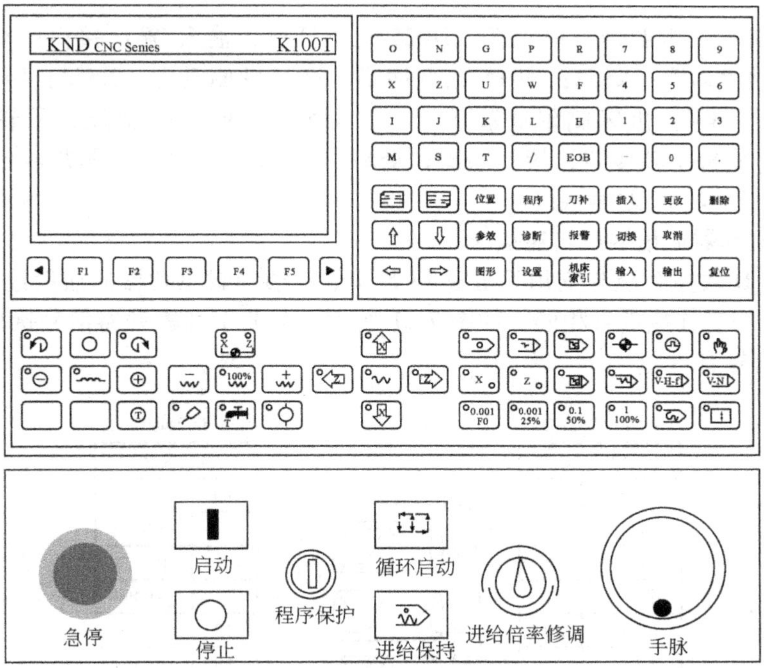

图 7-19　KND-100Ti-D 集成面板和机床操作面板正面图

操作面板有集成面板和机床操作面板，集成面板除输入程序的数字键、字母键等外还有与机床操作有关的按钮，如手动操作的换刀、冷却、润滑、主轴正反转和停止等。机床操作面板还安装有 CNC 启动与停止，循环启动、进给保持及程序保护开关、进给倍率修调开关和手轮等。这些均是开关信号，通过相应接口与 CNC 相连。例如通过 XS54 插座连接机床操作面板上的进给倍率开关信号 OV1 ~ OV8；通过 XS55 插座连接手摇盘 HA、HB 信号等，如图 7-20 所示。KND-100Ti-D 系统背面通信接口说明如下。

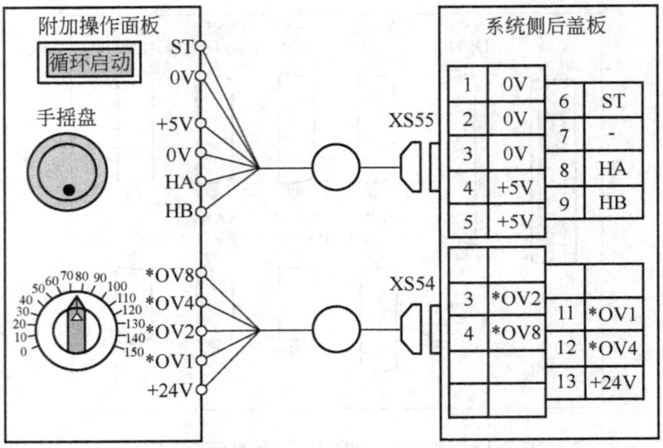

图 7-20　KND-100Ti-D 与机床操作面板上手摇盘与进给倍率修调开关通信连接图

XS1：5 芯插座，电源接口；XS50：DB25 孔型插座，输入/输出接口；XS51：DB15 孔型插座，接 X 轴驱动器；XS52：DB15 孔型插座，接 Z 轴驱动器；XS53：DB15 孔型插座，接主轴编码器；XS54：机床侧附加输入接口；XS55：DB9 孔型插座，手轮接口；XS56：DB9 针型插座，模拟主轴接口，接变频器；XS57：DB15 针型插座，附加输出接口；XS58：DB9 针型插座，RS-232C 通信接口。

（2）伺服驱动器通信接口与连接

KND-100Ti-D 数控系统与安川∑Ⅱ系列 X 轴、Z 轴伺服驱动器的通信连接插头分别是 XS51 和 XS52，两者连接信号相同，如图 7-21 所示，∑Ⅱ系列驱动器信号接口如图 7-22 所示。主要通信信号有：

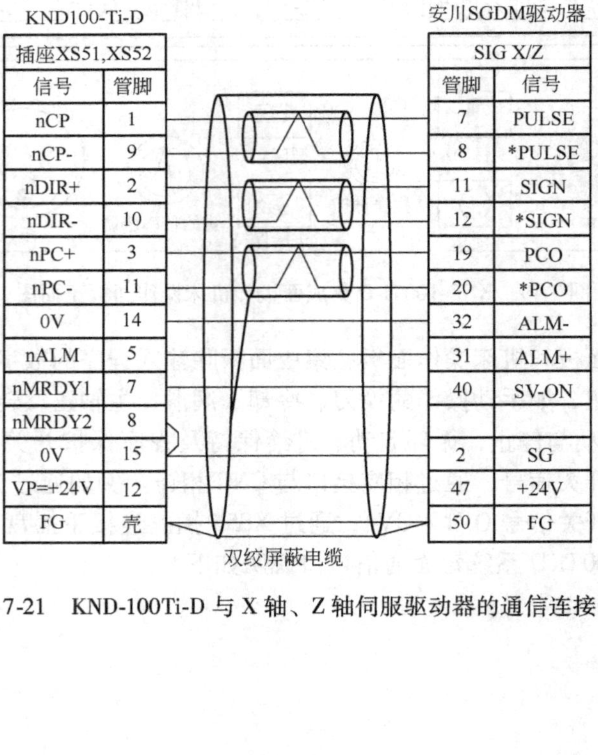

图 7-21　KND-100Ti-D 与 X 轴、Z 轴伺服驱动器的通信连接图

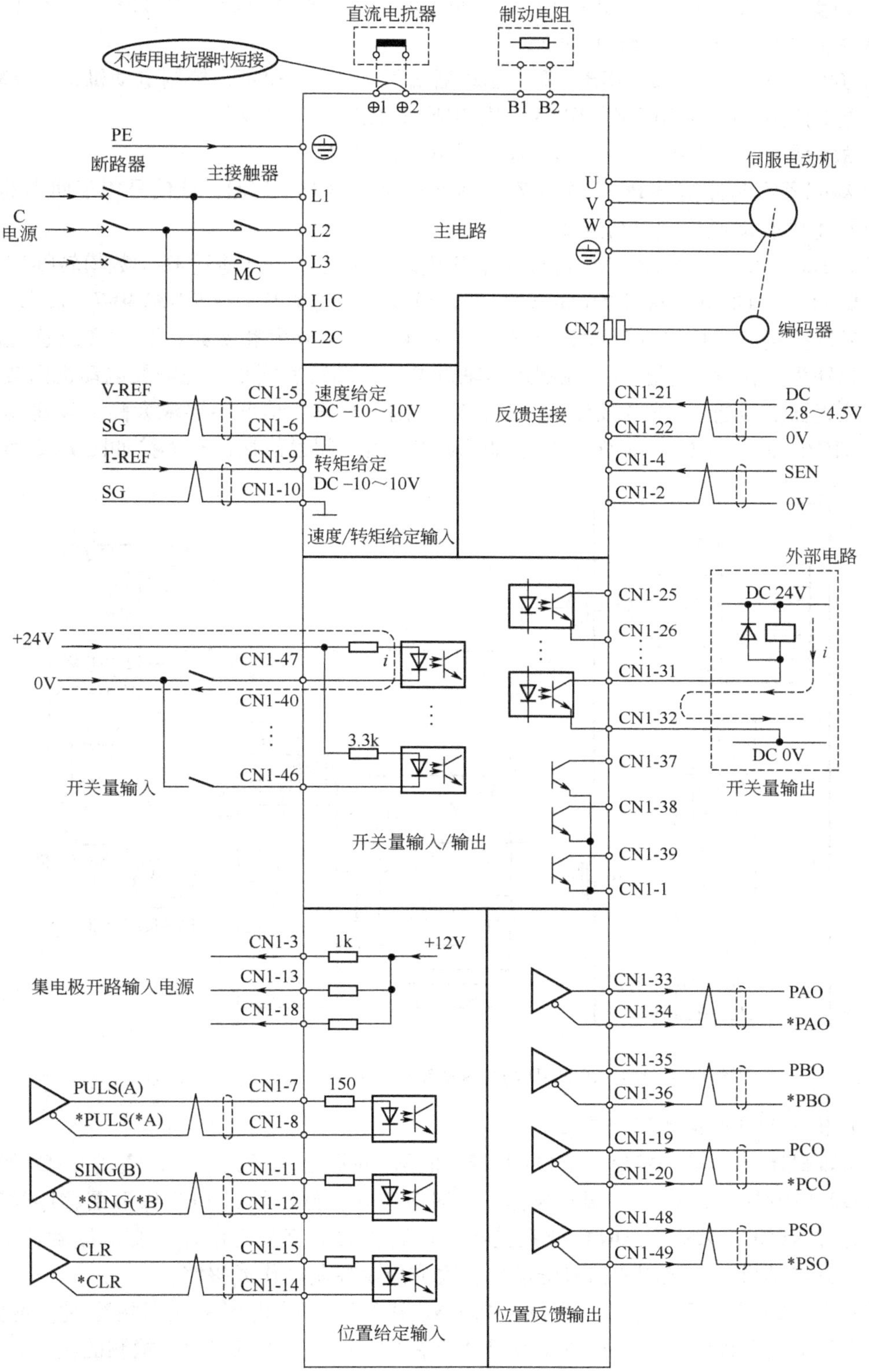

图 7-22　安川∑Ⅱ系列驱动器信号接口图

① 位置指令脉冲信号：CP +/CP -→安川驱动器信号 PULSE/*PULSE；控制电动机转角（脉冲个数）及速度（脉冲频率）；

② 方向脉冲信号 DIR/*DIR→安川驱动器信号 SIGN/*SIGN，控制电动机正、反转；

③ 驱动器准备好 MRDY/*MRDY←安川驱动器信号 SV-0N/SG；

④ 故障信号 ALM/0V←安川驱动器信号 ALM/*ALM；

⑤ 编码器零脉冲信号 PC/*PC←安川驱动器信号 PCO/*PCO，该信号用于回零的需要。

（3）主轴驱动通信接口与连接

KND-100Ti-D 数控系统 CNC 将程序中 S 代码表示的转速，通过 D-A 数模转换器转换为对应的0～10V 模拟量，从 XS56 插座的（0，SVC）芯线输出，与 FR-A740-7.5K-CH 型三菱通用变频器控制信号接口（5，2）相连，经变频器功率放大和变频，驱动交流感应电动机运转。此外为了在螺纹车削时，控制进给轴进给与主轴转速同步，还需要电动机内装或外装的速度编码器信号通过 XS53 反馈输入至 CNC。因主轴速度精度不要求太高，该速度编码器选择 1024P/r 即可。KND-100Ti-D 与主轴驱动变频器之间通信接口与连接如图 7-23 所示。

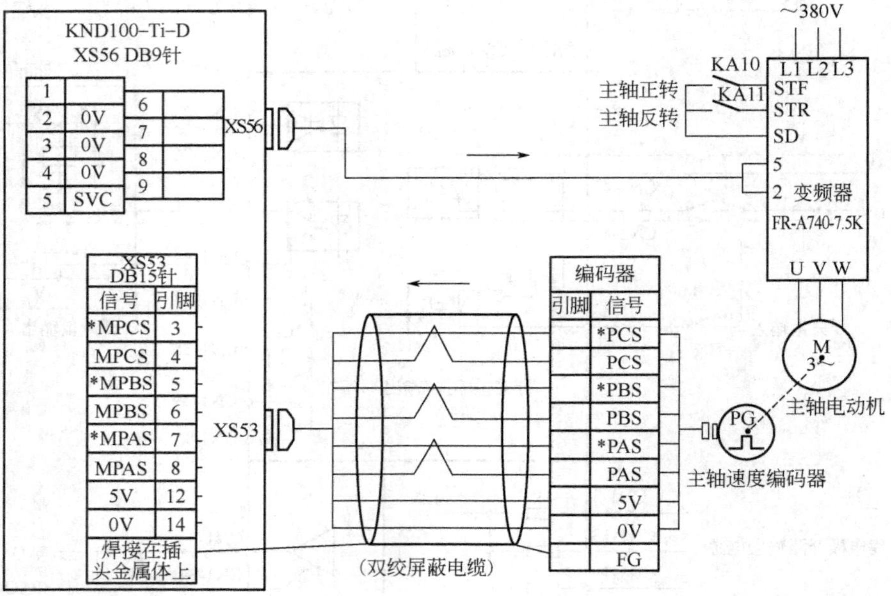

图 7-23　KND-100Ti-D 与主轴驱动变频器之间通信接口与连接图

（4）机床 I/O 通信接口与连接

要实现机床 PLC 顺序控制，必须把机床和操作面板上的开关信号，通过 CNC 背面信号接口 XS50（DI/DO）、XS54（DI）插座一一对应输入，然后经过 PLC 梯形图程序逻辑控制后，再通过 XS50 和 XS57（DO）插座输出，控制相关的直流继电器、交流接触器等通断，从而使有关电动机、电磁阀或信号灯动作，完成规定控制动作或报警。

以 4 工位四方刀架自动换刀为例，当 CNC 执行到零件程序中换刀指令时，通知内置 PLC 进入自动换刀程序。先接收装在刀架电子盘上霍尔开关传感器发出检测的实时刀位信号 T01、T02、T03 或 T04，该信号分别从 XS50.5（表示 XS50 插座的第 5 芯，以下同）、

XS50.18、XS50.6、XS50.19 信号接口输入至 PLC 的输入接口上。如果通过梯形图程序中的比较器判断目标刀位与实时刀位信号不符，则 PLC 通过 XS50.2、X50.14 输出接口输出 TL+和 TL-刀架正、反转高电平 24V 信号，使直流继电器 KA13 或 KA14 线圈通电。其常开、常闭触点通过主电路的控制电路，控制刀架电动机正转，直到实时刀位与目标刀位相同时电动机停止转动，然后电动机瞬时反转锁紧（由 PLC 梯形图中换刀反转时间继电器控制，大约不大于 1s，以避免电动机发热烧坏），至此整个自动换刀顺序控制过程执行完毕。如果在寻找刀位过程中，超过 15s 仍不能找到目标刀位，则认为换刀失败，发出报警信号。

此外，还有急停控制、切削液控制、超限行程控制、回参考点控制、主轴速度与主轴正、反转控制等机床辅助功能的顺序控制，都设计有相应的梯形图程序，有相应的开关信号从 CNC 背面接口 XS50（DI/DO）、XS54（DI）插座输入和 XS50 和 XS57（DO）插座输出，与自动换刀过程中信号通信模式类似。KND-100Ti-D 数控系统内置 PLC 输入、输出信号表分别见表 7-9、表 7-10。

表 7-9　KND-100Ti-D 数控系统内置 PLC 输入信号表

诊断 0	7	6	5	4	3	2	1	0
引脚			XS50.21	XS50.8				
信号			*DECX	QPI				
			*SKIP					

诊断 1	7	6	5	4	3	2	1	0
引脚			XS50.20	XS50.7	XS50.19	XS50.6	XS50.18	XS50.5
信号			*DECZ	*ESP1	T04	T03	T02	T01

诊断 2	7	6	5	4	3	2	1	0
引脚					XS2.5	XS2.4	XS2.3	XS55.6 XS2.2
信号					*ESP2	*SPL	*SPK	ST

诊断 3	7	6	5	4	3	2	1	0
信号	X37	X36	X35	X34	X33	X32	X31	X30
引脚	XS54.4	XS54.12	XS54.3	XS54.11	XS54.2	XS54.10	XS54.1	XS54.9
信号	*OV8	*OV4	*OV2	*OV1	T08	T07	T06	T05
			M421	M411	M931	M911	M231	M211
	/*LMZ	/*LPZ	/*LMX	/*LPX	*LMZ	*LPZ	*LMX	*LPX
	QPJ1	QPS1	RHI		BDT	SAGT *SPK2	TW1	

内置 PLC 输入信号说明如下。

*ESP1：急停输入信号，常闭触点，低电平有效。

*DECX：X 轴回参考点减速信号，常闭触点，低电平有效。

*DECZ：Z 轴回参考点减速信号，常闭触点，低电平有效。

*OV1～*OV8：外部倍率开关信号，当 P39 参数值小于 8，且 SOV1（P4.4）设为 1 时有效。

M411/M421：模拟主轴高、低挡反馈信号。

M931/M911/M231/M211：程序代码的输入接口。

/*LMZ～/*LPX：硬限位输入，当参数 MOT（P1.6）设为 0，且 LPMH（P41.0）设为 1 时有效。

*LMZ～*LPX：硬限位输入，当参数 MOT（P1.6）设为 0，且 LPMH（P41.0）设为 0 时有效。

QPJ1/QPS1：卡盘紧到位信号，当参数 QPIN（P43.7）设为 1 时有效。

TW1：台尾控制输入信号，当参数 TWSL（P41.3）设为 1 时有效。

BDT：选跳机能的开关信号，当参数 SBDT（P43.6）设为 1 时有效。

SAGT：防护门输入信号。

*SPK2：外接"进给暂停"输入信号。

RHI：润滑油位低报警输入信号，输入为 0 时报警。

*SKIP：跳跃机能输入信号，低电平有效。

表 7-10　KND-100Ti-D 数控系统内置 PLC 输出信号表

诊断 4	7	6	5	4	3	2	1	0
引脚	XS50.1	XS50.14	XS50.2	XS50.15	XS50.3	XS50.16	XS50.4	XS50.17
信号	SPZD	TL－	TL＋	M32	M08	STL	M04	M03
						SAGT0		

诊断 5	7	6	5	4	3	2	1	0
引脚	XS57.3	XS57.5	XS57.6	XS57.8	XS57.7	XS57.4	XS57.2	XS57.1
信号	QPJ	QPS	Y25	ESP0	S04	S03	S02	S01
			M230	M210			M420	M410
			TWJ	TWT				

内置 PLC 输出信号说明如下。

SPZD：主轴制动输出信号；

TL＋/TL－：刀架正、反输出信号；

M32：润滑输出信号；

M08：冷却输出信号；

M03：主轴正转输出信号；

M04：主轴反转输出信号；

STL：自动运行指示输出信号；

SAGT0：防护门输出信号；

QPJ/QPS：卡盘松紧输出信号；

ESP0：急停输出信号；

S01～S04：主轴挡位输出信号；

M230/M210：特殊程序代码的输出接口；

M410/M420：模拟主轴高、低挡输出信号；

TWJ/TWT：台尾进/台尾退输出信号，当参数 TWSL 设为 1 时有效。

综上所述，KND-100Ti-D 背面各通信接口与伺服系统、主轴驱动系统、操作面板和机床侧开关信号等外部设备的系统连接如图 7-24 所示。

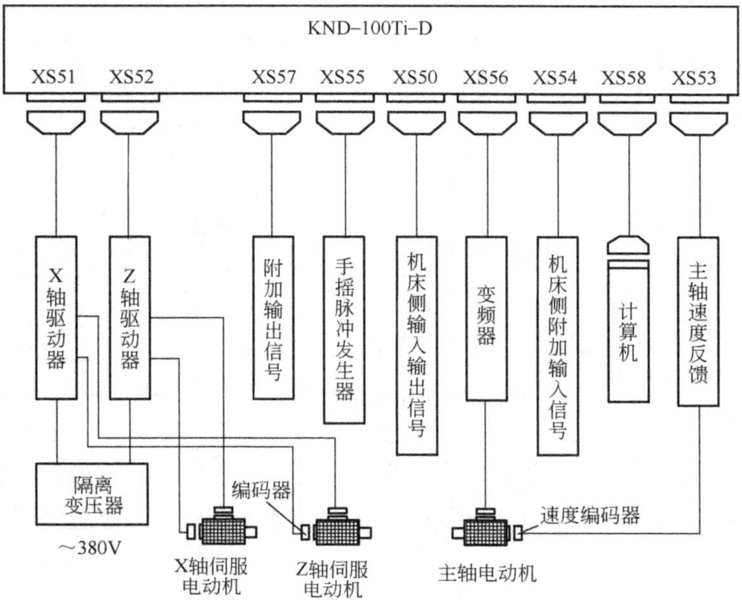

图 7-24　KND-100Ti-D 背面各通信接口与外部设备的系统连接图

4. 数控电气控制电路的设计

按照 CK6140 数控车床技术性能的要求，选型好数控系统、伺服系统、主轴驱动系统、PLC 和测量机床运动位置与速度的传感器等设备，也就是选型好各单元系统，再清楚了解它们之间的通信接口、信号匹配与系统连接，就可以将这些单元系统进行综合，组成一个完整的数控机床控制系统，并且开展数控电气控制电路的设计。当然，在综合时会遇到接口信号匹配问题，要采取前面章节所讲到的放大、隔离、滤波、采样与采样保持等硬件电路和软件等技术措施。各型数控系统厂商在与伺服驱动器、主轴驱动器以及 I/O 接口等单元配套时，已经对此进行了考虑和设计，通过设置众多参数的办法，解决它们之间的信号匹配及系统动态性能的优化，详见各数控系统的使用、调试说明书。CK6140 数控车床电气控制电路的设计，包括主电路图、控制电路图、主轴驱动电路图、X 轴和 Z 轴伺服驱动电路图以及 PLC 的 I/O 输入/输出信号电路图等设计，本案例绘出了 6 张电路设计图样如图 7-25 ~ 图 7-30 所示。为方便读者寻找联锁接点关系所在图样位置，分别编为第 1 张 ~ 第 6 张电路图，以便在联锁接点下面进行标示。例如第 2 张电路图“控制电路”的刀架正转接触器 KM1 线圈通电后，3 个常开主触点闭合，刀架电动机正转。该联锁接点位置在第 1 张电路图样的第 5 列第 D 行区，表示为 1-5D。为减小幅面，略去了图框；为了电路图面清晰，略去了导线截面等图示。

（1）主电路图（第 1 张电路图）

主电路如图 7-25 所示。在图中，主电路三相交流电源通过总电源开关 QS1 引入，经过断路器 QF1 接至变频器和主轴电动机 OM1 的主电路；经过断路器 QF2、QF3 分配给刀架电动机 OM2 的正、反转电路和冷却电动机 OM3 的起停电路；经过 QF4 连接交流开关稳压电源，输出 DC 24V、12V、5V，给 CNC 电源及 PLC 输出直流继电器 DC 24V 电源，用断路器 QF5 保护。

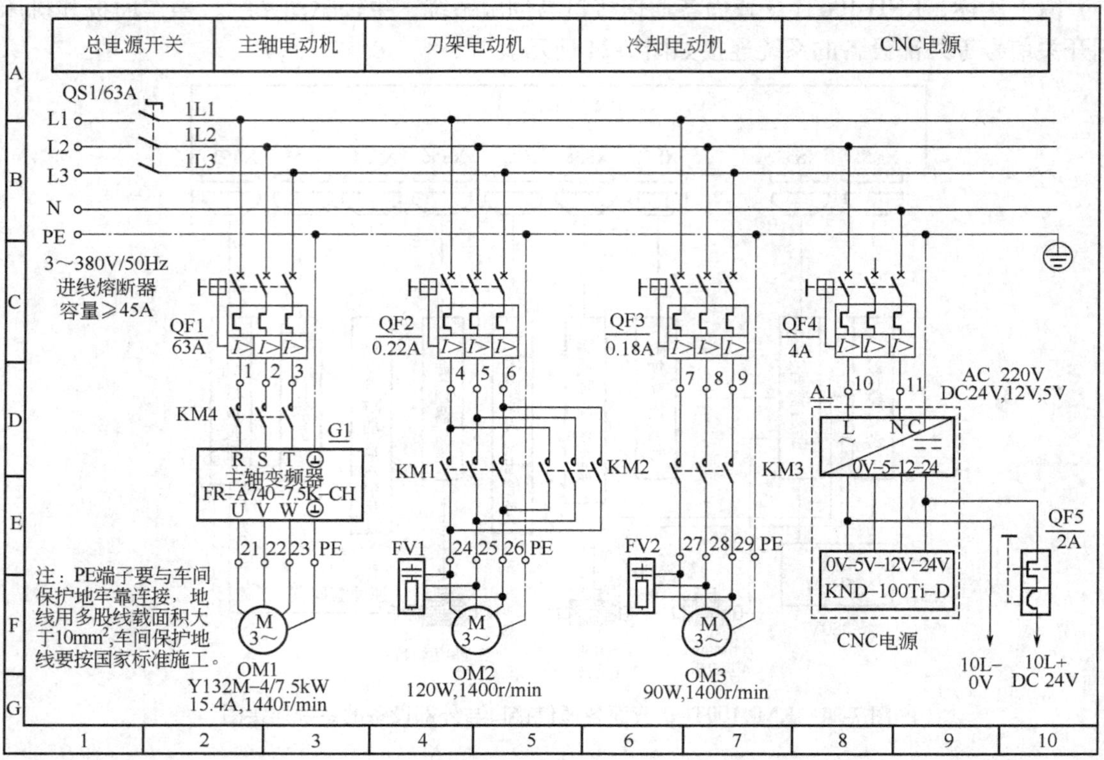

图 7-25 CK6140 数控车床主回路电路图（第 1 张电路图）

QS1 合闸后，当按下伺服通电按钮 SB2，如果符合起动条件（见下），主轴电动机 OM1 通过变频器起动，按速度指令进行变频调速。由于变频器本身有热释电电流设置，所以不需要再设计断路器或热继电器进行过载或短路保护。另外，刀架电动机工作时间很短，所以除断路器保护外不再需要用热继电器过载保护。KM1、KM2 是刀架电动机 OM2 的正转和反转接触器，KM3 为冷却电动机 OM3 的起停接触器。断路器 QF2 ~ QF4 具有短路保护和过载电流保护功能。FV1、FV2 为灭弧器。

（2）主/控制电路（第 2 张电路图）

主/控制电路如图 7-26 所示。在图中有两部分电路。

① 主电路（续第 1 张电路图）。为了保证伺服系统不受干扰地稳定运行，一般国内外数控系统厂商都要求设置伺服变压器 T1 供电，一来是为了变压，将 AC 380V 变为伺服驱动器要求的 AC 220V；二来是为了与外电网隔离避免干扰，用断路器 QF6 隔开。此外主电路还设置了隔离变压器 T2，供给控制电路需要的 AC 220V 和 AC 24V 电源，用断路器 QF7 隔开。

② 控制电路。控制电路有变频器与伺服驱动器通电控制、刀架电动机正反转控制和冷却电动机起动控制。当断路器 QF2 ~ QF4 均无因过载电流接点断开、X 轴/Z 轴无超程、SQ10-1 和 SQ11-1 触点处于闭合状态、变频器无过压与过流等报警、KA20 触点处于常闭状态或未按急停按钮 S1 时，KM4 与 KM10 接触器线圈接通，从而主轴变频器与伺服驱动器的三相动力电源接通，伺服驱动器处于伺服准备好状态。刀架电动机正反转是通过 KM1、KM2 交流接触器控制的。当 CNC 中内置 PLC 从接口 XS50 插座（2，14）芯输出自动换刀信

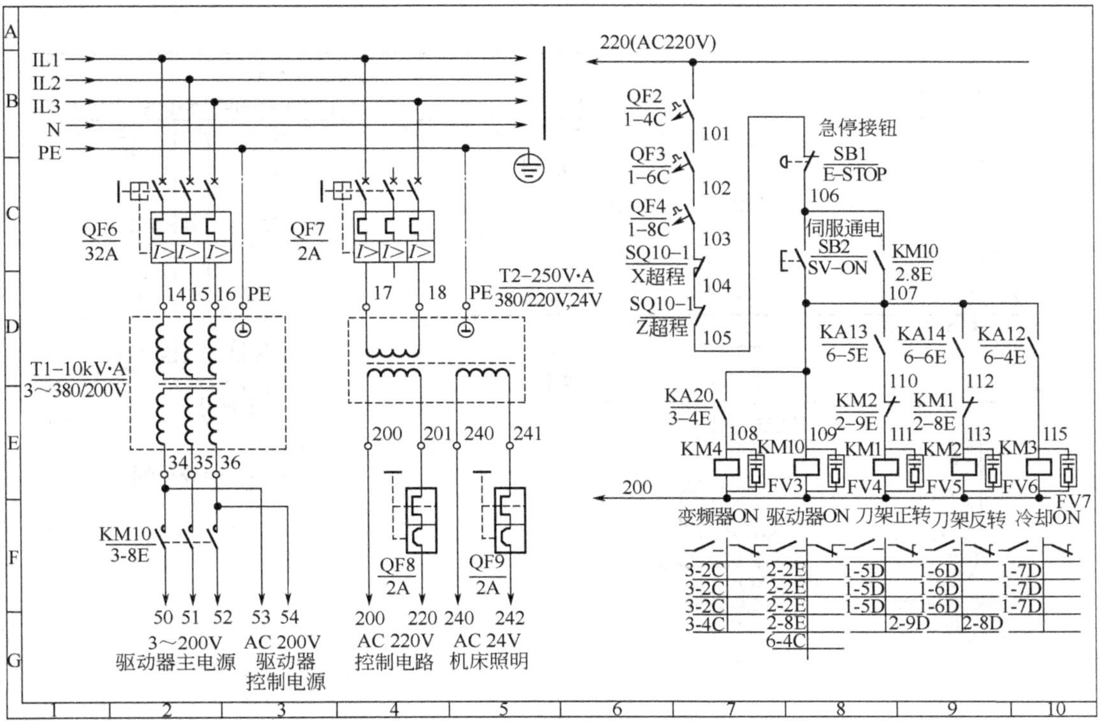

图 7-26　CK6140 数控车床主回路与控制回路电路图（第 2 张电路图）

号 TL＋和 TL－时，按换刀时序分别接通正转或反转的直流继电器 KA13、KA14（见第 6 张电路图），从而分别接通交流接触器 KM1 或 KM2，使刀架电动机作正转或反转。同理，当 CNC 执行到 M08 冷却指令时，内置 PLC 从接口 XS50 插座的 3 引脚输出 M08 信号，KA12 接通，KM3 接通，冷却电动机起动。FV3～FV7 为灭弧器，为了吸收各接触器线圈通断时产生的反电势所造成的干扰。

从控制电路看出，当 QF2、QF3 有过载、X 轴或 Z 轴超程或按下急停按钮时，KM4 和 KM10 交流接触器线圈断开，主轴与伺服电动机电源被切断而停止运转。但是供给 CNC 的 DC 24V 直流电源的交流开关稳压电源因直通总电源开关 QS1，此时并未断电，所以 CNC 仍有电，可以通过屏幕显示的信息判断故障进行维修。这是设计者应该考虑到的。

（3）主轴驱动控制电路（第 3 张电路图）

主轴驱动控制电路如图 7-27 所示。图中说明如下。

① 主轴速度控制。主轴速度通过 CNC 执行 S 指令，从 XS56 插座（5，2）引脚即信号端（SVC、0V）输出 0～10V 模拟电压信号至三菱变频器 FR-A740-7.5K 的（5，2）信号接口，依照 S 指令主轴转速与模拟电压对应关系，控制交-直-交变频电路，实现变频调速。

② 主轴正、反转控制。当 CNC 执行 M03 或 M04 指令时，内置 PLC 梯形图程序就会有 M03 或 M04 信号从 XS50 插座的（17，4）引脚输出，分别使正转直流继电器 KA10 或反转直流继电器 KA11 接通（见第 6 张电路图），它们的常开触点分别接至变频器的 STF 正转信号接口或 STR 反转信号接口。从而由变频器实现主轴电动机的正、反转控制。

③ 主轴速度反馈。主轴速度由外装的 1024P/r（每转 1024 个脉冲）编码器测量，其 A

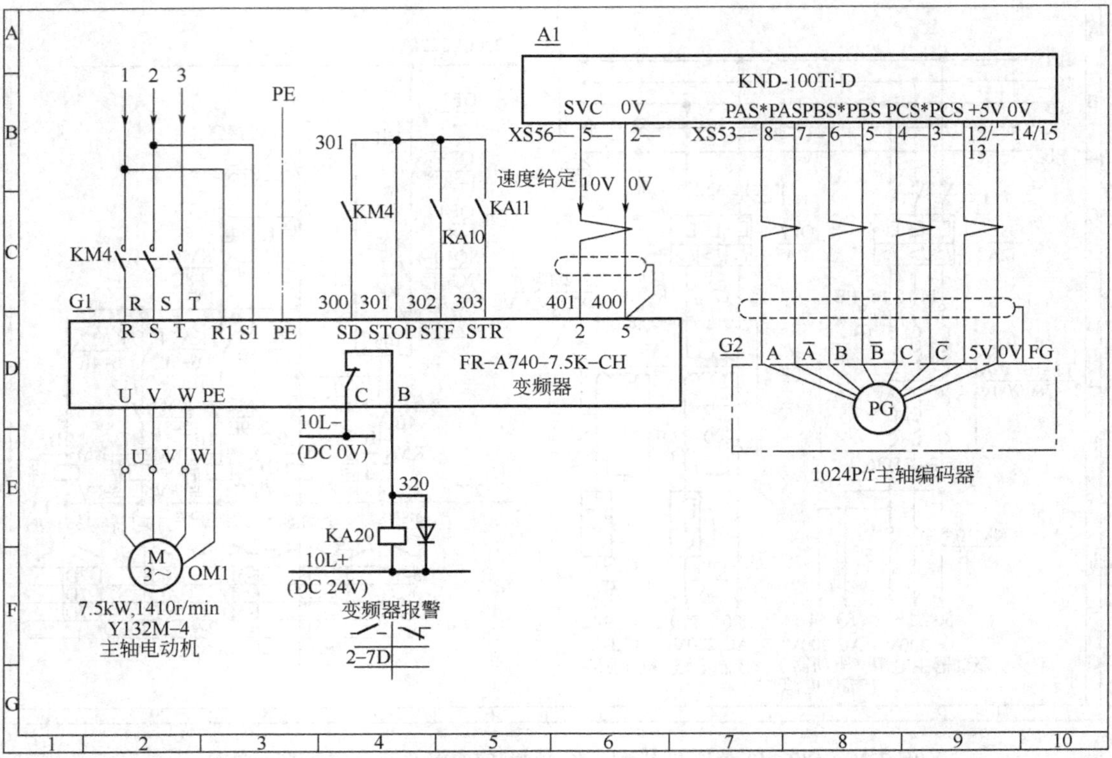

图 7-27　CK6140 数控车床主轴驱动控制电路图（第 3 张电路图）

相、B 相、Z 相三相脉冲信号通过多引脚屏蔽电缆从编码器输出，接至 CNC 的 XS53 插座的对应接口。

（4）X 轴和 Z 轴伺服驱动电路图（第 4、5 张电路图）

X 轴和 Z 轴伺服驱动电路图基本上一样，如图 7-28、图 7-29 所示。现以 X 轴为例进行说明。

① 安川 SGDM-20ADA/30ADA 伺服驱动器的主电源来自伺服变压器 T1，它的次级输出三相 AC 200V 通过伺服驱动器控制接触器 KM10 加到驱动器 R、S、T 端子上，控制电源不通过 KM10 直接加到伺服驱动器 L1C、L2C 端。

② 伺服驱动器的位置给定脉冲信号 PULS、*PULS（CN1-7/8）；S1NG、*S1NG（CN1-11/12），通过屏蔽电缆接至 CNC 的 X51 插座（1，9）的信号 CP +、CP -（脉冲）和（2，10）引脚信号 DIR +、DIR -（方向），按 CNC 输出的脉冲个数、脉冲频率和脉冲的方向，控制伺服电动机的转角、转速和正反转。

③ 由总体方案知，本系统为开环控制。CNC 的坐标轴位置控制，直接在伺服驱动器实现。驱动器在由 CNC 来的位置指令脉冲控制下，采用交-直-交和 PWM 脉宽调制技术，将三相 AC 200V 交流电源，调制放大到足够大的功率脉冲，驱动安川 SGMGH 型交流伺服电动机以给定的速度、方向和转角运转，其转角位置和转速信号由内装于电动机同轴的编码器 PG 测量，通过屏蔽电缆反馈至驱动器 CN2 接口，位置反馈不需要再反馈至 CNC，但因为回参考点要寻找参考零点脉冲，所以驱动器的零脉冲信号 PC0 要连接到 CNC。

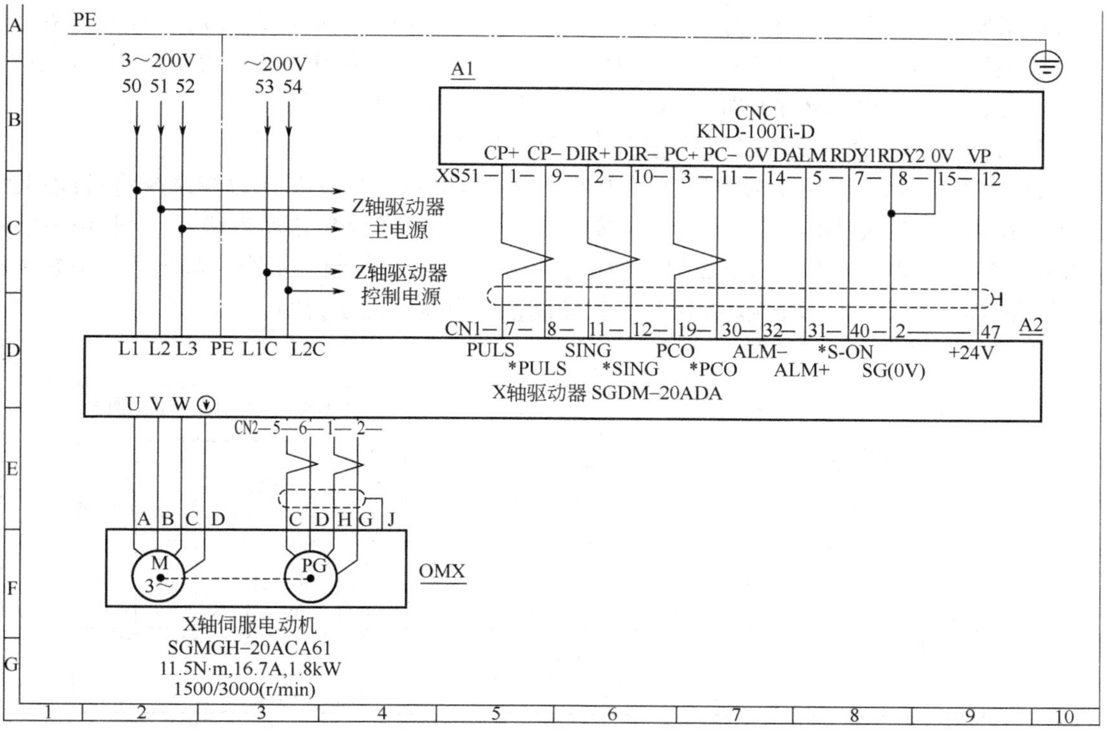

图 7-28　CK6140 数控车床 X 轴伺服驱动电路图（第 4 张电路图）

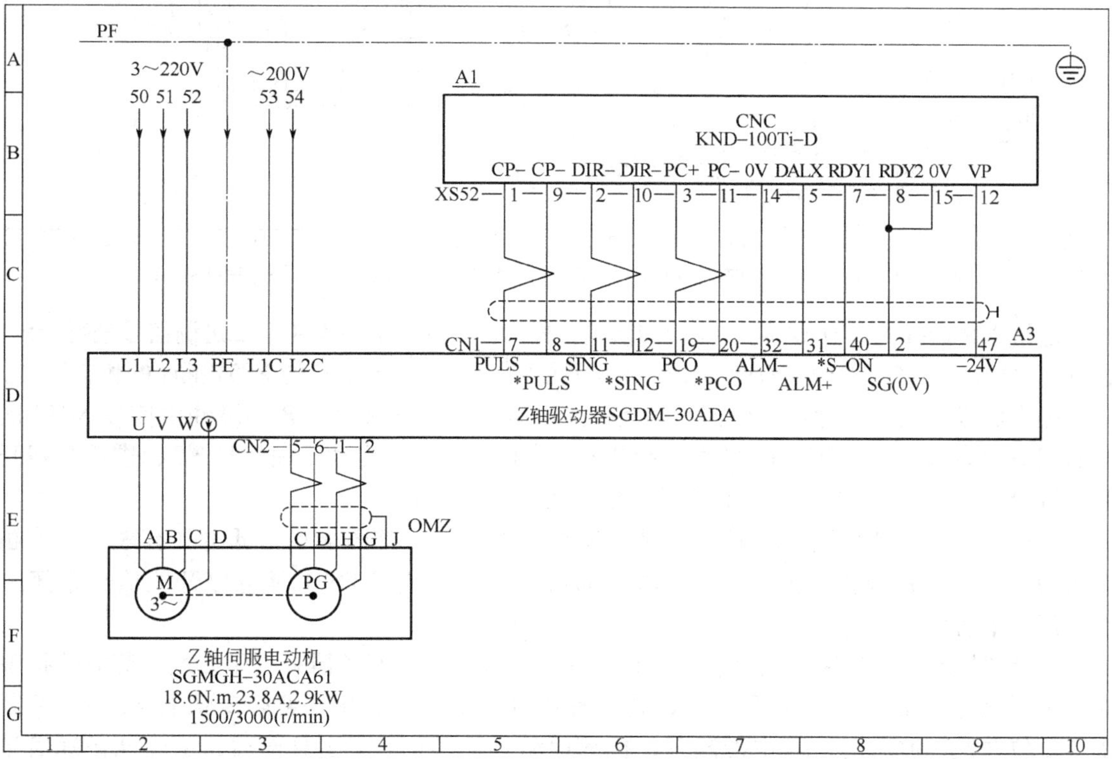

图 7-29　CK6140 数控车床 Z 轴伺服驱动电路图（第 5 张电路图）

④ 其他信号如驱动器报警信号 ALM -、ALM + 从其 CN1 的（32、31），接至 CNC 的 XS51 插座的（14、5）引脚信号（0V、DALM），用做驱动器报警。驱动器的伺服 ON（S-ON）信号，直接使用 CNC 的“准备好”信号（RDY1/RDY2）控制。

（5）PLC 的 I/O 输入/输出信号电路图（第 6 张电路图）

PLC 的 I/O 输入/输出信号电路如图 7-30 所示。KND-100Ti-D 车床数控系统将可能用到的 PLC 全部 I/O 输入/输出信号的编号与接口端子分配列于表 7-9 和表 7-10 中，只要根据本车床 PLC 控制的实际需要进行电路设计即可。限于图纸篇幅限制，本图只画出了部分输入/输出信号电路，前面对自动换刀控制与主轴控制信号电路已做了说明。

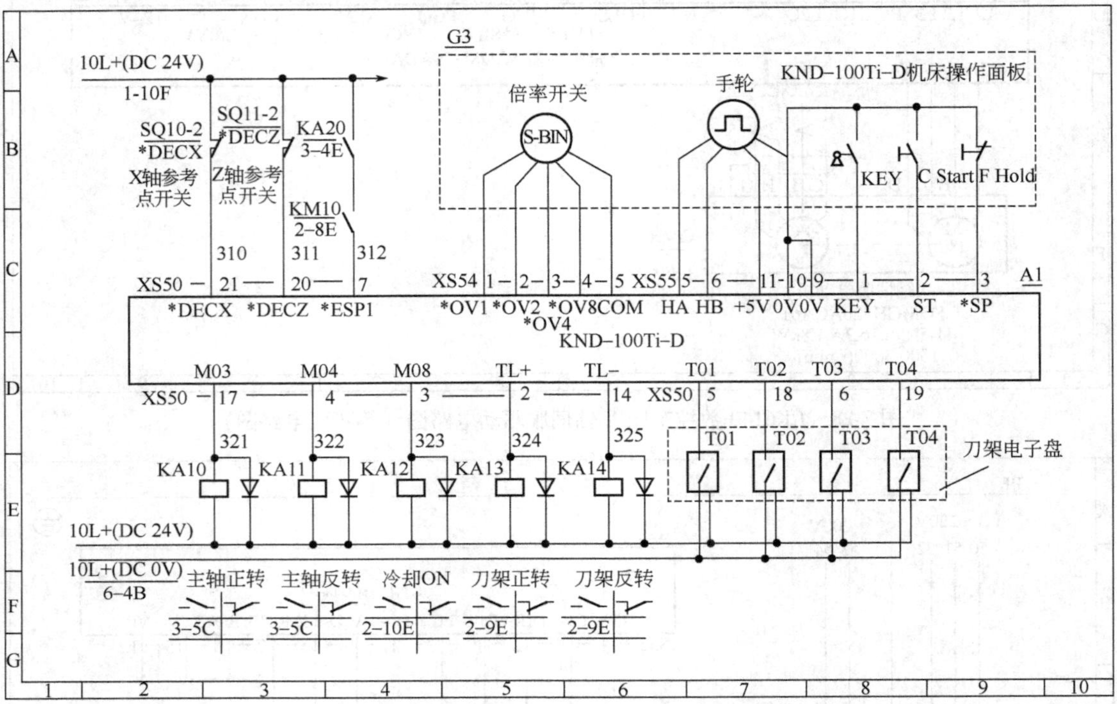

图 7-30　CK6140 数控车床 PLC 的 I/O 输入/输出信号电路图（第 6 张电路图）

进给倍率选择开关有 12 挡～15 挡的修调，梯形图程序中需要有 4 个二进制信号进行译码，这就是*OV1、*OV2、*OV4、*OV8，由倍率开关相应接点输出至 CNC 的 XS54 插座的相应接口。

操作面板上的手摇脉冲发生器结构类似光电编码器，其 A 相、B 相脉冲由信号 XS55 插座的相应接口输入至 CNC，操作面板上钥匙开关 KEY、循环启动开关信号 ST 和进给暂停开关信号*SP 等，也由 XS55 插座相应接口输入至 CNC。

*DECX、*DECZ 分别是 X 轴与 Z 轴的回参考点开关，常闭触点、低电平有效。当该触点变为常开时，表示已到参考点，伺服电动机要减速停止。*ESP1 是急停开关信号常闭触点、低电平有效。

当断路器 QF2～QF4 均因过载断开、X 轴或 Z 轴超程、变频器有过压或过流等故障报警或当按下急停按钮时，KA20 和 KM10 的常闭联锁触点变为常开（见第 2 张电路图），控制系统复位并使伺服轴与主轴电源断开，机床运动紧急停止。产生急停后，系统准备好信号 MRDY 将断开，同时禁止运动指令输出。*DECX、*DECZ 和*ESP1 均由 XS50 插座对应的接口（21，20，7）输入 CNC。

CK6140 数控车床内置 PLC 的输入/输出信号还有很多，限于篇幅不一一列出，图 7-30 也未画全，例如 X、Z 轴超限行程硬限位保护、防护门保护等，读者在理解的基础上可自行补全。

（6）PLC 梯形图程序设计

CK6140 数控车床内置 PLC 梯形图程序设计，包括操作面板（进给倍率修调、工作方式选择、手轮、急停、进给保持、手动主轴与 X、Z 轴的快移与点动等）、主轴速度与正反转控制、伺服进给使能控制、刀架自动换刀、X 轴和 Z 轴超限行程保护、回参考点以及安全保护等梯形图程序设计。因比较复杂，请读者参考书后相关资料。

（7）其他设计

① 抗干扰设计。从以上电路看，CNC 与很多设备相连，有众多接口进行信号传输，有强电也有弱电，有模拟信号也有数字信号，而且系统对速度与精度要求很高，所以 CNC 系统安全稳定地运转极为重要，需要特别注意抗干扰问题。例如本设计采取了地线 PE 的系统连接，从控制器到电动机及变压器的铁心都接 PE；从 CNC 发出到伺服驱动器的指令信号和由编码器反馈的速度与位置信号，都是弱电易受干扰的信号，设计中均使用了屏蔽电缆传输，金属屏蔽网需接地；交流接触器或直流继电器在通断时，易产生弧光或反电势干扰，设计中分别采用了灭弧器和反向二极管进行吸收与旁路；对要求较高的伺服系统电源，一般都采用专用伺服变压器与外电网隔离，甚至在电线进线上加装电抗器，以滤去外电网进来的干扰波。

② 电气控制柜设计。电控柜内布置有主轴变频器、X 轴和 Z 轴伺服驱动器、PLC 的 I/O 接口板、隔离变压器（伺服变压器因体积大还要通风散热，一般置于柜外）、交流开关稳压电源、电源总开关和主电路的各支路断路器、交流接触器、直流继电器以及接线端子板等电气元件，它是数控系统设计的重要组成部分。电控柜要注意通风和防尘设计，各部件和元器件之间要有合理间距，以便于散热和维修。此外电控柜要与车间保护地 PE 连接，柜内走线一般使用走线槽，但要注意高、低压分开；交、直流分开；强、弱电分开等原则，以最大限度地减少干扰。

7.4 轿车车身冲压机器人生产线的设计

教学目标：

通过本案例，要求掌握轿车车身冲压机器人生产线的生产能力计算、设备选型、车间设备布置等基本知识。了解汽车车身冲压生产线动作顺序和对自动控制系统技术的要求，特别是对生产安全报警系统的要求，这是一切生产线和生产设备保障安全运转的首要条件。

1. 设计任务及技术参数

（1）生产线功能要求

① 钢板自动分层抓取。对同时抓取多块及是否抓牢等用检测装置进行自动检测。

② 要求冲压工件始终沿一条直线运动。

③ 在工件传送过程中，对一些重要参数要进行自动监控处理与报警。

④ 满足生产能力为150000辆/年，每辆车身计有12种不同冲压件的需要。

⑤ 工件传送中，在经过某些冲床后要求有180°翻转或90°回转功能。

⑥ 压力机上下模之间的最小干涉距离为400mm。

⑦ 考虑到压力机及机械手的可维修性，中间传送装置应能方便地从压力机间整体移出。

(2) 压力机及生产零件参数

① 压力机性能参数　拟选压力机性能参数见表7-11。

表7-11　压力机性能参数

Erfurt公司压力机	2000kN双动压力机	1000kN单动压力机
台面尺寸(mm)	4500×2200	4500×2200
滑块行程(mm)	1100/900	900
行程次数(次/mim)	8~15	8~15
最大装模高度(mm)	2100/1850	1300
调节量(mm)	200/200	2500

② 压力机的布置　如图7-31所示。

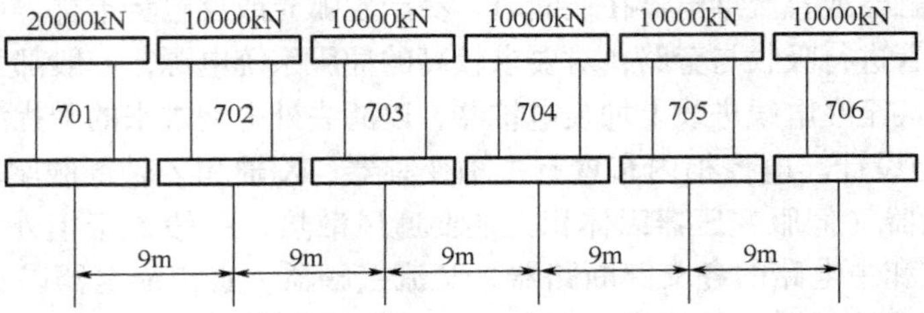

图7-31　压力机的布置图

③ 零件参数　共有12种冲压件。

最大毛坯尺寸为0.9mm×1360mm×3200mm，最大质量为31kg。

最小毛坯尺寸为0.8mm×875mm×1385mm，最小质量为7.6kg。

2. 生产能力的分析计算

(1) 压力机允许机械手的操作时间

从压力机凸轮曲线可知：当2000kN压力机最小干涉距离为400mm时，机械手被允许的操作时间见表7-12。

表7-12　2000kN压力机的机械手被允许的操作时间

序　号	节　拍	允许操作时间/s	压力机外动作时间/s	总时间/s
1	12件	2.02	2.98	5
2	11件	2.2	3.25	5.45
3	10件	2.4	3.6	6
4	9件	2.69	3.98	6.67
5	8件	2.73	4.47	7.5
6	7件	3.06	5.51	8.57
7	6件	3.54	6.46	10.0
8	5件	4.25	7.55	12.0

（2）对生产节拍的要求

计算条件：一年按250天工作日（扣除104天双休日，11天法定假日），每天按3班生产，每班工作7h，一年共有5250h的工作时间，其中用于维护的时间为764h。更换冲压件时需要更换机械手的操作机构及模具，时间为0.5h/件，模具调整时间为0.3h/次；一年内用于更换机械手操作机构及更换模具的总时间为：12月×12件×0.8h=115.2h。每班换料时间为0.5h，一年为250×3×0.5=375h。因此，一年实际的工作时间为5250-764-115.2-375=3995.8h。

生产线的节拍为：150000×12/3995.8×60=7.5件/min。

生产线的设计能力：为确保能达到生产能力，取富裕系数为1.1。

取生产线的设计能力为：8件/min。

（3）初始条件

选用适当的真空发生器，可使机械手吸牢时间为0.2s，释放时间为0.1s。

机械手动作初始条件：最大加速度为$6m/s^2$，最大速度为4.0m/s，冲床内部行程距离为2000mm。

（4）生产节拍核算

因为2000t压力机机械手被允许的操作时间比1000t冲床的短，因此计算生产节拍以表7-12为依据进行核算。

对于一个压力机循环周期，动作过程如图7-32所示。压力机压下后抬起400mm时，取工件机械手开始进入压力机（图7-32a），进入后吸牢工件立即向外移动，同时放工件机械手也处于压力机边缘吸着工件开始向压力机移动（图7-32b），待放工件机械手到位，取工件机械手已完全退出压力机（图7-32c），放工件机械手释放工件，退出压力机。当放工件机械手到完全退出位置时，压力机又处于最小干涉位置（图7-32d）。

当机械手进入压力机时，初速度值为4m/s，加速度值为$6m/s^2$，做减加速度运动，得如下方程式：

$$v_0 = at_2 \tag{7-1}$$

$$s = v_0 t_1 + 0.5 a {t_2}^2 \tag{7-2}$$

式中　$v_0 = 4m/s$，$s = 2.0m$，$a = 6m/s^2$。

解得：$t_1 = 1/6s$　$t_2 = 2/3s$。

机械手进入压力机的最快时间为：$t_1 + t_2 = 0.83s$。

当机械手取出时，先加速到最大速度，然后以最大速度退出。同理可得，退出的最快时间为：$t_1 + t_2 = 0.83s$。

由上述的压力机在一个循环周期内动作的全过程得，机械手在压力机内的最快时间为：(3×0.83+0.2+0.1) s=2.79s，查表7-12可知，这时最大生产节拍为8件/min。因此，经核算生产节拍能满足设计能力要求。

3. 机械系统的设计

（1）机械系统设备配置

毛坯的拆垛、进料由一只装在701压力机上的上料机械手完成。它负责把毛坯放入701压力机上。加工后的工件由装在701压力机上的下料机械手取出。701压力机与702压力机之间有一个传输翻转装置，702与703、703与704、705与706之间是4台穿梭传输车，其车梁有侧移及滚转功能。装在706压力机上的下料机械手负责取出已压完的工件，并把它放

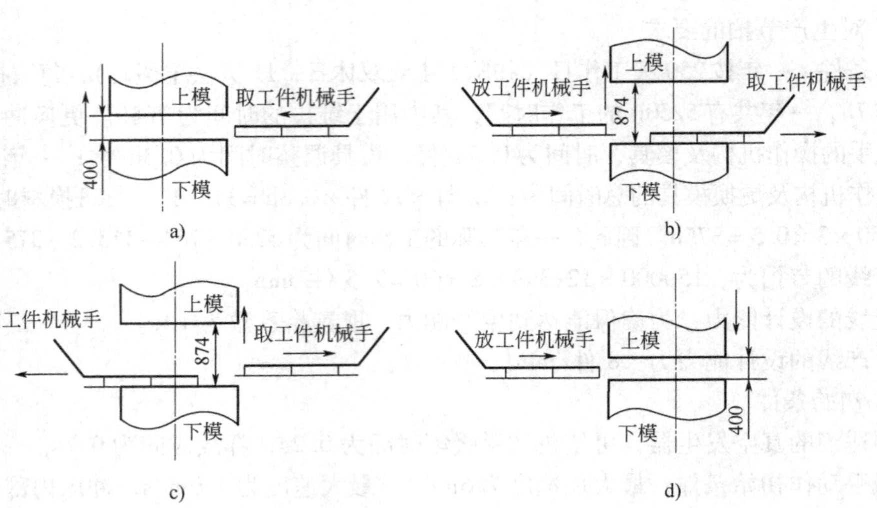

图 7-32　冲压机械手动作过程

a）取工件机械手刚进入压力机　b）取工件机械手开始退出压力机，放工件机械手开始进入压力机
c）取工件机械手完全退出压力机，放工件机械手完全进入压力机　d）放工件机械手完全退出压力机

在传送带上运走，汽车车身冲压生产线布置如图 7-33 所示。

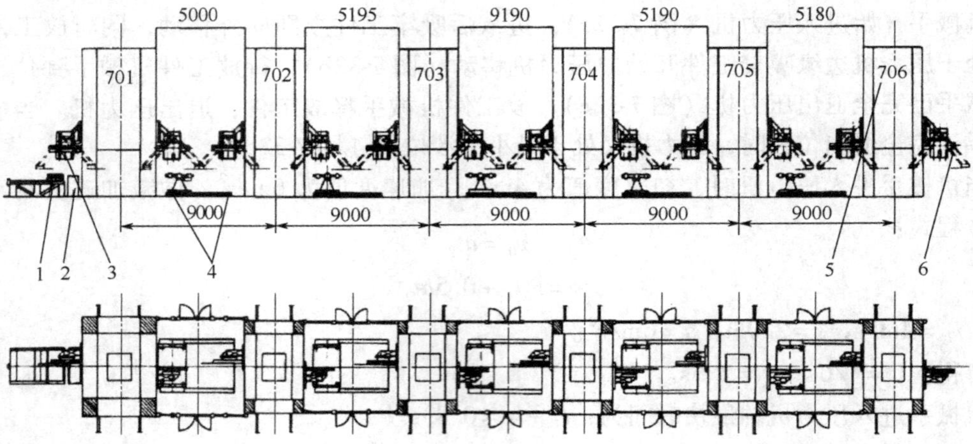

图 7-33　汽车车身冲压生产线

1—磁力分层装置　2—涂油装置　3—上料机械手　4—翻转传输装置　5—压力机　6—下料机械手

（2）上、下料机械手

① 上、下料机械手参数指标如下。

负载能力：50kg；

重复定位精度：±0.5mm。

水平向运动范围：0～3000mm；

水平向运动速度：6.0m/s。

垂直向运动范围：0～1000mm；

垂直向运动加速度：6.0m/s²。

水平向运动加速度：$6m/s^2$；

垂直向运动加速度：$6m/s^2$。

② 上、下料机械手结构。

上、下料机械手水平运动轴采用椭圆形机构，垂直运动轴为直线提升机构，为保持末端姿态，采用平行四边形结构，这样既可保持末端姿态，又可增大刚度。

（3）翻转装置

翻转装置配置在第一台和第二台之间，实现对工件的180°的翻转，其主要参数如下：

翻转角度：180°；

翻转速度：90°/s = 15r/min；

翻转半径：1500mm；

翻转动作是可控的。翻转装置固定于直角坐标组合传送单元之内，传动方案采用伺服电动机与谐波齿轮传动。

（4）气动系统及夹具

① 气动系统。采用工厂原有气源，通过过滤器、除油器进行除尘及除油后直接送往各执行器件。真空系统采用国外标准的组合一体化装置，其特点是该组合控制装置包括了真空发生器、真空给定电磁阀、真空破坏电磁阀、真空开关、过滤器、消音器等6件一体化装置，使操作稳定可靠。真空吸盘根据工件的不同形状，每个零件每个机械手选用15套吸盘，吸盘直径选用如下：

工件重31kg，每个吸盘承载2.0kg；设安全系数为3.0，则每个吸盘设计承载为6.0kg；取真空度为5kPa，吸盘直径为35mm。

② 夹具。为适应不同零件在不同工位时的形状，采用万能组合式夹具安装真空吸盘，其结构有伸缩式和转动式两种。

4. 控制系统的设计

汽车车身冲压生产线自动控制系统电路原理框图如图7-34所示。它是由6台压力机、12只机械手、1台翻转传输车、4台穿梭传输车、1台总控制柜、1台磁力分层控制柜、6台本地控制柜及气路、传感器系统等构成。

因为本系统各设备动作均以顺序逻辑动作为主，所以采用PLC为核心，构成汽车车身冲压生产线自动控制系统。为简化操作面板操作和生产线生产报表和安全故障报警记录等显示，可以考虑用触摸屏与PC型工控机配套设计。

本地控制柜的PLC所要完成的主要工作有：接收来自操作员的终端信息，完成上、下料机械手及压力机之间的协调控制、翻转传输车和穿梭传输车的控制和抓取装置真空发生器的控制。此外，本地控制还有与总控制柜通信、自诊断的功能等。701～706六台压力机控制器与相应的PLC联锁，完成压力机动作控制。

总控制柜主要负责生产线起停控制、监测、报警与管理，例如冲压自动生产线的全线起动、停止、暂停、急停；磁力分层、压力机、上下料机械手、传输车、翻转故障报警及显示；送出工件号、工件计数及设备运行动画显示等。

传感器的检测功能包括上料检测，抓料检测，冲床滑块位置检测，机械手安全检测，机械手零点位置检测以及气路系统气压检测等。

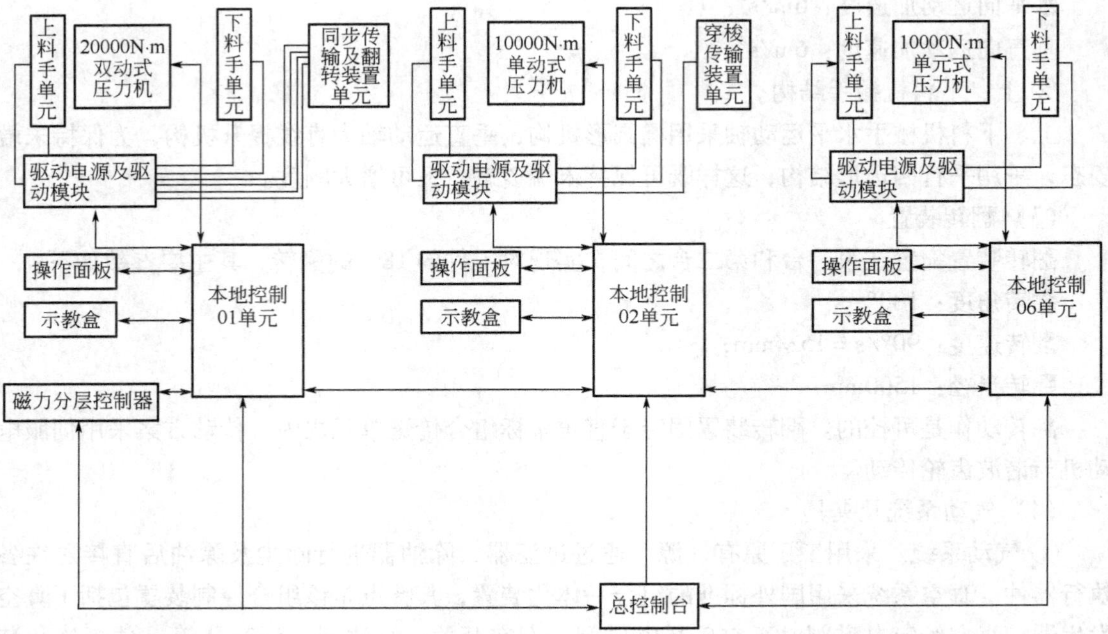

图 7-34　汽车车身冲压生产线 PLC 控制系统电路原理框图

5. 故障报警系统的设计

故障报警系统是保障系统安全可靠运转的重要一环。为此在设计中除对系统中机械、电气的各部件与器件进行严格论证、合理选型外，还要在软件中设计多种保护功能，并在软、硬件设计中采取有效的抗干扰措施，从而实现系统平均无故障工作时间 MTBF（Mean Time Between Failures，即两次故障间隔时间）达到 2000h，这相当于能实现 100 天的安全生产。

（1）故障保护原则

① 重大故障需要急停。

② 出现与故障直接相关的设备全部急停时，其他设备若处于故障设备之后，则继续执行完所有操作；若处于故障之前，则仅执行完成当前动作。

③ 设置操作权限，所有设备动作必须满足所要求的全部工作条件，才允许动作。

（2）故障的种类

① 压力机故障：冲程未到位，行程变化与压力变化不一致，润滑系统异常，电源系统故障和控制系统故障等。

② 机械手系统故障：机械手运动未到位，伺服系统故障，机械手未吸牢，电源系统故障，气源系统故障和控制系统异常等。

③ 控制协调系统：温度过高，电源不稳定，通信故障和显示故障等。

④ 其他故障：翻转装置工作异常；上、下料系统工作异常；环境温度变化超过允许范围等。

汽车车身冲压生产线 PLC 控制系统电路图和梯形图程序，读者可以根据冲压机工艺动作和整条生产线各机组的配合及安全保护等要求，再参照工业搅拌机 PLC 控制系统设计案例自行设计。

习　题

1. 全自动洗衣机控制系统有哪些传感器，各有何作用？单片机控制系统有哪些主要控制电路，与单片机又是如何连接的？

2. 以工业搅拌机PLC控制系统为例，如何对PLC进行选型？依据是什么？

3. 以CK6140车床数控系统设计为例，简述设计步骤和6张图样的设计要点有哪些？I/O输入/输出信号电路图未画全，请在理解的基础上尽量补全。

4. 以轿车车身冲压机器人生产线为例，简要叙述计算生产能力、设备选型、车间设备布置的方法。简述汽车车身冲压生产线自动控制系统各部分要完成的控制任务和对生产安全报警系统的要求。

5. 在建材、化工、机械、冶金、矿山等工业生产中广泛使用传送带运输系统运送原料或物品。供料由电磁阀DT控制，电动机M1、M2、M3、M4分别用于驱动传送带运输线PD1、PD2、PD3、PD4。储料仓设有空仓和满仓信号，其动作示意简图如图7-35所示。请参考工业搅拌机PLC控制系统的设计步骤，设计一个用PLC控制的四级传送带运输机的控制系统。要求画出工艺流程图，分析I/O性质，计算I/O点数和PLC选型。用顺控流程图法编写PLC控制程序，画出控制系统外部电路图（含主电路图与供电图）。其控制要求如下：

① 正常起动。空仓或按自动起动按钮时的起动顺序为M1、DT、M2、M3、M4，间隔时间为5s；

② 正常停止。为使传送带上不留物料，要求顺物料流动方向按一定时间间隔顺序停止，即正常停止顺序为DT、M1、M2、M3、M4，间隔时间为5s；

③ 故障后的起动。为避免前段传送带上物料堆积，要求按物料流动相反方向按一定时间间隔顺序起动，即故障后的起动顺序为M4、M3、M2、M1、DT，间隔时间为10s；

④ 紧急停止。当出现意外时，按下紧急停止按钮，则停止所有电动机和电磁阀；

⑤ 具有点动功能。

I/O点分配如下。

① 输入点。X0：自动/手动转换；X1：自动位起动；X2：正常停止；X3：紧急停止；X4：点动DT电磁阀；X5：点动M1；X6：点动M2；X7：点动M3；X10：点动M4；X11：满仓信号；X12：空仓信号。

② 输出点。Y0：DT电磁阀；Y1：M1电动机；Y2：M2电动机；Y3：M3电动机；Y4：M4电动机。

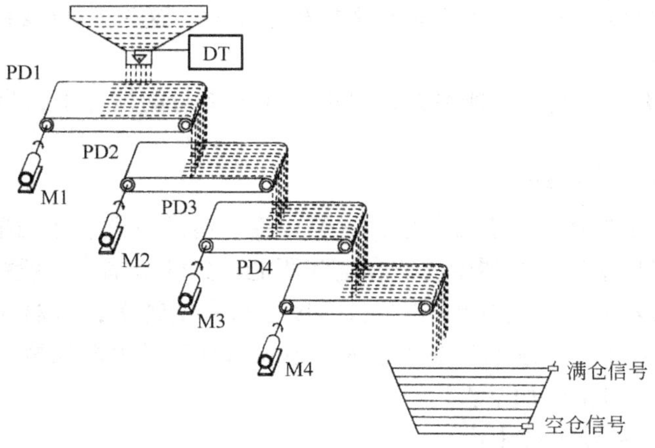

图7-35　四级传送带运输机动作示意简图

第8章 工业机器人

8.1 工业机器人概述

1. 工业机器人定义

工业机器人（图8-1）“Robot”一词是人类或动物型的人工机器装置的总称。早在1920年捷克剧作家卡雷尔·查培克在他的幻想剧本《罗莎姆的万能机器人》中，就第一次提出有奴隶意思的捷克语“Robota”这一专用名词。现代英语中“Robot”一词，就是从“Robota”衍生而来的。

机器人学是近30年才发展起来的一门交叉学科，它涉及机械工程、电子学、控制理论、传感器技术、计算机科学、仿生学、人工智能等学科领域。可见，工业机器人与数控机床一样也是一种典型的机电一体化系统。

1987年国际标准化组织对工业机器人的定义：工业机器人是一种具有自动控制的操作和移动功能，并能完成各种作业的可编程操作机。日本工业标准JISB0134—1986则定义为“一种在自动控制下，能够编程完成某些操作或者动作功能的机械装置”。综合上述定义，可知工业机器人有以下三个重要特性。

图8-1 工业机器人

1）工业机器人是一种机械装置，可以搬运材料、零件、工具或者完成多种操作与动作功能，即具有通用性。

2）工业机器人可以再编程并具有多种多样程序流程，这为人-机联系提供了可能，也使之具有独立的柔软性。

3）工业机器人有一个自动控制系统，可以在无人参与的情况下，自动完成操作作业和动作功能。

2. 工业机器人的基本参数

工业机器人的基本参数主要有工作空间、自由度、有效负载、运动精度、运动特性、动态特性等。工作空间指末端执行器中心点在空间所能达到的范围。一般机器人的自由度等于它的关节数。工业机器人大多数有6～8个自由度，自由度越多，机器人的功能就越强。如图8-2所示就是具有6个自由度的工业机器人，各关节动作是由电动执行装置和齿轮减速传动机械来实现的。6个自由度如下：

① 手臂扫掠（腰左转或右转）；

② 肩旋转（肩向上或向下）；

③ 肘伸展（肘缩进或伸出）；

④ 俯仰（手腕上转或下转）；

⑤ 偏航（手腕左转或右转）；

⑥ 横滚（手腕顺时针转或逆时针转）。

3. 工业机器人的组成与分类

（1）工业机器人的组成

一个较完整的工业机器人，一般由操作机构、计算机控制系统、伺服驱动系统、传感器检测系统和输入/输出接口等几部分组成。如图 8-2 所示。

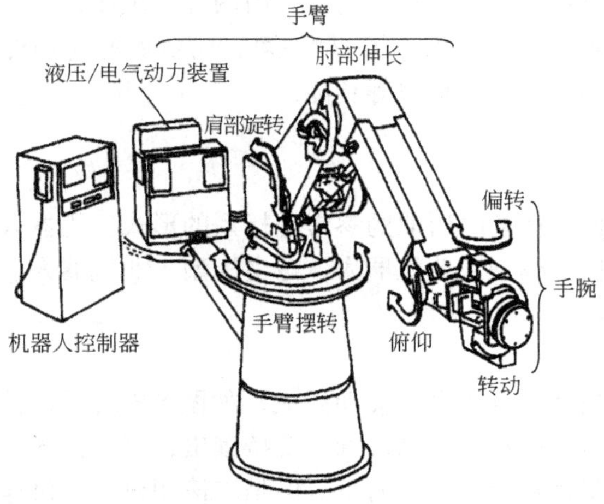

- 工业机器人
  - 操作机构
    - 移动机械
    - 机座
    - 手臂
    - 手腕
    - 末端执行器
  - 驱动系统
    - 驱动器
    - 减速器
    - 检测元件
  - 控制系统
    - 控制装置（计算机等）
    - 检测装置（传感器等）
  - 人工智能系统
    - 感觉系统
      - 听觉装置
      - 视觉装置
      - 触觉装置
      - 力觉装置
    - 决策–规划系统
      - 模式识别
      - 专家系统
      - 大容量信息库
      - 人机交互系统

图 8-2　工业机器人的组成

① 操作机构。

操作机构为工业机器人完成作业的执行机构，它具有与手臂相似的动作功能，是可在空间抓放物体或进行其他操作的机械装置。它包括机座、立柱、手臂和手腕等部分。有时为了增加工业机器人的工作空间，在机座处装有行走机构以实现移动功能，例如有轮式、履带式、足腿式结构及蛇行、蠕动、变形等。

② 伺服驱动系统。

伺服驱动系统主要是指驱动执行机构的传动装置。它由驱动器、减速器、检测元件等组件组成。根据驱动器的不同，可分为电动、液动和气动驱动系统。驱动系统中的电动机、液压缸、气缸可以与操作机构直接相连，也可以通过齿轮传动、链传动、谐波齿轮传动、螺旋传动、带传动装置等与执行机构相连。

③ 计算机控制系统。

计算机控制系统是工业机器人的核心部分，其作用是支配操作机构按所需的顺序，沿规定的位置或轨迹运动。从控制系统的构成看，有开环控制系统和闭环控制系统之分；从控制方式看有程序控制系统、适应性控制系统和智能控制系统之分；从控制手段看，目前工业机器人控制系统大多数采用计算机控制系统。

④ 传感器检测系统。

为了使机器人能完成特定的控制任务，要借助于各种传感器获得必需的外围环境信息。因此除关节伺服驱动系统的位置传感器外（例如装于电动机同轴上的光电编码器），有时还要配备视觉、力觉、触觉等多种类型的传感器及传感信号的转换与采样处理系统。

⑤ 输入/输出接口。

为了机器人与周边系统及相应操作进行联系，还应有各种通信接口和人机通信装置。例如 PLC 控制系统中用相应的 RS-232、RS-485 等异步通信接口模块，实现 PLC 与 PLC、PLC 与上位机、PLC 与现场设备或远程 I/O 之间的信息交换。此外还包括语言合成和识别技术及多媒体系统，以实现人机对话。

⑥ 人工智能系统。

人工智能系统是机器人计算机控制系统更高层次的发展。它主要由两部分组成，其一为感觉系统（硬件），主要靠各类传感器来实现其感觉功能；其二是决策、规划系统（软件），它包括逻辑判断、模式识别、大容量数据库和规划操作程序等功能。

（2）工业机器人的分类

1）按操作机构坐标形式分类。

操作机构的坐标形式是指操作机构的手臂在运动时所取的参考坐标系的形式。机器人按此坐标系可分为直角坐标型工业机器人、圆柱坐标型工业机器人、球坐标型工业机器人、多关节型工业机器人和平面关节型工业机器人。

① 直角坐标型工业机器人。

直角坐标型工业机器人运动部分由三个相互垂直的直线移动组成，如图 8-3 所示，其工作空间图形为矩体。它在各个轴向的移动距离，可在各个坐标轴上直接读出，直观性强；易于位置和姿态的编程计算，定位精度高，控制无耦合，结构简单。但是，该型机器人机体所占空间体积大，动作范围小，灵活性较差，难以与其他工业机器人协调工作。

② 圆柱坐标型工业机器人。

圆柱坐标型工业机器人运动形式是通过一个转动和两个移动组成的运动系统来实现的，其工作空间图形为圆柱形，如图 8-4 所示。与直角坐标型工业机器人相比，在相同的工作空间下，机体所占体积小，而运动范围大，其位置精度仅次于直角坐标型，但是难以与其他工业机器人协调工作。

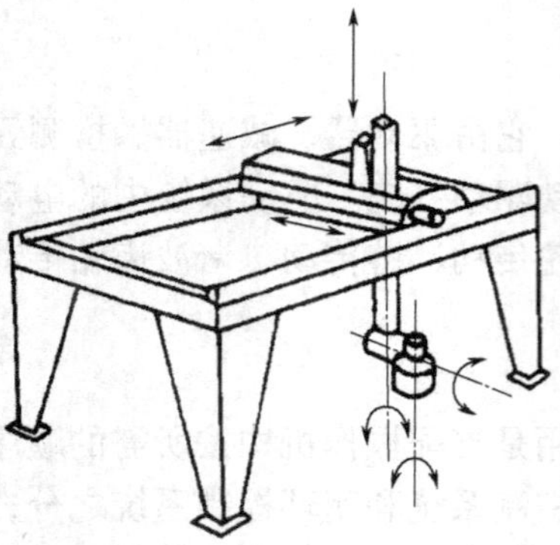

图 8-3　直角坐标型工业机器人

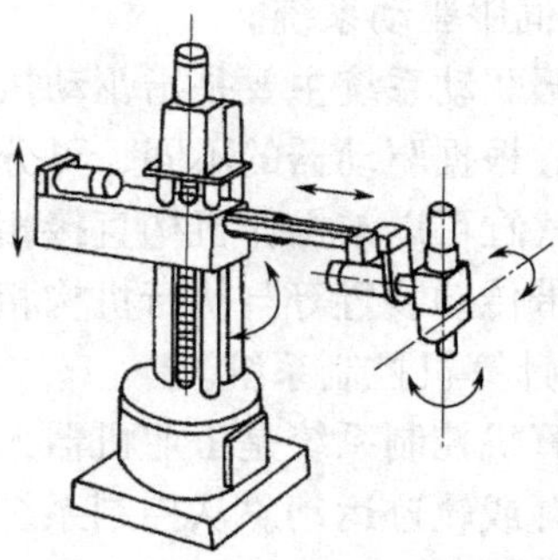

图 8-4　圆柱坐标型工业机器人

③ 球坐标型工业机器人。

球坐标型工业机器人又称为极坐标型工业机器人，其手臂的运动由两个转动和一个直线移动所组成，如图 8-5 所示。该型机器人工作空间为一个球体，它可以作上下俯仰动作并能抓取地面上或较低位置的工件，具有结构紧凑、工作空间范围大的特点，能与其他工业机器人协调工作，其位置精度尚可，位置误差与臂长成正比。

④ 多关节型工业机器人。

多关节型工业机器人又称为回转坐标型工业机器人，它的手臂与人体上肢类似，前三个关节都是回转副。该工业机器人一般由立柱和大小臂组成，立柱与大臂间形成肩关节，大臂与小臂间形成肘关节，可使大臂作回转运动和俯仰摆动，小臂作俯仰摆动，如图 8-6 所示。该型机器人结构最紧凑，灵活性大，占地面积最小，工作空间最大，能与其他工业机器人协调工作，但位置控制精度较低，存在平衡问题，控制耦合也比较复杂。目前，这种机器人应用越来越广泛。

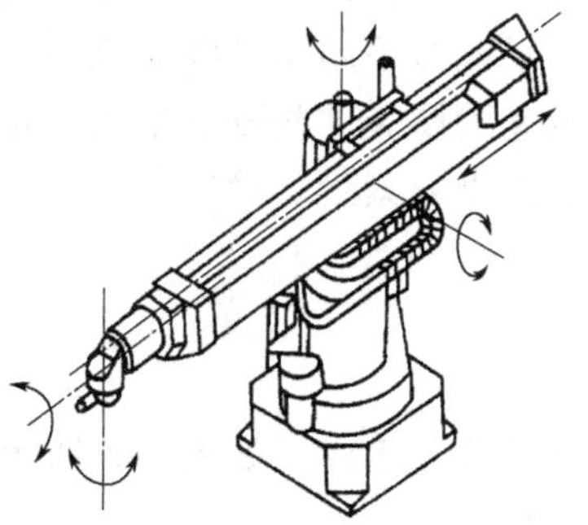

图 8-5　球坐标型工业机器人

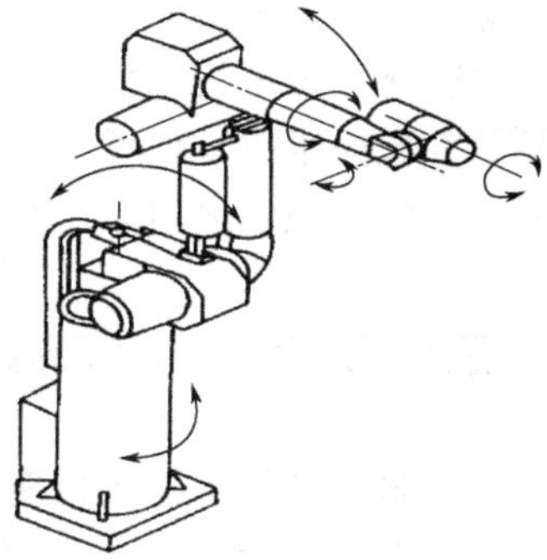

图 8-6　多关节型工业机器人

⑤ 平面关节型工业机器人。

采用一个移动关节和两个回转关节，移动关节实现上下运动，而两个回转关节则控制前后、左右运动，如图 8-7 所示。这种形式的工业机器人又称为 SCARA 装配机器人。在水平方向具有柔性，而在垂直方向则有较大的刚性。该型机器人结构简单，动作灵活，多用于装配作业中。特别适合小规格零件的插接装配，在电子工业零件的插接、装配中应用广泛。

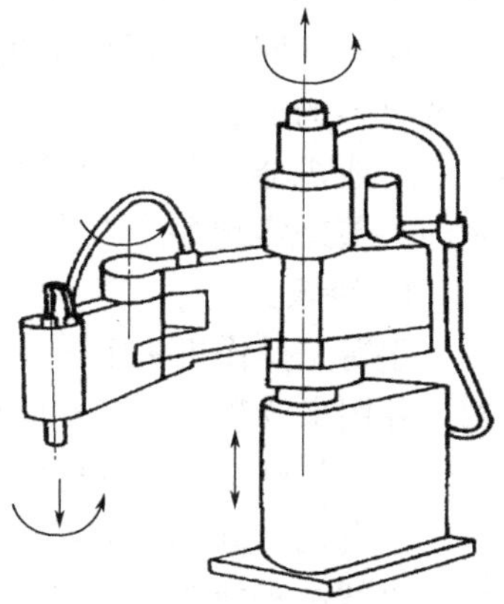

图 8-7　平面关节型工业机器人

2）按控制方式分类。

① 点位控制工业机器人。

点位控制工业机器人采用点到点的控制方式，它只在目标点处准确控制工业机器人手部的位姿，完成预定的操作要求，而不对点与点之间的运动过程进行严格的控制。目前应用的工业机器人中，多数属于点位控制方式，如上下料搬运机器人、点焊机器人等。

② 连续轨迹控制工业机器人。

该型机器人的各关节同时作受控运动，准确控制机器人的手部按预定轨迹和速度运动，而手部的姿态也可以通过腕关节的运动得以控制。弧焊、喷漆和检测机器人均属于连续轨迹控制方式。

3）按驱动方式分类。

① 气动式工业机器人。

这类工业机器人以压缩空气来驱动操作机构，其优点是空气来源方便、动作迅速、结构简单、造价低、无污染，适合防爆环境；缺点是空气具有可压缩性，导致工作速度的稳定性较差。又因为气源压力一般只有 6kPa 左右，所以这类机器人抓举力较小，一般只有几十牛到百余牛。

② 液压式工业机器人。

因为液压压力比气压压力高得多，一般为 70kPa 左右，故液压传动工业机器人具有较大的抓举能力，可达上千牛。这类工业机器人结构紧凑、传动平稳、动作灵敏，但对密封要求较高，并且不宜在高温、低温和易燃易爆的环境下工作。

③ 电动式工业机器人。

这是目前用得最多的一类工业机器人。不仅因为电动机品种众多，为工业机器人设计提供了多种选择，也因为它们可以运用多种灵活的控制方法。早期多采用步进电动机驱动，后来发展了直流伺服驱动单元，目前交流伺服驱动单元也在迅速发展。这些驱动单元或是直接驱动操作机构，或是通过谐波减速器等装置减速后驱动，结构十分紧凑、简单。

8.2 工业机器人操作机构的机械结构

工业机器人操作机构由机座、立柱、手臂、手腕和手部等部分组成，如图 8-8 所示。确定一个工业机器人操作机构位置时所需要的独立运动参数的数目，称为工业机器人的运动自由度，它是表示工业机器人动作灵活的程序参数。

工业机器人的自由度数取决于作业目标所要求的动作。对于只进行二维平面作业的工业机器人仅需三个自由度。若要使操作具有随意的位姿，则工业机器人至少需要六个自由度。而对于回避障碍作业的工业机器人，则需要有比六个自由度更多的自由度。

工业机器人操作机构常采用低副式（回转副或移动副）主动关节来实现各个自由度运动。

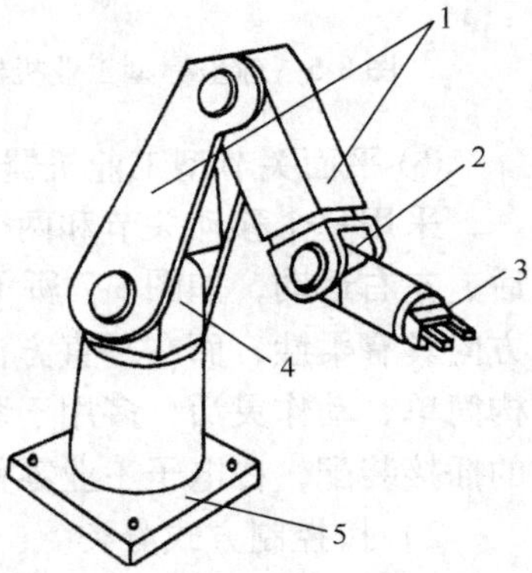

图 8-8 工业机器人操作机构
1—手臂 2—腕关节 3—手部
4—立柱 5—机座

1. 手臂

手臂是操作机构中的主要运动部件，它用来支承手腕和手部，并用来调整手部在空间的位置。手臂一般至少应有三个自由度，这些自由度可以是移动副和回转副。因此按运动副不同的组合方案，可有 27 种形式。

手臂的直线运动多数通过液压（或气压）缸驱动来实现，也可通过齿轮齿条、滚珠丝杠、直线电动机等来实现。回转运动的实现手段很多，如蜗轮蜗杆传动，液压缸活塞杆上的齿条驱动齿轮传动，液压缸通过链条驱动链轮传动，利用液压缸活塞杆直接驱动手臂回转，由回转液压（气压）缸直接驱动手臂回转，由步进电动机通过齿轮传动使手臂回转，由直流电动机通过谐波传动装置驱动手臂回转等。

PUMA 型工业机器人是由直流伺服电动机驱动的六自由度关节型工业机器人。其大臂和小臂是用高强度铝合金材料制成的薄臂框形结构，各运动都是采用齿轮传动。驱动大臂的传动机构如图 8-9a 所示，驱动小臂的传动机构如图 8-9b 所示，腰座的回转机构如图 8-9c 所示。

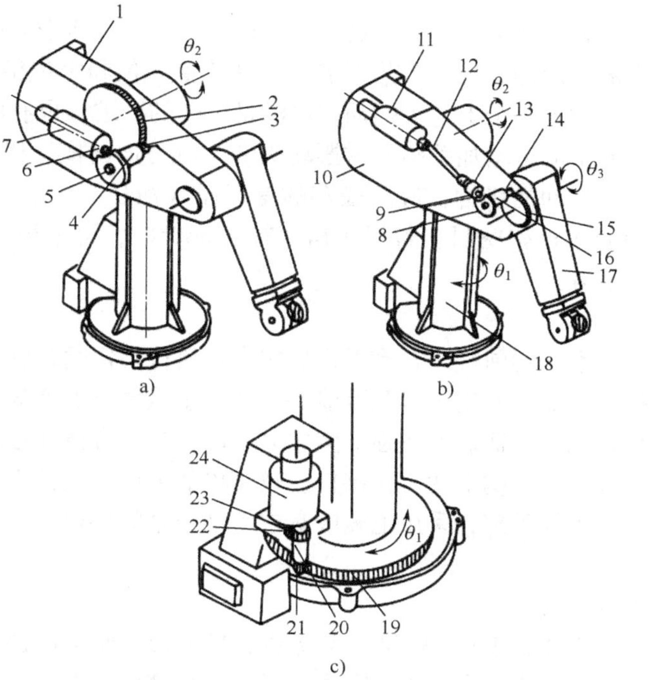

图 8-9　PUMA 型机器人手臂传动机构

1、10—大臂　2、3、5、6、8、9、14、15、19、21、22、23—齿轮　4、13、16、20—偏心套
7、11、24—驱动电动机　12—驱动轴　17—小臂　18—腰座

2. 手腕

手腕是连接手臂和末端执行器的部件，它的作用是调整或改变工件的方向，因而具有独立的自由度，以使机器人末端执行器适应复杂的动作要求。判定末端执行器的作业方向，一般需要三个自由度，由三个回转关节组合而成，组合的方式有多种。常用的组合结构如图 8-10所示。各回转方向的名称如下。

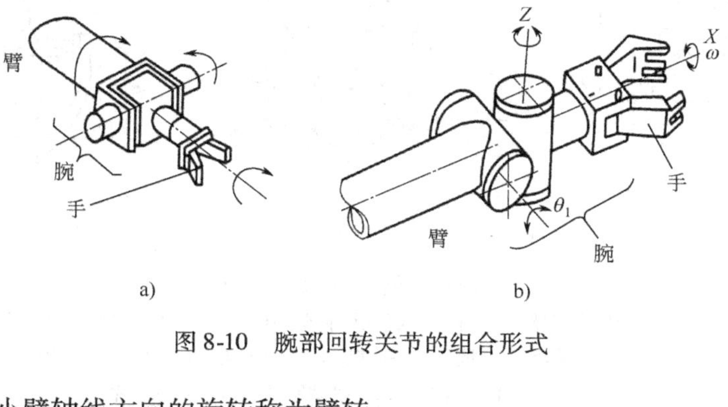

图 8-10　腕部回转关节的组合形式

① 臂转　绕小臂轴线方向的旋转称为臂转。

② 腕摆　使末端执行器相对于手臂进行的摆动称为腕摆。

③ 手转　使末端执行器绕自身轴线方向的旋转称为手转。

图 8-10a 所示的腕部关节配置为臂转、腕摆、手转结构；图 8-10b 所示为臂转、双腕摆、

手转结构。

根据使用要求，手腕的自由度不一定是三个，可以是一个、两个或比三个更多。手腕自由度的选用与机器人的通用性、加工工艺要求、工件放置方位和定位精度等许多因素有关。一般手腕设有回转或再增加一个上、下摆动即可满足工作的要求，也有的专用机器人没有手腕的运动。若有特殊要求的可增加手腕左右摆动或沿 Y 轴方向的横行移动。

目前实现手腕回转运动的机构，应用最多的是气压（液压）缸。它的结构简单但回转角度小于 360°，并且要求严格密封。若回转角度等于 360°时，可采用齿轮齿条传动、链条链轮传动或齿轮系传动等。

3. 手部

手部装在操作机构手腕的前端，它是操作机构直接执行工作的装置。根据其用途和结构的不同可以分为机械夹持器、专用工具和万能手三类。多数情况下手部是为特定的用途而专门设计的，但也可设计成一种适应性较强的多用途手部。为了方便地更换手部，可以设计一种手部的接换器，形成操作机构上的机械接口。较简单的可用法兰盘作为机械接口处的接换器，为实现快速和自动更换手部，采用电磁吸盘或气动锁紧的接换器。

（1）机械夹持器

1）回转式机械夹持器。

如图 8-11a 所示为楔块杠杆式回转机械夹持器。当夹持器驱动向前推动时，通过楔块 4 楔面和杠杆 1，使手爪产生夹紧动作和夹紧力；当楔块后移时靠弹簧 2 的拉力使手爪松开。同理，如图 8-11b 所示为滑槽杠杆式回转夹持器，如图 8-11c 所示为连杆杠杆式回转夹持器，其工作原理与上述类似。

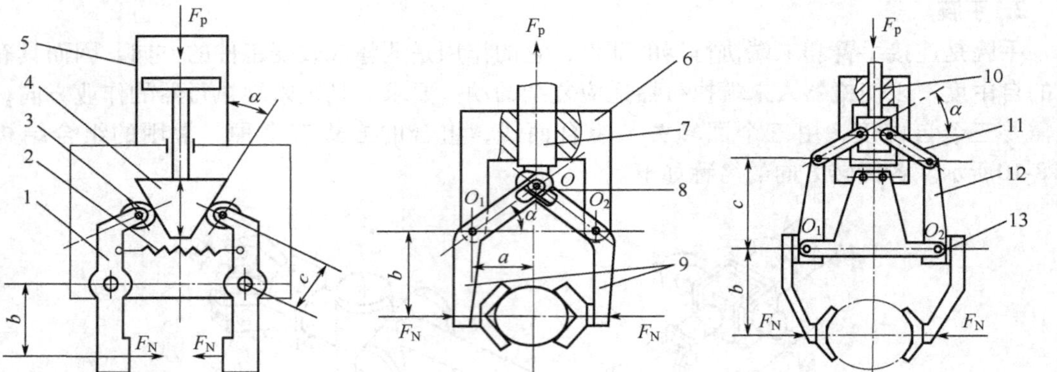

图 8-11　回转式机械夹持器

a）楔块杠杆式回转型夹持器　b）滑槽杠杆式回转型夹持器　c）连杆杠杆式回转型夹持器

1、9—杠杆　2—弹簧　3—滚子　4—楔块　5—驱动器　6—支架　7、10—杆

8—圆柱销　11—连杆　12—摆动钳爪　13—调整垫片

2）移动式机械夹持器。

如图 8-12a 所示为齿轮齿条平行连杆式移动夹持器，电磁式驱动器 3 驱动齿条杆 2 和两个扇形齿轮 1，它带动杆 5 绕 O_1、O_2旋转。连杆 5、6，钳爪 7 和夹持器体 4 构成一个平行四

杆机构，驱动两钳爪作平移以夹紧和松开工件。如图 8-12b 所示的是左右旋丝杠式移动夹持器，由电动机 8 驱动一对旋向相反的丝杠 9 来提供准确的移动夹紧动作。

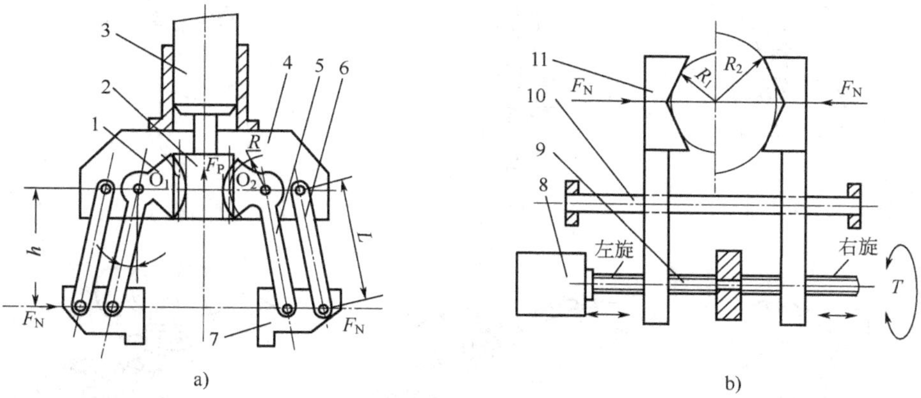

图 8-12　移动式机械夹持器

a）齿轮齿条平行连杆式平移夹持器　b）左右旋丝杠式平移型夹持器

1—扇形齿轮　2—齿条杆　3—电磁式驱动器　4—夹持器体　5、6—连杆

7—钳爪　8—电动机　9—丝杠　10—导轨　11—钳爪杆

3）内撑式机械夹持器。

内撑式机械夹持器采用四连杆机构传递撑紧力，如图 8-13 所示。其撑紧方向与上述两种方式的外夹式相反。钳爪 3 从工件内孔撑紧工件，为使撑紧后能准确地用内孔定位，多采用三个钳爪（图中只画了两个）。

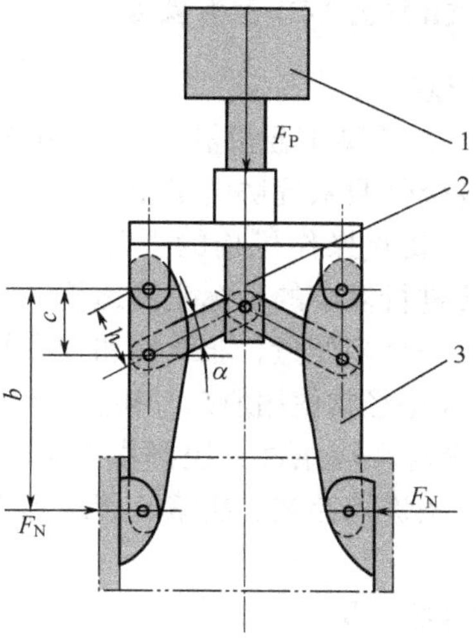

图 8-13　内撑连杆杠杆式夹持器

1—驱动器　2—杆　3—钳爪

（2）专用工具

专用工具供工业机器人完成某类特定的作业之用，如吸附手、喷枪、焊枪等。如图 8-14 所示为工业机器人常用的几种专用工具。

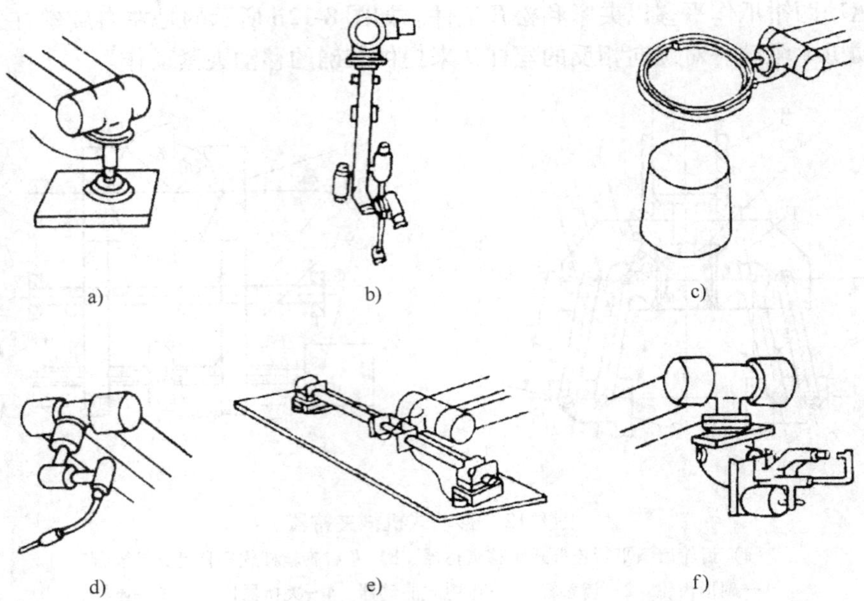

图 8-14 工业机器人专用工具

a) 真空吸附手 b) 喷枪 c) 空气袋膨胀手 d) 弧焊焊枪 e) 电磁吸附手 f) 点焊枪

8.3 工业机器人的控制系统

8.3.1 工业机器人控制系统的特点和基本要求

1. 工业机器人控制系统的特点

① 工业机器人有若干个关节，典型工业机器人有 5 ~6 个关节，每个关节由一个伺服系统控制，多个关节的运动要求各个伺服系统协同工作。

② 工业机器人的工作任务是要求操作机构的手部进行空间点位运动或连续轨迹运动，对工业机器人的运动控制，需要进行复杂的坐标变换运算，以及矩阵函数的逆运算。

③ 工业机器人的数学模型是一个多变量、非线性和变参数的复杂模型，各变量之间还存在着耦合，因此工业机器人的控制中经常使用前馈、补偿、解耦和自适应等复杂控制技术。

④ 较高级的工业机器人要求对环境条件、控制指令进行测定和分析，采用计算机建立庞大的信息库，用人工智能的方法进行控制、决策、管理和操作，按照给定的要求自动选择最佳控制规律。

2. 对工业机器人控制系统的基本要求

① 实现对工业机器人的位姿、速度、加速度等的控制功能，对于连续轨迹运动的工业机器人还必须具有轨迹的规划与控制功能。

② 方便的人机交互功能。操作人员采用直接指令代码对工业机器人进行作业指示，使工业机器人具有作业知识的记忆、修正和工作程序的跳转功能。

③ 具有对外部环境（包括作业条件）的检测和感觉功能。为使工业机器人具有对外部状态变化的适应能力，工业机器人应能对诸如视觉、力觉、触觉等有关信息进行检测、识

别、判断、理解等功能。在自动化生产线中，工业机器人应具有与其他设备交换信息，协调工作的能力。

④ 具有诊断、故障监视等功能。

8.3.2 工业机器人控制系统的分类

工业机器人控制系统可以从不同角度进行分类。按控制运动的方式不同，可分为关节运动控制、笛卡尔空间运动控制和自适应控制；按轨迹控制方式的不同，可分为点位控制和连续轨迹控制；按速度控制方式的不同，可分为速度控制、加速度控制和力控制。按发展阶段可作以下分类。

（1）程序控制系统

目前应用的第一代工业机器人大多数属于程序控制机器人，其系统结构如图 8-15 所示，包括程序控制器装置、信息处理器和功率放大执行装置。系统输出量 X 为操作机构运动状态，一般为操作机构各关节的转角或位移；给定量 G 是输出量 X 的要达到的目标值，即 X 要求的变化规律，通常是以程序形式给出的时间函数；U 是控制器输出，作用于操作机构的输入端。G 的给定可以通过计算工业机器人的运动轨迹来编制程序，也可通过示教法来编制程序。

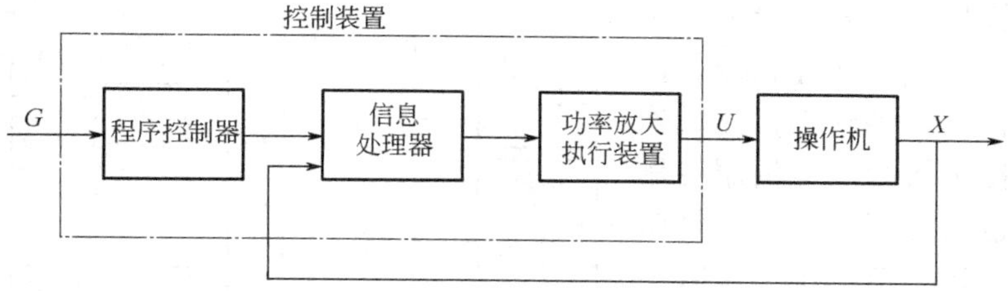

图 8-15　工业机器人程序控制系统

（2）自适应性控制系统

工业机器人自适应性控制系统多用于第二代工业机器人，即具有知觉的工业机器人，它具有力觉、触觉或视觉等功能。这类控制系统一般不事先给出运动轨迹，由系统根据外界环境的瞬时状态变化即对控制系统的扰动量来进行实时控制。外界环境状态用相应传感器来检测，自适应控制系统框图如图 8-16 所示。图中 F 是外部扰动向量，代表外部环境条件的变化；G 是给定量，是机器人的目标值；控制器输出值 U 根据操作机构与目标值之间坐标的偏差值而变化，从而控制操作机构运动。显然，此类系统比程序控制系统复杂。

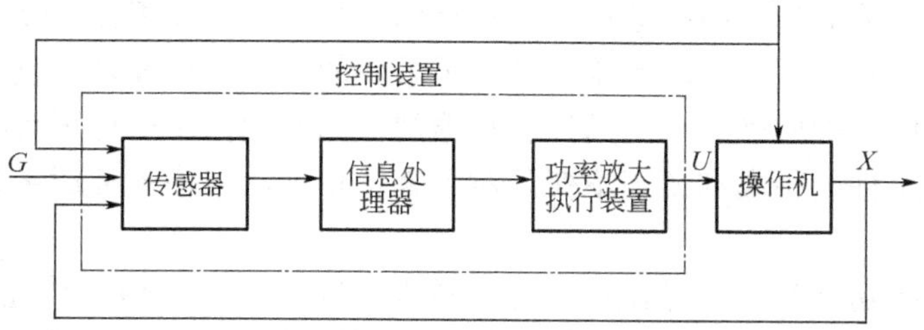

图 8-16　工业机器人自适应控制系统

（3）智能控制系统

工业机器人智能控制系统是最高级、最完善的控制系统，在外界环境变化不定的条件下，为保证所要求的品质，控制系统的结构和参数能自动改变。其系统框图如图 8-17 所示。

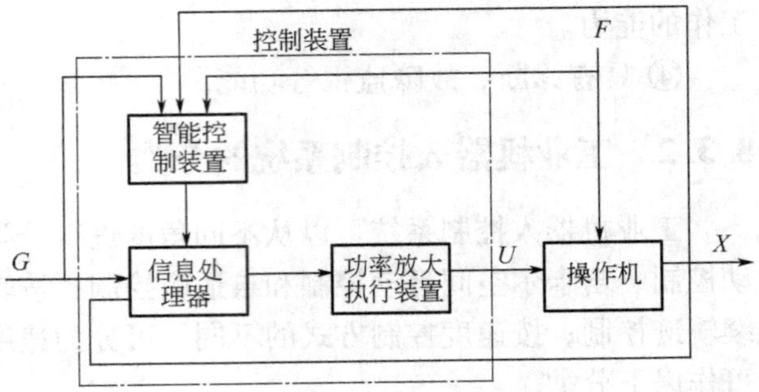

图 8-17　工业机器人智能控制系统

工业机器人智能控制系统具有检测所需新信息的能力，并能通过学习和积累经验不断完善计划，该系统在某种程度上模拟了人的智力活动过程。具有智能控制系统的工业机器人为第三代工业机器人，即自治式工业机器人。

8.3.3　工业机器人控制系统的构成

目前大部分工业机器人都采用两级计算机控制，第一级为主控制级，第二级为伺服控制级，系统框图如图 8-18 所示。主控制级由主控制计算机及示教盒等外部设备组成，主要用以接收作业指令，协调关节运动，控制运动轨迹，完成作业操作。伺服控制级为一组伺服控制系统，其主体也为计算机，每一伺服控制系统对应一定关节，用于接收主控制计算机向各关节发出的位置、速度等运动指令信号，以实时控制操作机构各关节的运行。

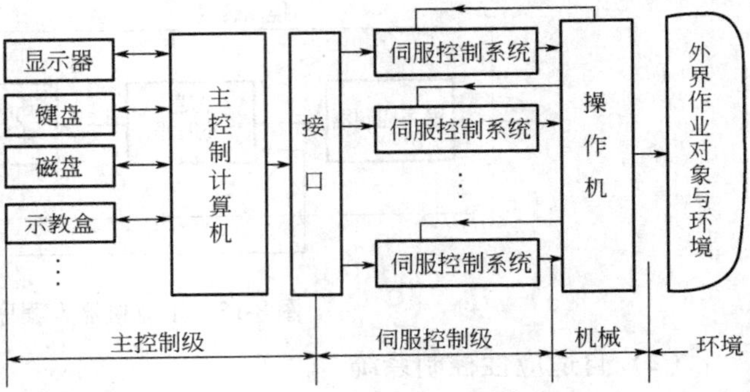

图 8-18　工业机器人两级计算机控制系统构成原理框图

工业机器人控制系统的工作过程是：操作人员利用控制键盘或示教盒输入作业要求，如要求工业机器人手部在两点之间作连续轨迹运动。主控制计算机先进行分析解释指令、坐标变换、插补运算和矫正计算等工作，然后求取相应的各关节协调运动参数，再将此运动参数输出到伺服控制级，作为各关节伺服系统的给定信号，经伺服功率放大、调节等控制驱动电动机或电磁阀带动操作机构，最终完成各关节预定的运动。其中，坐标变换即利用坐标变换原理，根据运动学方程和动力学方程计算工业机器人与工件关系，相对位置和绝对位置关系，这是实现控制计算必不可少的；插补计算是用直线方式解决示教点之间的过渡数据问题，即两坐标点之间控制数据加密的问题；矫正计算是在手腕的各轴运动过程中，为保持与工件的距离和姿态不变，对手腕各轴运动误差的补偿量计算。

1. 主控制级

主控制级的主要功能是建立操作和工业机器人之间的信息通道，传递作业指令和参数，反馈工作状态，完成作业所需的各种计算，建立与伺服控制级之间的接口。显然，主控制级是机器的“大脑”。它由以下几个部分组成。

（1）主控制计算机

主要完成从作业任务、运动指令到关节运动之间的全部运算以及各设备之间的运动协调。对主控计算机硬件的要求是要有相应的运算速度、运算精度、存储容量和中断处理能力，这从当今工业计算机发展的状况来看是不难满足的，只要根据合适的性能价格比要求进行选择即可。

（2）主控制软件

主控制软件主要包括：指令的分析和解释即编译程序、运动的规划程序（根据运动轨迹规划出沿轨迹的运动参数）、插补计算程序（求取直线或圆弧的运动轨迹，两坐标点之间的加密点数据）及坐标变换程序等。

（3）外围设备

主控制级外围设备除具有显示器、控制键盘、硬盘和打印机等一般设备外，还具有示教控制盒。

（4）示教控制盒

示教控制盒是第一代机器人——示教再现工业机器人操作的重要外围设备。要使工业机器人具有完成预定作业任务的功能，须预先将要完成的作业教给机器人，这一操作过程称为“示教”。将示教内容由计算机记忆下来，称为“存储”。工业机器人按存储的示教内容进行动作，称为“再现”。工业机器人的动作就是通过“示教-存储-再现”的过程来实现的。示教主要有两种方式，即间接示教方式和直接示教方式。

间接示教方式是一种人工数据输入编程方式。将数据、图形等与作业有关的指令信息，采用工业计算机编程语言进行离线编程方法，再通过键盘、图像读取装置等输入设备输入计算机。其优点是不占用机器人的工作时间、可利用标准子程序和 CAD 数据库资料，能预先进行程序优化和仿真检验。

直接示教方式是一种在线示教方法。它又可分手把手示教和示教盒示教两种形式。

手把手示教就是由操作人员直接利用示教手柄，操作机器人完成预定作业的全部运动（路径和姿态），如图 8-19a 所示。与此同时计算机按一定采样时间，采集运动过程中的数据。采样时间间隔由所要求的运动轨迹的准确度、平滑性和计算机的存储容量决定。采集的数据经过必要的修正，完成连续轨迹运动的控制程序。再现过程中，控制系统以与示教过程中相同采样时间间隔的顺序，读取程序中各点数据，使机器人重复示教时所完成的作业。

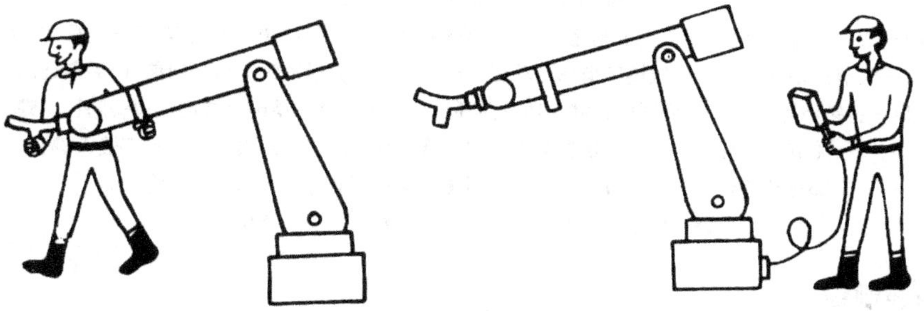

a)　　　　b)

图 8-19　工业机械手控制示教方式

a）手把手示教　b）示教盒示教

示教盒示教编程方式是利用示教盒进行的，如图 8-19b 所示。示教盒是一种以微处理器为基础的编程装置，如图 8-20 所示。示教盒面板上有一组控制操作机构运动的按钮；一组实现编程与修改的按钮以及运行、测试按钮等。操作示教盒相应功能按键，可控制机器人各关节的单轴运动或多关节的协调运动，以预定的空间直线或曲线运动轨迹到达规定位置，完成示教编程操作。与手把手示教相比，该方法安全但编程精度不高。

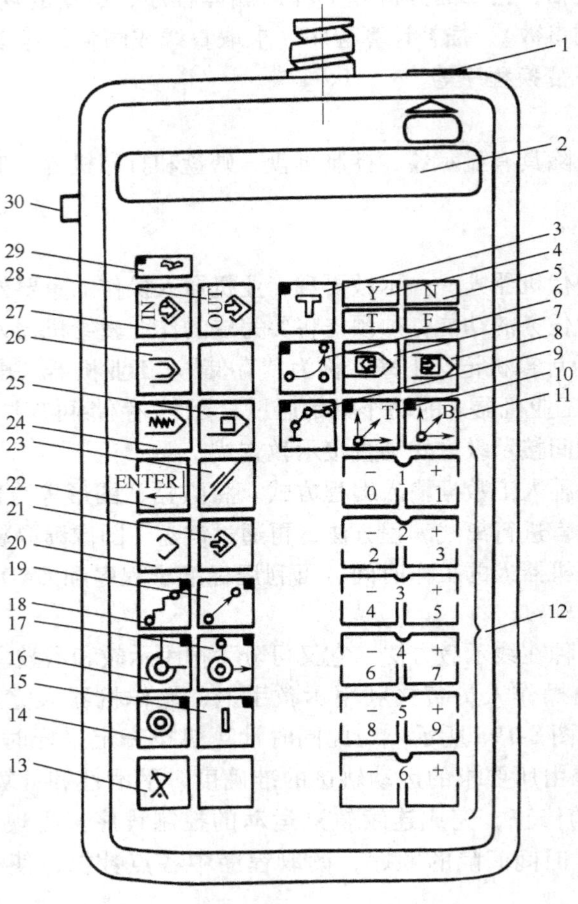

图 8-20 工业机器人示教盒

1—紧急停止 2—字符数字显示 3—工具键 4—是/真键 5—否/假键 6—连续键 7—向后键 8—向前键 9—关节运动键 10—机械接口坐标运动键 11—基座坐标运动键 12—向前/向后渐近键 13—报警清除键 14—循环停止键 15—循环再启动键 16—精确位置键 17—路径点键 18—关节坐标键 19—笛卡尔坐标键 20—修改键 21—记录键 22—数字输入键 23—删除键 24—速度键 25—步号键 26—子程序键 27—I/O 输入键 28—I/O 输出键 29—电源开关键 30—安全开关

2. 伺服控制级

伺服控制级由一组伺服控制系统构成，每一个伺服控制系统分别驱动工业机器人操作机构的一个关节。每一个关节的运动参数来自控制级计算机的输出。具有位置和速度反馈的典型工业机器人伺服控制系统如图 8-21 所示。伺服控制级主要组成部分如下。

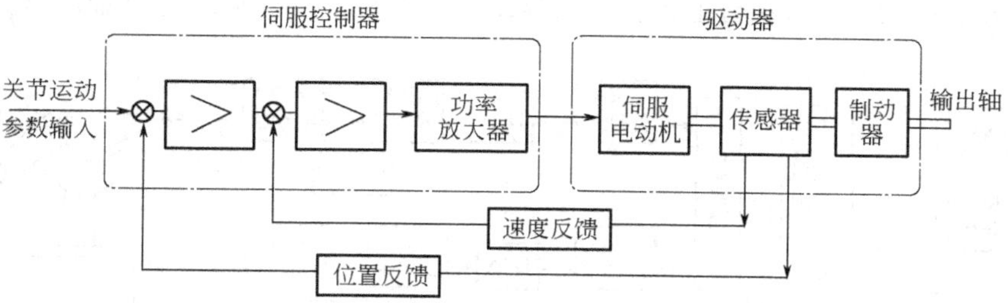

图 8-21　具有位置和速度反馈的伺服控制系统

（1）伺服驱动器

工业机器人常用的电动伺服驱动器通常由伺服电动机（气动伺服驱动器则通过电磁阀控制）、位置传感器、速度传感器及制动器组成。伺服电动机的输出轴直接与操作机构的关节轴相连接，以完成预定的关节运动。关节运动的位置和速度，由装在电动机同轴上的光电编码盘等传感器检测并各自反馈至位置环和速度环。制动器是在失电时保持关节现有位置用的，由电磁铁和摩擦盘构成。实际伺服驱动器控制系统往往在速度环后面还有一个电流环调节器，取样电动机电流反馈电流环，以保证操作机构的输出转矩。

（2）伺服控制器电路

伺服控制器的基本电路是比较器、偏差放大器、运算器和功率放大器等。输入信号除参考信号外，还有各种传感器反馈信号。控制器可以采用模拟调节器也可用微处理器构成的数字调节器构成。模拟调节器主要用集成运算放大器、阻容网络电路和大功率晶体管等构成，以实现信号的比较、运算和功率放大等功能。数字调节器则借助于微处理器，用软件实现信号的比较与运算。数字伺服系统灵活性强，调节参数可自动改变，适应性强，便于实现各种复杂控制。

3. 工业机器人计算机控制系统的实例

1978 年美国 Unimation 公司（现称 Staubli Unimation）推出通用工业机器人 PUMA，这标志着工业机器人技术已经完全成熟。PUMA 至今仍然活跃在工厂第一线。以 PUMA 560 为例，其所确定的关节式机器人的几何模型如一般工业机器人的安全保障措施、机器人的初始化、初始校准过程等技术，在现今工业机器人制造领域一直都还在应用。PUMA 560 型工业机器人，由 PUMA 560 机械手臂、Mark II 控制器、示教盒和 VALII 控制软件组成，其工作行程为 878mm，负载 2.2kg，如图 8-22 所示。

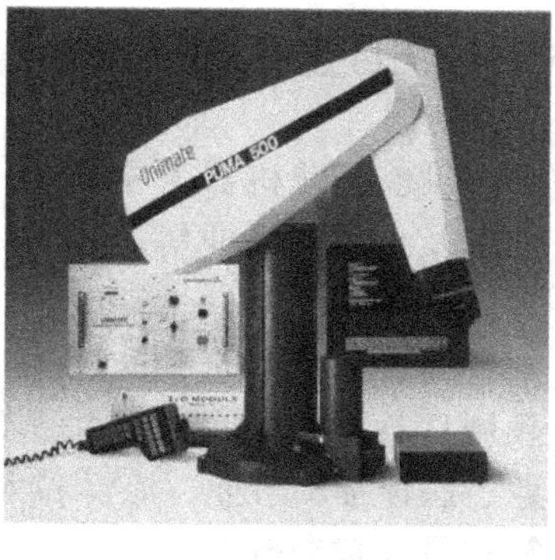

图 8-22　PUMA 560 型工业机器人

PUMA 560 型工业机器人计算机控制系统如图 8-23 所示，它由主控制计算机、伺服控制系统和外围设备三部分组成。第一级主控制计算机包括 CPU（LSI-11，16 位）、EPROM、RAM 存储器和串并行接口等。第二级伺服控制级有 6 套伺服控制系统，分别对 6 个关节进行独立控制。每个伺服控制系统包括微处理器（6503，8 位）、D-A 转换器、速度单元和位置编码器等，PUMA 型工业机器人的伺服控制系统如图 8-24 所示。外围设备有计算机终端、软盘和示教盒等。对于 PUMA 560 型机器人计算机控制系统和伺服控制系统各部分的功能，读者结合上述有关内容，对照图 8-23、图 8-24 应不难理解。

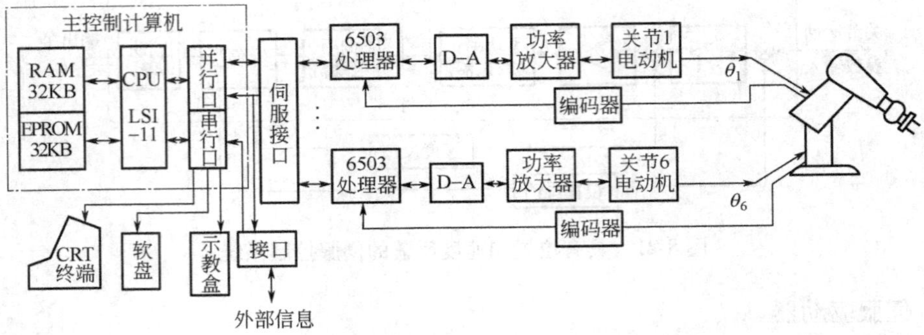

图 8-23　PUMA 560 型工业机器人计算机控制系统

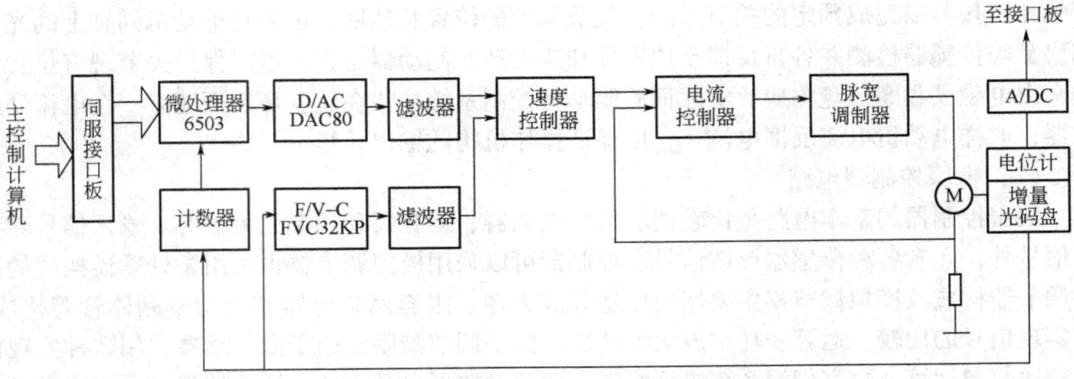

图 8-24　PUMA 560 型工业机器人伺服控制系统

8.4　工业机器人的应用

目前工业机器人主要用于制造业中，特别是电器制造、汽车制造、塑料加工、金属加工及金属制品业等。在日本、美国和欧洲等工业发达国家中，工业机器人的应用越来越广泛。

随着生产力的不断发展，工业机器人功能和性能的不断完善与提高，工业机器人的应用领域日益扩大。目前应用已不限于制造业，还应用于农业、林业、交通运输业、原子能工业、医疗福利事业、海洋和太空开发等事业中。总之，工业机器人的应用范围越来越广泛，需求量也越来越大。

1. 工业机器人从事重复劳动工作

工业机器人能高强度地、持久地在各种工作环境中从事单调重复的劳动，将人类从繁重的体力劳动中解放出来。因为人在连续从事单调重复工作一段时间后，会产生疲劳、厌倦，工作效率下降，不合格品率和事故率会上升，从而影响生产力发展。而在大量使用机器人后，极大地改变了这一状况。例如在汽车制造生产线中，一般都是用传送带流水作业，生产速度快、节奏高、上下工序衔接严格，要是按传统人工方式作业，生产数量与质量很难提高。仅是点焊，每辆汽车就有上千个焊接点，作业量极大，而采用工业机器人作业，就可以保质保量地完成生产任务。如图 8-25 所示的汽车制造生产线，布置了 12 台点焊机器人。该生产线采用往复传送系统，先把汽车车身移出生产装配线，传送带布置有 7 个工位 12 台机器人并步进式传送，每个工位的机器人进行固定的焊接作业，整个车身焊接完成后，工件被送回主装配线。

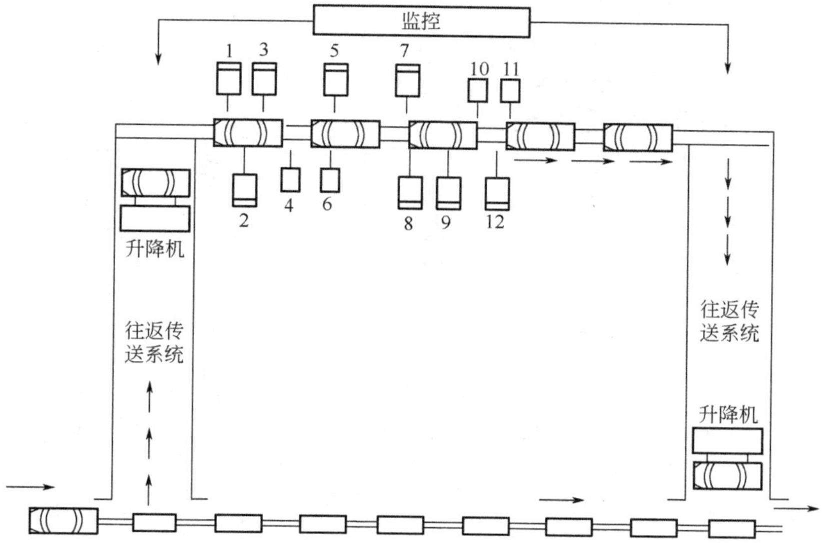

图 8-25　汽车制造生产线上的车身点焊系统（1～12 为点焊机器人）

2. 工业机器人从事有害危险作业工作

工业机器人对工作环境有很强的适应能力，能代替人在有害、有毒或危险场所中作业。只要根据工作环境情况，对机器人的材料、元器件、结构、防护和可靠性等做精心设计，即可使其适应高温、低温、高压、水下、有害气体、粉尘、烟雾或放射性等环境下的作业。如图 8-26 所示就是一台从事喷漆作业的工业机器人系统示意图，该型工业机器人适用于大型汽车、小型家电的表面自动喷涂作业。如图 8-27 所示为一台平面关节型（有五个关节，直流电动机驱动）电弧焊接和切割的工业机器人系统。

3. 工业机器人用于柔性生产线

当今制造业特别是家用消费品的制造业（如各种家用电器、汽车等）正面临着多品种、小批量、个性化和更新快等需求形势，这就要求制造业有很好的适应能力，很强的柔性制造能力。所谓柔性制造就是在不更换或少更换设备的情况下，靠改变制造软件就能重组生产线，编排新的作业流程。显然，采用计算机控制的数控机床、机器人、物料小车及通信网络等设备，组成一种现代先进制造生产线即柔性生产制造系统（Flexible Manufacturing System，FMS）。该制造系统不但能满足多品种小批量的要求，而且能将工厂自动化推向更高阶段。如图 8-28 所示的 FMS 柔性制造生产线，就是由计算机（多级）、数控加工中心（多台）、工业机器人（多种类型）、搬运小车及自动化仓库组成。它可以通过软件的调整等手段适应多种零件的加工，可以灵活、迅速实现多品种及中、小批量生产。因此，工业机器人在柔性制造系统中占有重要地位。

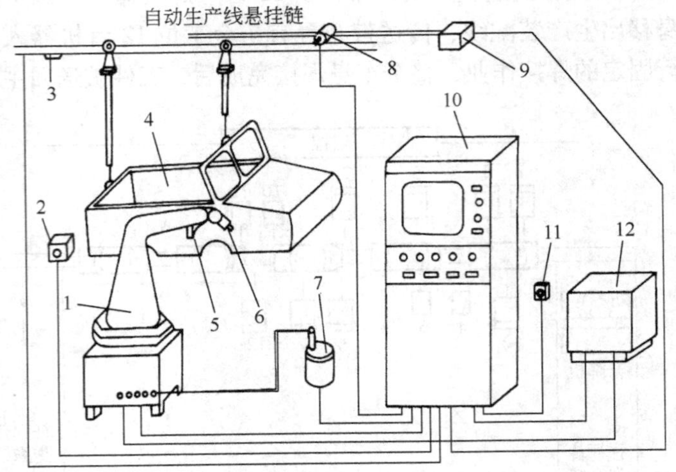

图 8-26　喷漆工业机器人系统示意图

1—操作机构　2—识别装置　3—外启动按钮　4—喷漆工件　5—示教手柄
6—喷枪　7—漆罐　8—外同步控制　9—生产线停止控制
10—控制系统　11—遥控急停开关　12—油泵系统

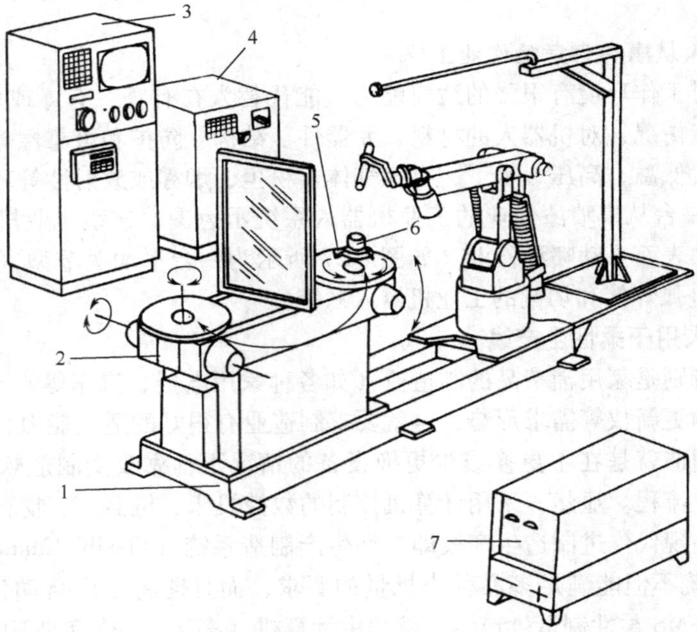

图 8-27　电弧焊工业机器人系统

1—总机座　2—轴旋转换位器（胎具）　3—机器人本体控制装置
4—旋转胎具控制装置　5—工件夹具
6—工件　7—焊接电源

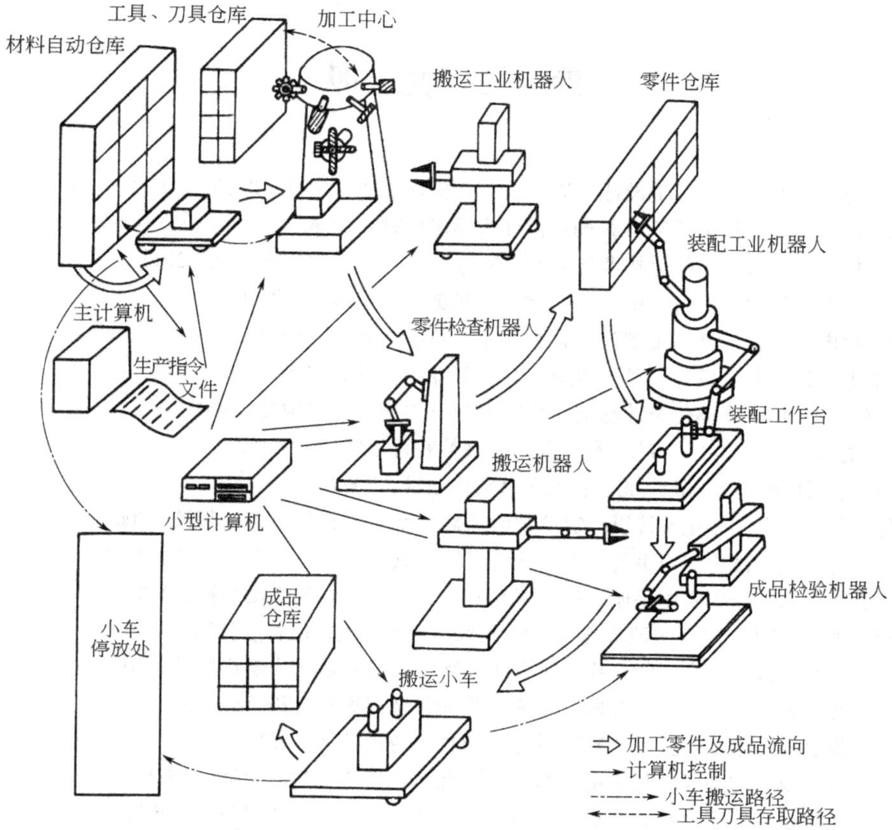

图 8-28　工业机器人在 FMS 中的应用

习　　题

1. 什么是机器人？它由哪几个部分组成？举例说明其应用。
2. 什么是机器人的自由度？如图 8-2 所示的机器人有几个自由度？
3. 机器人操作机构的机械结构有哪些？简要说明其结构及用途。
4. 按控制方法分类有哪几种机器人？举例说明。

参 考 文 献

[1] 姜培刚，等．机电一体化系统设计 [M]. 北京：机械工业出版社，2003.
[2] 赵再军．机电一体化概论 [M]. 杭州：浙江大学出版社，2004.
[3] 龚仲华，杨红霞．机电一体化技术与系统 [M]. 北京：人民邮电出版社，2011.
[4] 梁景凯．机电一体化技术与系统 [M]. 北京：机械工业出版社，2006.
[5] 高森年．机电一体化 [M]. 赵文珍，译．北京：科学出版社，2003.
[6] 于金．机电一体化系统设计 [M]. 北京：化学工业出版社，2008.
[7] 郑堤，唐可洪．机电一体化设计基础 [M]. 北京：机械工业出版社，2004.
[8] 赵先仲．机电一体化系统 [M]. 2 版．北京：高等教育出版社，2013.
[9] 张橘．机电一体化概论 [M]. 北京：人民邮电出版社，2009.
[10] 高安邦，等．机电一体化系统设计实例精解 [M]. 北京：机械工业出版社，2008.
[11] 赵丁选．光机电一体化实用手册：上、下册 [M]. 北京：化学工业出版社，2003.
[12] 三浦宏文．机电一体化实用手册 [M]. 杨晓辉，译．北京：科学出版社，2001.
[13] 阮友德．电气控制与 PLC 实训教程 [M]. 北京：人民邮电出版社，2009.
[14] 邵贝贝．单片机嵌入式应用的在线开发方法 [M]. 北京：清华大学出版社，2004.
[15] 胡健．单片机原理及接口技术 [M]. 北京：机械工业出版社，2005.
[16] 郭琼．现场总线技术及其应用 [M]. 北京：机械工业出版社，2012.
[17] 汤兵勇，等．模糊控制理论与应用技术 [M]. 北京：清华大学出版社，2002.
[18] 王晓敏，王志敏．传感器检测技术及应用 [M]. 北京：北京大学出版社，2011.
[19] 吴金娇，等．数控原理与系统 [M]. 北京：人民邮电出版社，2009.
[20] 陈富安．数控原理与系统 [M]. 北京：人民邮电出版社，2011.
[21] 龚春华．交流伺服与变频技术及应用 [M]. 北京：人民邮电出版社，2011.
[22] 赵宏立，朱强．数控机床故障诊断与维修 [M]. 北京：人民邮电出版社，2011.